"十四五"普通高等教育环境设计

室内环境物理设计

江楠　黄珂 —— 编著

Physical Design Of

Indoor Environment

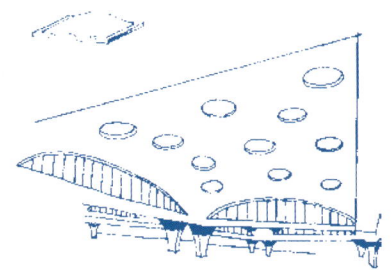

西南师范大学出版社
国家一级出版社 全国百佳图书出版单位

图书在版编目（CIP）数据

室内环境物理设计／江楠 黄珂编著 .—重庆：西南师范大学出版社，2010.9（2021.2重印）

ISBN 978-7-5621-5045-9

Ⅰ．①室… Ⅱ．①江… Ⅲ．①室内设计：环境设计 Ⅳ．① TU238

中国版本图书馆 CIP 数据核字（2010）第 176783 号

"十四五"普通高等教育环境设计专业规划教材

室内环境物理设计
SHINEI HUANJING WULI SHEJI

编　　著：江楠　黄珂

责任编辑：戴永曦
书籍设计：UFO_ 鲁明静　汤妮
出版发行：西南师范大学出版社
地　　址：重庆市北碚区天生路 2 号
邮　　编：400715
本社网址：http://www.xscbs.com
网上书店：http://xnsfdxcbs.tmall.com
电　　话：023-68860895
传　　真：023-68208984
经　　销：新华书店
制　　版：重庆新生代彩印技术有限公司
印　　刷：重庆长虹印务有限公司

幅面尺寸：210mm×285mm　　印　张：9　　字　数：288 千字
版　　次：2011 年 3 月 第 1 版　　印　次：2021 年 2 月 第 4 次印刷
书　　号：ISBN 978-7-5621-5045-9
定　　价：58.00 元

本书如有印装质量问题，请与我社读者服务部联系更换。
读者服务部电话：023-68252471
市场营销部电话：023-68868624 68253705

西南师范大学出版社美术分社欢迎赐稿。
美术分社电话:(023)68254657 68254107

序

郝大鹏

环境设计市场和教育在内地已经喧嚣热闹了多年，时代要求我们教育工作者本着认真负责的态度，沉淀出理性的专业梳理。面对一届届跨入这个行业的学生，给出较为全面系统的答案，本系列教材就是针对环境艺术专业的学生而编著的。

编著这套与课程相对应的系列教材是时代的要求，是发展的机遇，也是对本学科走向更为全面、系统的挑战。

它是时代的要求。随着经济建设全面快速的发展，环境设计在市场实践中一直是设计领域的活跃分子，创造着新的经济增长点，提供着众多的就业机会，广大从业人员、自学者、学生亟待一套理论分析与实践操作相统一的、可读性强、针对性强的教材。

它是发展的机遇。大学教育走向全面的开放，从精英教育向平民教育的转变使得更为广阔的生源进到大学，学生更渴求有一套适合自身发展、深入浅出并且与本专业的课程能一一对应的教材。

它也是面向学科的挑战。环境设计的教学与建筑、规划等不同的是它更具备整体性、时代性和交叉性，需要不断地总结与探索。经过二十多年的积累，学科发展要求走向更为系统、稳定的阶段，这套教材的出版，对这一要求无疑是有积极的推动作用的。

因此，本系列教材根据教学的实际需要，同时针对教材市场的各种需求，具备以下的共性特点：

1. 注重体现教学的方法和理念，对学生实际操作能力的培养有明确的指导意义，并且体现一定的教学程序，使之能作为教学备课和评估的重要依据。从培养学生能力的角度分为理论类、方法类、技能类三个部分，细致地讲解环境设计学科各个层面的教学内容。

2. 紧扣环境设计专业的教学内容，充分发挥作者在此领域的专长与学识。在写作体例上，一方面清楚细致地讲解每一个知识点、运用范围及传承与衔接；另一方面又展示教学的内容，学生的领受进度。形成严谨、缜密而又深入浅出、生动的文本资料，成为在教材图书市场上与学科发展紧密结合、与教学进度紧密结合的范例，成为覆盖面广、参考价值高的第一手专业工具书与参考书。

3. 每一本书都与设置的课程相对应，分工较细、专业性强，体现了编著者较高的学识与修养。插图精美、说明图例丰富、信息量大。

最后，我们期待着这套凝结着众多专业教师和专业人士丰富教学经验与专业操守的教材能带给读者专业上的帮助。也感谢西南师范大学出版社的全体同人为本套图书的顺利出版所付出的辛勤劳动，预祝本套教材取得成功！

前言

室内环境物理设计是室内设计的一门专业基础课。室内环境物理不但包含部分理论知识，而且也涵盖专业技术实践，它是由热环境、光环境和声环境三部分组成，我们生活的环境空间离不开这三类基本环境要素。在全社会节约能耗，走可持续发展的道路上，如何更加有效地利用这些环境要素，创造和谐的生活空间，这就需要我们认真仔细地研究环境物理。而目前这方面的工作开展得还不够，主要有以下几点原因：

1. 环境物理涉及部分抽象的理论知识。在分析环境物理现象的时候，我们需要探究这些现象背后的本质，而这一过程需要深刻的理论分析，所以无形中增加了学习者的负担。

2. 部分环境要素。例如热或声，在设计或建设之初是不便于感知和体会的。而艺术院校的学生更善于接受形象的思维，对于理性和抽象思维显得相对匮乏。

3. 社会重视程度不够。大家的焦点，一般都集中在形体、色彩、肌理等外在设计要素上。而物理环境的前期规划、布置、构造、调整等重要的环节被抛之脑后。例如：温度不舒适，指望安装空调解决问题；光线不佳，便多设照明灯具；声音听不清，便寻求更好、更灵敏的扩音系统。殊不知，这种直到发现问题，才去设法弥补的工作方式使设计师显得消极被动，增加投资、浪费资源的情况便在所难免。真正负责任的设计者，应该在事先便仔细分析各类环境要素，考虑到各种可能出现的问题，寻求出最为合理的解决方案。

本书的内容不但采用了与现行的建筑物理相关的规范、标准，而且还考虑到艺术院校的学生学习物理环境概念和原理的思维特性，力图以全面系统的框架结合形象生动的图例和工程实例，大量简化理论阐述和枯燥的公式论证，深入浅出地解析室内环境物理的原理和相关知识。目标是使室内环境物理这一门课程的教学更为生动、形象，更能符合学生的实际情况，使他们通过室内环境物理课程学习，就能熟练地掌握物理环境的基本原理，以及正确应用调整和控制物理环境条件的技术措施和方法，熟悉相关规范，创造出适宜的物理环境。本书可以作为室内设计专业、环境艺术设计专业和装潢设计专业的本科或大专学生的教材，也可以作为相关专业人员的参考书，同时也适合广大非专业人士阅读。

本书的编写，要特别感谢西南科技大学的黄珂博士——我的合作者，他为这本书付出了很多。特别感谢我的研究生导师严永红教授，从本书的框架雏形到终稿完成，提出了许多宝贵意见，对提高本书的编写质量起到了重要作用。感谢四川美术学院副院长、设计艺术学院院长郝大鹏教授，设计艺术学院环境艺术系韦爽真女士，给我提供了这么一次难得的机会，让我得以将几年的教学经验和感悟，结合自身专业研究，编著成书。感谢我的学生，现正在攻读硕士学位的刘畅、韩光渝两位同学，在繁忙的功课之余，帮助我完成了本书大量图片的绘制、编辑工作。

另外，由于编者水平有限，尚有不足之处，恳请读者批评指正。

编者著

目录

第一章　热环境

1　第一节　室外热环境
　　一、太阳辐射
　　二、气温
　　三、空气湿度
　　四、风
　　五、降水
　　六、热工分区
　　七、作业任务

8　第二节　室内热环境
　　一、人体热平衡
　　二、热平衡环境影响因素
　　三、作业任务

11　第三节　热环境设计
　　一、基本原理
　　二、建筑与通风
　　三、保温设计
　　四、隔热设计
　　五、作业任务

第二章　光环境

41　第一节　光学基本知识
　　一、光的本质
　　二、人眼的视觉和颜色
　　三、光度量
　　四、材料的光学特性
　　五、作业任务

55　第二节　光源与灯具
　　一、光源
　　二、灯具
　　三、作业任务

目录

71 第三节 天然光应用设计
　　一、被动式天然采光
　　二、主动式天然采光
　　三、作业任务

77 第四节 人工照明设计
　　一、室内照明设计基础
　　二、居住空间室内照明设计
　　三、商业空间室内照明设计
　　四、办公空间室内照明设计
　　五、博物馆、美术馆室内照明设计
　　六、工程实例
　　七、作业任务

第三章　声环境

104 第一节 声学基本知识
　　一、声音的产生、传播、频率、波长、速度
　　二、声音的计量
　　三、吸声材料特性
　　四、作业任务

115 第二节 建筑隔声设计与噪声控制
　　一、评价指标
　　二、隔绝空气传声
　　三、隔绝固体传声
　　四、声环境设计
　　五、作业任务

125 第三节 建筑音质设计
　　一、背景声控制
　　二、厅堂的音质设计
　　三、设计案例分析与实践
　　　　——英国的Lou和他的音乐室（Lou's studio）
　　四、作业任务

138 主要参考文献

138 参考网站

第一章　热环境

第一节 室外热环境

人们对气候的认识由来已久,通过感受春夏秋冬四季变化与南北气候差异来认识我们的生活环境。气候通过建筑物的围护结构、外门窗直接影响室内环境,因此建筑与环境设计必须要了解当地主要气候要素的变化规律及其特征,利用有利气候,防避不利影响,采取综合措施,获得良好的室内热环境。

构成气候的主要气象要素有太阳辐射、气温、空气湿度、风和降水等。

一、太阳辐射

太阳辐射属于电磁波辐射,其光谱范围很宽,而能量主要集中在紫外线、可见光及红外线三个波段。太阳辐射是决定气候的主要因素,对建筑物的室内环境既有利也有弊。太阳辐射直接作用于建筑物,夏季强烈阳光照射使房间过热难耐,而冬季的阳光给房间带来光明和温暖,因此建筑对太阳辐射有夏季防避、冬季利用的要求,我们可通过建筑保温设计或遮阳、隔热设计来满足使用需要。

太阳辐射照度随时间、日期而变化(图1-1、图1-2)。在一天中,中午太阳高度角比早晨和傍晚大,因此中午太阳辐射照度最大。在一年中,地球围绕太阳运行,但由于地轴与地球运行的轨道平面始终成66°33′倾斜,因此地面有了春夏秋冬四季变化。对于北半球的同一地区而言,夏季太阳高度角比冬季大,由此决定了夏季太阳辐射带来的能量比冬季多。

二、气温

在室外气候因素中,人对气温变化的感觉非常明显,所以通常以气温为指标来评价气候的冷暖程度。我们常见的天气预报也以气温为其主要指标之一,例如:"北京:晴,24℃~28℃"。气象部门以气温为指标来划分春夏秋冬四季。建筑设计也是以气温为指标来划分不同的热工气候区,作为采取适用技术措施改善室内环境的依据。

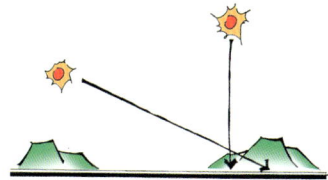
(a) 正午和傍晚太阳高度角差别

(b) 分析太阳角研究建筑的阴影遮挡

图1-1　不同时段太阳高度角差别

图1-2　都市日落,此时太阳高度角小,方位角大

空气中的热量来自太阳，但太阳直接辐射加热空气引起的增温非常微弱。气温升高的主要过程为：太阳辐射穿透大气直达地面，地面吸热升温后发出长波辐射（波长为3.0 μm～120 μm）被大气吸收，同时地面与空气之间产生自然对流，因此地面与空气的热交换是空气温度升降的直接原因。这也表现在同一地区的空气温度，海拔越高，温度越低，也就是离地面越远，气温越低（海拔每上升1000 m，气温降低约6℃）。

由于太阳辐射首先影响地面，地面再影响气温，因此出现气温变化与太阳辐射变化不同步，具有一定的滞后性。例如在一天中，正午12时太阳辐射最强，但气温在下午14时～15时才最高（图1-3）；在一年中，太阳辐射6月底最强，12月底最弱，但最高气温出现在7月～8月，最低气温出现在1月～2月。

除了太阳辐射的决定作用以外，影响气温的因素还有大气的对流作用。无论是水平方向还是垂直方向的空气流动，都会使高、低温空气混合，从而减少地域间空气温度的差异。此外地表覆盖材料对气温的影响也很重要，草原、森林、水面、沙漠等不同的地面覆盖层对太阳辐射的吸收及与空气的热交换状况都不相同，对气温的影响不同，因此各地气温就有了差别。例如水面和陆地，在同样的太阳辐射下，水面由于蓄热大、蒸发大，表面温度上升慢、下降也慢，因此水面上的空气温度变化小，比陆地稳定。另外海拔高度、地形地貌都对气温及其变化有一定影响。山顶与山谷相比，白天山顶日照时间长，升温快，夜间山顶向天空辐射冷却面大，降温也快，因此山顶气温变化大，山谷气温变化小（图1-4）。

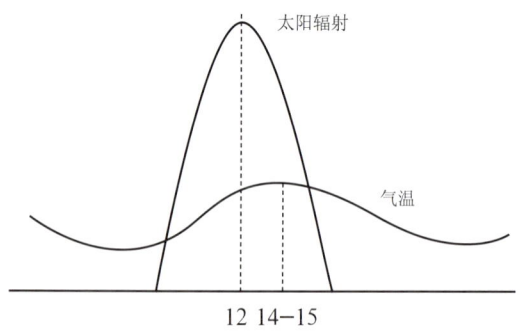

（a）太阳辐射地面引起气温升高的滞后

（b）沙地或硬质铺装升温快

（c）绿地升温慢

图1-3 气温变化滞后

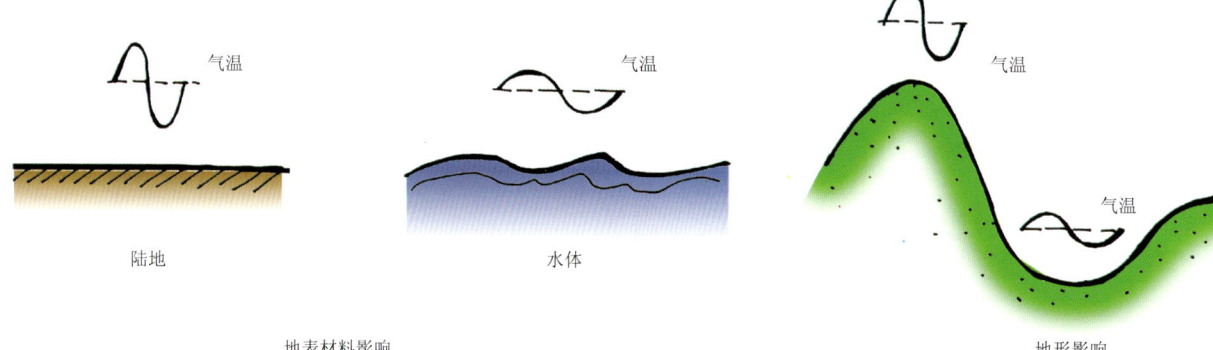

地表材料影响　　　　　　　地形影响

图1-4 地面对气温影响

中国气象台站地面所观测的气温是指距离地面1.5 m高度的百叶箱内温度。使用百叶箱的目的是创造通风透气，而且没有阳光直射的测量环境。

三、空气湿度

我们周围的空气都含有水蒸气，我们把这种含有水蒸气的空气叫做湿空气。空气湿度是指空气中水蒸气的含量。这些水蒸气来源于各种水面、植物及其他载水体的蒸发。空气湿度有多种指标表示，在建筑环境设计中常用的空气湿度指标有水蒸气分压力、相对湿度、露点温度。

空气由多种成分组成，水蒸气为其中之一。空气所具有的压力为各成分分压之和，水蒸气所具有的分压力可以反映空气含湿量，空气中水蒸气分压力越大，空气中的水分就越多，空气就越湿。空气中的水蒸气分压力有一个最大限值，称为饱和水蒸气分压力，此时空气中的水蒸气达到了饱和状态，超过这个值的水蒸气将凝结成液态水。饱和水蒸气分压力表示空气容纳水分的最大能力，与空气温度有关，气温越高，饱和水蒸气分压力就越大，空气容纳水分的能力也越大。饱和水蒸气分压力与气温的关系见图1-5。

由此就可以解释天空下雨的原理：地面附近气温较高，能够容纳较多的水蒸气，当热空气对流上升到高空，气温降低，饱和水蒸气分压力相应降低，多余的水蒸气就凝结成云雾，最后越聚越多，凝成雨水落下来。

水蒸气分压力表示空气中水蒸气的实际含量，也称为空气的绝对湿度。然而空气中水蒸气含量的多少并不容易直接反映人对空气干湿程度的感觉。人感觉的空气干湿程度主要取决于空气蒸发水分的快慢，空气蒸发力越强，越感觉干燥。而空气的蒸发力取决于空气中水蒸气接近饱和的程度，空气中水蒸气越接近于饱和，水分蒸发进入空气就越困难，蒸发速度就越慢。当空气中水蒸气达到饱和时，空气再也不能容纳多余的水蒸气，蒸发为零。相反，空气中水蒸气远离饱和状态时，空气的蒸发力就越强，水分蒸发的速度就越快。例如：在30℃的相同气温条件下，人在沙漠中感觉异常干燥（体表水分蒸发快），而在海边则感觉舒适（体表水分蒸发慢）。

因此用空气中水蒸气分压力P与它的饱和水蒸气分压力P_s的比值来表示人感觉的空气干湿程度，称为空气相对湿度，用φ表示，单位为%，即

$$\varphi = \frac{P}{P_s}$$

例如，在使用中的浴室，空气相对湿度就可以达到100%，为达到舒适的目的，我们在浴室安装换气扇，迅速将湿空气排走，以降低空气相对湿度（图1-6）。人体感觉适宜的相对湿度在40%～70%之间，可用常用温湿度计进行测量（图1-7）。

图1-6 某浴室顶部的换气、取暖和照明布置

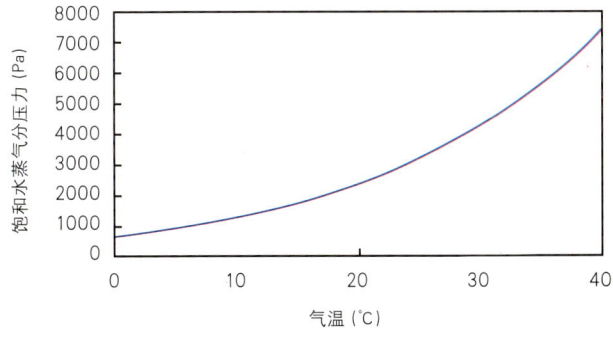

图1-5 饱和水蒸气分压力

图1-7 某指针式温湿度计

如果保持空气中水蒸气含量不变，而只是降低空气温度，则因其饱和水蒸气分压力的降低而使得空气相对湿度增大。当空气温度降低到饱和水蒸气分压力与水蒸气分压力相等时，即空气相对湿度为100%的时候，这时的空气温度称为露点温度。简而言之，空气的露点温度就是空气中水蒸气开始出现结露时的温度。空气温度降低到露点温度是导致水蒸气产生凝结的重要条件。

在湿热地区建筑设计中，控制建筑内表面温度高于空气露点温度是建筑防潮设计的基本要求。夏季初到，太阳辐射开始变强，大量的热量投射到地面，空气升温，蒸发变强，地表水分获得了更多的蒸发热量，大量进入空气。然而这时的建筑内表面由于受不到太阳照射，又经历了冬季长时间的低温环境，可能内墙表面会低于室外空气的露点温度。当室外潮湿空气进入房间遇到低温表面，水蒸气便凝结出来，使得地面、墙角返潮，时间长了就容易滋生真菌，污染环境，诱发疾病（图1-8）。因此避免房间结露是建筑环境设计的基本任务。

图1-8 墙角受潮

四、风

（一）风的形成

风产生的原因很复杂，水平方向的气压差是形成风的基本原因，这种气压差通常是由于大气升温不均匀造成的。导致大气升温差别的因素有日照不均匀、下垫面物理性质不同、地面覆盖材料不同、空气中水蒸气凝结放热等，这也说明风形成的复杂性。

下面用示意简图来说明风的形成（图1-9）。假使整个大气开始时处于平衡状态，这时甲、乙相邻两地没有温差，气压相等，此时两地上空也同时是热平衡和静力平衡的，如图1-9（a）。若两地因日照等受热冷暖不同，地面出现温差，甲地高于乙地，则甲地大气开始向上膨胀，虽然继续在地面维持气压平衡，但在高空已出现了甲地气压高于乙地。因此，在高空出现了从变暖快地区到变暖慢地区的高空气流，这种气流使高空产生压力平衡的趋势，如图1-9（b）。接着在变暖的乙地出现高压，产生了从乙地流向甲地的气流，这就形成了风，如图1-9（c）。

（二）风的分类

风具有地域性、地方性和局部性。根据风的成因、范围和规模，风可分为大气环流、季风、地方风等类型。

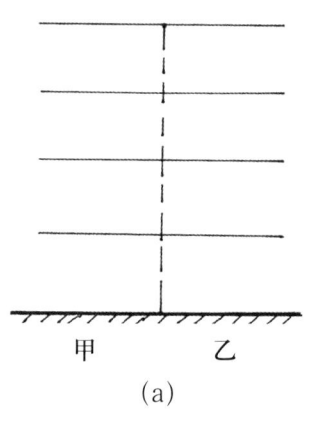
(a)

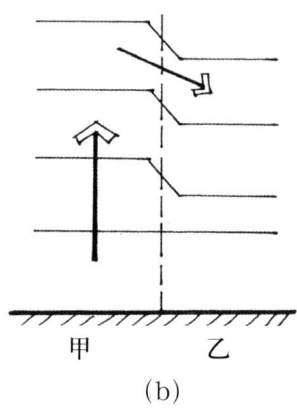
(b)

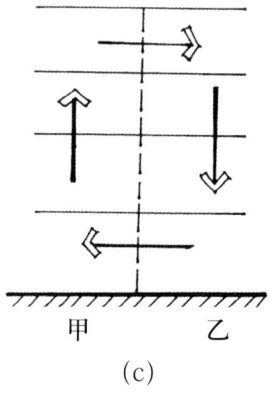
(c)

图1-9 风的形成示意图

1. 大气环流

大气环流是大规模的大气运动，这种运动牵涉到整个地球大气。在地球的赤道地带，由于气温高，空气受热膨胀上升，从高空流向南北半球，由于地转偏向力的作用，气流向其前进方向的右方偏转，到了纬度30°的地方，气流几乎与纬度平行，造成地面高压无风。从这一带开始，地面气流向南北流动，在纬度30°以南造成北风，在纬度30°以北造成南风。这种风行进到纬度60°时已抬头向上，在地面造成低压吸引两极的气流，形成整个大气的完整环流。

2. 季风

季风是由于海洋与大陆对太阳辐射的升温效果不同而产生的范围较大、周期较长的大气运动。夏季大陆强烈受热，近地面层形成热低压，而在海洋上副热带高压大大扩展，从而使气流由海洋流向大陆。冬季，大陆迅速冷却，近地面层形成冷高压，而海洋上的副热带高压逐渐退缩，大陆高压扩展，气流由大陆向海洋运动。这样引起一年中盛行风向随季节做有规律地变化，从而形成季风。我国是著名的季风区，东南大部分地区夏季刮东南风，冬季刮西北风。

3. 地方风

地方风是由于局部环境，如地形起伏、水陆分布、绿化地带等的影响，造成某些局部地方加热、冷却不均，产生小规模的气流，其周期为一天。地方风的种类很多，主要有水陆风、山谷风、林原风等（图1-10）。只要有形成它的条件，就能产生风，如巷道风、庭院风等。

水陆风是在江岸、湖滨、海滨等水陆相接处，由于水面与陆地加热、冷却快慢不一，出现了白天由水到陆的水风，夜晚由陆到水的陆风。

山谷风是由于山坡比山谷受日照的时间较早而且长，日辐射强，升温快，从而白天风沿坡而上形成谷风，夜晚风顺坡而下形成山风。

林原风是由于绿化地带的茂密森林与开阔的田园两地受热不均，日间风从林中吹来，夜间风向林中吹去。

同理，街巷风、天井风和庭园风等都是由于建筑布局与平面设计采取了不同的处理手法，造成不同的局部环境而形成不同温差的结果。

（三）风的特性

风的特性是用风向、风速和风质来描述的。风向是指风吹来的方向，通常分成8个方位或16个方位。将一段时期观察的风向次数按各方位统计起来，并在极坐标上将各方位的风向频率用向径表示，得到风向频率图，如果将各风向频率的端点用直线连接成一封闭的多边形，得到风向玫瑰图。玫瑰图上所表示风的吹向（即风的来向），是指从外面吹向地区中心的方向，实线为全年，虚线为夏季。图1-11为我国部分城市的风向频率玫瑰图。

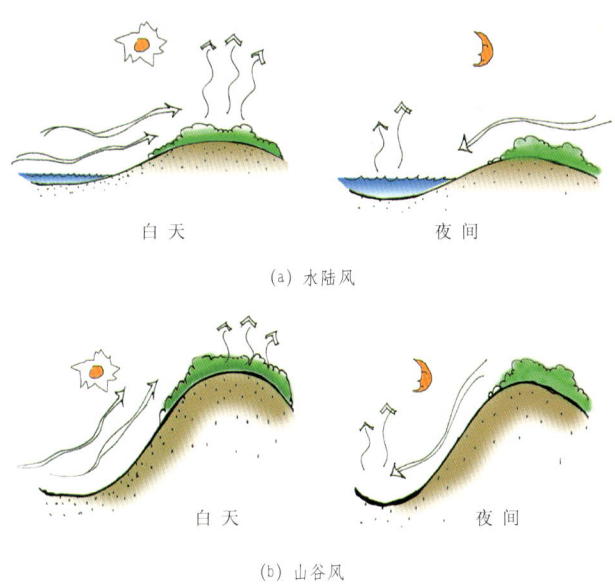

(a) 水陆风

(b) 山谷风

图1-10 几种地方风

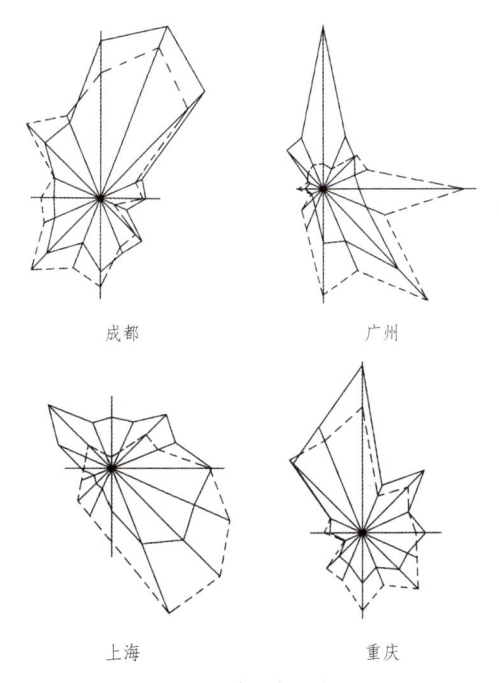

成都　　广州

上海　　重庆

图1-11 风向频率玫瑰图

表1-1 风速分级表

风级	风 (m/s)	风名	风的目测标准
0	0-0.5	无风	缕烟直上,树叶不动
1	0.6-1.7	软风	缕烟一边斜,有风的感觉
2	1.8-3.3	轻风	树叶沙沙响,有风的感觉明显
3	3.4-5.2	微风	树叶及枝微动不息
4	5.3-7.4	和风	树叶、细枝动摇
5	7.5-9.8	清风	大枝摆动
6	9.9-12.4	强风	粗枝摇摆,电线呼呼响
7	12.5-15.2	疾风	树杆摇摆,大枝弯曲,迎风步艰
8	15.3-18.2	大风	大树摇摆,细枝折断
9	18.3-21.5	烈风	大枝折断,轻物移动
10	21.6-25.1	狂风	拔树
11	25.2-29.0	暴风	有重大损失
12	>29.0	飓风	风后破坏严重,一片废墟

自然风的风速和风向用统计方法确定。通常以风来的方向表示风向,如东南风,即来自东南方向的风。风的强弱用风速表示,风速指每秒风行的距离,单位为m/s。按风速的大小可将风分成0~12级(表1-1)。

五、降水

从地球表面蒸发出来的水汽进入大气层,经过凝结后又降到地面上的液态或固态水分,简称降水。雨、雪、冰雹等都属于降水。降水性质包括降水量、降水时间和降水强度等。降水量是指降落到地面的雨、雪、冰雹等融化后,未经蒸发或渗透流失而积累在水平面上的水层厚度,以mm为单位。降水强度的等级,以24 h的总量来划分,用规定尺寸的雨量筒和雨量计测量降水的深度:小雨<10mm;中雨10 mm~25 mm;大雨25 mm~50 mm;暴雨50 mm~100 mm。图1-12为大暴雨场景。影响降水量分布的因素很复杂,地域含水量、大气环流、地形、海陆分布的性质及洋流等对降水规律都有影响,它们往往同时起作用。

我国大部分地区受季风影响,雨量多集中在春、夏两季,由东南向北递减。山岭的向风坡常为多雨地带,年降雨量的变化很大。春末夏初,东南暖湿气流北上,与由北向南的低温气流在长江流域相遇,形成长江流域的梅雨期,其基本特征是在某一特定的长时期里大量地连续降水,这是长江流域降水的主要组成部分。由于梅雨期内气候的特殊性,它在长江流域的气候中占有重要地位,对建筑物和室内热环境都有不可忽视的影响。珠江口和台湾省南部,在七、八月间多暴雨,这是由于西南季风和热带风暴或台风的综合影响所致,其特征是降水强度大,往往造成不同程度的灾害,但一般持续时间不长。

我国不同地区的降雪量差别很大,在北纬35°以北至北纬45°的区域为降雪或多雪地区。

六、热工分区

我国幅员辽阔,地形复杂。各地由于纬度、地势和地理条件不同,气候差异悬殊。根据气象资料显示,我国从漠河到三亚,最冷月(一月份)平均气温相差50℃左右。相对湿度从东南到西北逐渐降低,一月份海南岛中部为87%,拉萨仅为29%;七月份上海为83%,吐鲁番为31%。年降水量从东南向西北递减,台湾地区年降水量多达3000 mm,而塔里木盆地仅为10 mm。北部最大积雪深度可达70 cm,而南岭以南则为无雪区。新疆地区全年日照时数达3000 h以上,四川、贵州部分地区只有1000 h左右。

为了区分我国不同地区气候条件对建筑影响的差异,明确各气候区的建筑基本要求,使各类建筑能更充分地利用和适应气候条件,做到因地制宜,我国《民用建筑热工设计规范》(GB 50176-93)从建筑热工设计的角度,以累年最冷、最热月平均温度为主要指标,累年日平均温度≤5℃和≥25℃的天数为辅助指标,将全国划分成五个区,即严寒地区、寒冷地区、夏热冬冷地区、夏热冬暖地区和温和地区(图1-13),并提出相应的设计要求。这五个地区的分区指标、气候特征的定性描述以及对建筑的基本设计要求见表1-2。

图1-12 大暴雨场景,来不及排走的雨水淹没了路面

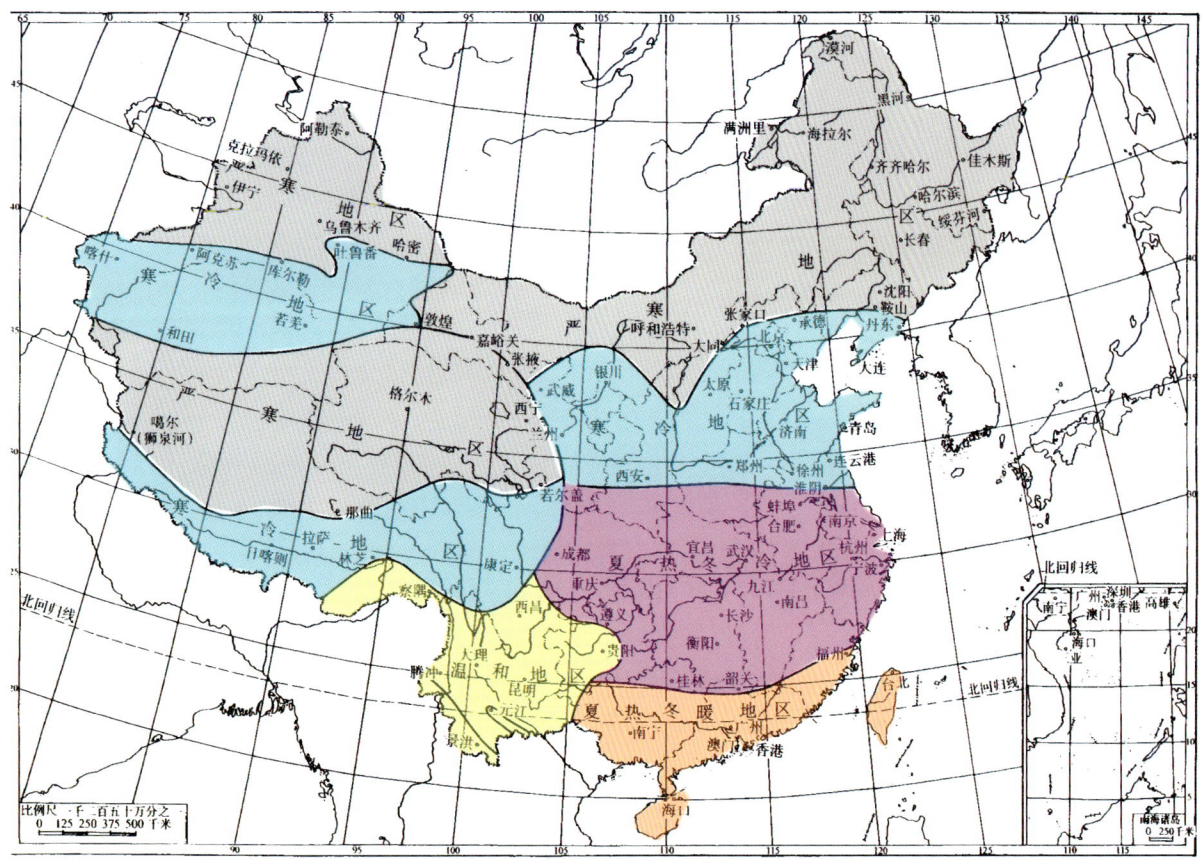

图1-13 建筑热工设计气候分区

表1-2 建筑热工设计分区及设计要求

分区名称	分区指标 主要指标	分区指标 辅助指标	设计要求
严寒	最冷月平均温度≤-10℃	日平均温度≤5℃的天数≥145	必须充分满足冬季保温要求,一般可不考虑夏季防热
寒冷	最冷月平均温度0℃~-10℃	日平均温度≤5℃的天数90~145	应满足冬季保温要求,部分地区兼顾夏季防热
夏热冬冷	最冷月平均温度0℃~10℃,最热月平均温度25℃~30℃	日平均温度≤5℃的天数0~90 日平均温度≥25℃的天数40~110	必须满足夏季防热要求,适当兼顾冬季保温
夏热冬暖	最冷月平均温度>10℃,最热月平均温度25℃~29℃	日平均温度≥25℃的天数100~200 日平均温度≤5℃的天数0~90	必须充分满足夏季防热要求,一般可不考虑冬季保温
温和	最冷月平均温度0℃~13℃,最热月平均温度18℃~25℃		部分地区应考虑冬季保温,一般可不考虑夏季防热

七、作业任务

调查家乡城市所在地的城市热环境

1. 目的：了解城市的气候特点以及为适应该气候的设计与建设措施。

2. 方法：通过调查、记录、比较和分析得出某项富有地域特色的设计元素。例如屋顶的坡度、门窗的造型或者建筑材料的选取等。

3. 内容：环境特征分析、设计要点分析、写生记录、结构或安装大样。

4. 要求：体现地域特色的设计。

第二节 室内热环境

一、人体热平衡

人体是一种发热体，其发热量来源于人体新陈代谢。人体通过吃进食物和吸入氧气，在体内发生化学反应产生热量，为人体各种器官提供功能需要的能量。同时人体又是恒温体，为了维持正常的生命活动，人的体温必须保持恒定，这就需要人体与周围环境进行热量交换来达到平衡。即

人体热平衡：产热量=散热量

在室内，与人体有热量交换的有空气和各种表面。空气是人体直接接触的环境物质，人体向空气散热通过对流和蒸发两种方式，其中蒸发散热通过皮肤和呼吸进行，而通过皮肤的蒸发又分为有感蒸发和无感蒸发两种，在出汗时为有感蒸发散热。室内各种表面通过辐射方式与人体进行热量交换（图1-14）。

人体与环境之间达成的热平衡是一种动态热平衡，它随环境的冷热变化以及人的活动状态的改变而不断调整。人体周围的环境受气候影响是变化的，在环境逐渐变冷或变热的过程中，人体具有一定的生理调节功能来适应环境变化。当人体皮肤受到冷（热）刺激时，引起毛细血管收缩（膨胀），血流量减少（增多），出现皮肤温度降低（升高），以适应环境变化。由于人体皮肤温度的调节范围很有限，在高热环境，人体启动生理调节的出汗方式向环境散热，保持身体健康；而在过冷环境，虽然人体生理调节功能已无能为力，但人类发明了

图1-14 人体与室内环境之间的热交换

衣服保暖、生火取暖等主观调节方式来维持生存。因此在长久的历史进程中，人类依靠生理调节和主观调节两种方式将生存范围扩大到整个地球，在现代人工环境技术出现以前地球上任何气候带都有永久性居民。适应气候的人体热平衡调节方式如图1-15。

人体热平衡是人体保持正常生命活动的基本要求，在这种情况下，人体健康不会受到损害。但人体处于热平衡状态并不一定表示人体感到舒适，只有那些能使人体按正常比例散热的平衡才是舒适的。所谓按正常比例散热，指的是人体总散热量中对流换热占25%~30%，辐射散热量占45%~50%，呼吸和无感觉蒸发散热量占25%~30%。处于热舒适的平衡，称之为"正常热平衡"。

(a) 添加衣服生火取暖

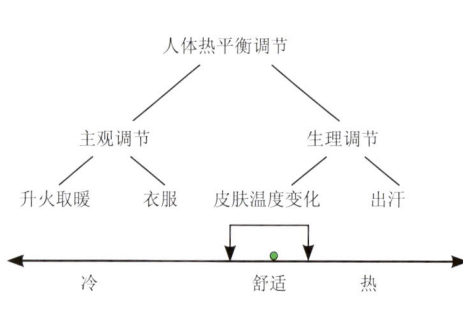

(b) 长跑运动员在比赛中用水降温

图1-15 人体热平衡调节

二、热平衡环境影响因素

在人体热平衡范围内，影响人体冷热感觉的因素有两组：客观环境因素和人体主观因素。人体向空气对流散热和蒸发散热与空气的温度、湿度和流速相关，人体向周围辐射散热与周围表面辐射温度相关，因此室内空气温度、相对湿度、气流速度以及室内平均辐射温度为室内环境因素。人体主观因素包括人体活动量和衣着，是人体主观上可以控制的，在同样的室内环境条件下，人体活动状态不同，衣着不同都会有不同的热感觉。因此四个环境因素和两个人体主观因素构成了室内热环境的基本因素，这些因素的不同组合产生了不同的室内热环境，并且它们对热环境的影响是综合性的，且各因素之间具有互补性。

（一）客观环境因素

空气温度、相对湿度、气流速度、室内平均辐射温度为室内环境四要素，它们对人的冷热感和舒适感的影响方式和程度是不同的，它们与建筑设计有着较为密切的关系，在设计中应结合建筑物所在地区的气候特点和对建筑物的功能要求，充分利用诸因素的变化规律使所设计的建筑空间具有良好的热环境属性。

1. 空气温度

空气温度是最重要的环境因素，人体对流散热的前提条件是人体皮肤与空气之间存在温差，温差太大，对流散热过多，冷感强；当空气温度接近人体皮肤温度时，温差很小，对流散热困难，热感强。由于人体皮肤温度变化范围有限，因此空气温度与人体皮肤温度之间的温差主要由空气温度来决定，所以空气温度很大程度上影响人的舒适感，人们通常用空气温度来表达热环境状况，普遍感觉舒适的空气温度为20℃~25℃。

2. 空气湿度

空气湿度影响人体蒸发散热，尤其是在夏季气温较高的时候，人体皮肤与空气之间温差太小，对流散热不足，人体开始出汗，进入有感蒸发状态，这时人体蒸发散热快慢与空气湿度有很大关系。空气湿度大，则蒸发困难，蒸发散热量小，人体感觉闷热。而在气温舒适范围，人体处于无感蒸发状态，蒸发量小，空气湿度对人体热感影响小。当然，空气湿度过低也不好，会引起眼、鼻、喉和皮肤干燥等不适感觉，降低身体抵抗力。一般情况下，室内空气湿度在50%~70%较为舒适，我国民用建筑设计通常采用室内空气湿度为60%作为设计参数。

3. 空气流速

空气温度和空气湿度是引起人体向空气对流散热和蒸发散热的根本因素，空气流动速度则是加快人体向空气散热的促进因素，气流速度越大，人体的对流、蒸发散热量越强，亦加剧了空气对人体的冷却作用。然而当人体周围空气温度高于皮肤表面温度时，增大气流速度将使对流附加热负荷增加，对人体是加热作用。因此夏季应在空气温度低于皮肤表面温度的情况下采取自然通风或机械通风方式散热降温。

4. 平均辐射温度

室内平均辐射温度影响人体辐射散热。当人体皮肤平均温度高于室内各表面的平均辐射温度时，人体以辐射方式向环境各表面散热；当人体皮肤平均温度低于室内各表面的平均辐射温度时，人体从环境各表面得到辐射热，成为人体附加的辐射热负荷。室内平均辐射温度近似等于室内各表面温度的平均值，因此建筑设计应控制室内各表面温度，使其冬季不要过低，夏季不致过高。

（二）人体主观因素

1. 人体活动量

影响人体新陈代谢产热量的因素较多，除年龄、性别、身高、体重等及环境因素的不同程度影响外，主要取决于人体的活动量（表1-3）。人体活动量越大，其新陈代谢产热量越高，图1-16为人体常见活动状态下产热量的差别。可以看出，人体活动量如果与生产劳动中的重体力劳动新陈代谢产热量相比，其差异将更大。而这些活动或生产场所往往又与建筑空间和环境有着密切的联系，从而有着不同的要求。

表1-3　人体单位皮肤表面积上的新陈代谢产热率

活动强度	新陈代谢产热率 (W/m²)	新陈代谢产热率 (J/h)
躺着	46	3.36
坐着休息	58	4.2
站着休息	70	5.04
坐着活动（在办公室、住房、学校、实验室等）	70	5.04
站着活动（买东西、实验室内轻劳动）	93	6.72
站着活动（商店营业员、家务劳动、轻机械加工）	116	8.4
中等活动（重机械加工、修理汽车）	185	11.76

2. 衣着

人的衣着多少,也在相当程度上影响着人对热环境的感觉。例如,在冬季人们穿上厚重的衣物,以隔绝冷空气来保持身体之温暖;而在夏天则穿短袖等少量衣物,以加速人体之散热达到舒适程度。衣着对人体散热的影响用热阻来表示,衣服热阻越大,保温性越好(图1-17),单位为$m^2·K/W$。表1-4为几种着衣状况下的热阻比较。

(三)控制措施

由于人体包围在空气中的缘故,人对环境的热感觉中,空气温度是热环境的第一指标,并且因容易测量而被广泛用于评价室内外热环境。根据不同空气温度下人的热感觉调查(表1-5),结合我国国情,居住建筑室内舒适性标准为空气温度夏季26℃~28℃,冬季18℃~22℃。此外,可居住性标准为空气温度夏季不高于30℃,冬季不低于12℃。

使用室内空气温度作为评价室内热环境的指标,虽然方便、简单、易行,但却不完善,因为人体热感觉的程度依赖于室内热环境四要素的共同作用。例如,当不考虑气流速度、空气湿度和平均辐射温度时,室温30℃时,比28℃时感觉要热;但当室温为30℃且气流速度为

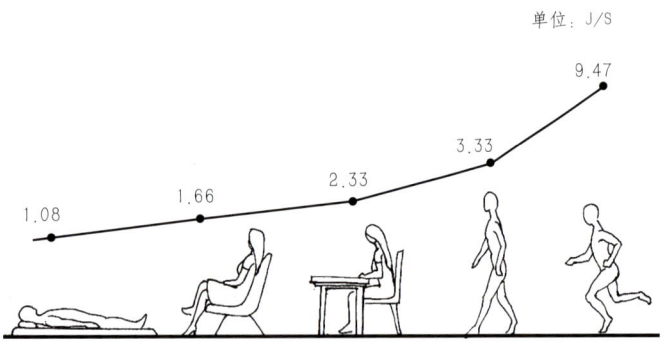

图1-16 新陈代谢产热量(每1kg质量)

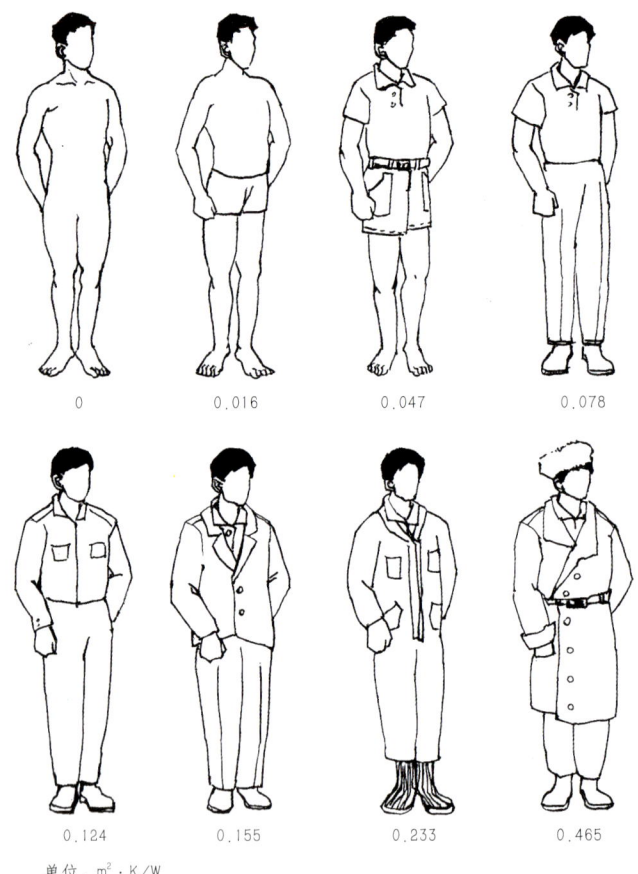

图1-17 几种着衣状况热阻

表1-4 各种典型衣着的热阻

服装形式	组合服装热阻 $(m^2·K/W)$	(clo)
裸身	0	0
短裤	0.016	0.1
典型的炎热季节服装:短裤,短袖开领衫,薄短袜和凉鞋	0.047	0.3
一般的夏季服装:短裤,长的薄裤子,短袖开领衫,薄短袜和鞋子	0.078	0.5
薄的工作服装:薄内衣,长袖棉工作衬衫,工作裤,羊毛袜和鞋子	0.124	0.7
典型的室内冬季服装:内衣,长袖衬衫,裤子,茄克或长袖毛衣,厚袜和鞋子	0.155	1.0
厚的传统的欧洲服装:长袖棉内衣,衬衫,裤子,茄克的套装,羊毛袜和厚鞋子	0.233	1.5

表1-5 空气温度与感觉

空气温度(℃)	感觉
>34	100%的人感到热,43.2%的人感到难以忍受
30~34	84%的人感到热,14.5%的人感到难以忍受
28~30	30%的人感到热,但可以忍受
25	舒适
18	5%坐着的人感到冷
<12	80%坐着的人感到冷,20%活动的人感到冷

3 m/s时，组合起来要比室温为28℃且气流速度为0 m/s时感觉舒适。我们在布置房屋朝向、间距等因素时，多创造条件利用自然风，就可以在降低空调能耗的同时营造舒适的室内环境，因此采用多因素综合评价有利于发挥各种热环境改善措施的积极作用，降低能源消耗和经济成本。

三、作业任务

调查人的活动与环境特征

1. 目的：了解人在场景中的活动。

2. 方法：以某室内小空间为场景，分析不同的人在其中的活动范围或流线，思考场所空间的冷热环境对人物穿着、行为特点的影响。例如快餐店、专卖店等。

3. 内容：环境特征分析、行为要点分析、勾勒分析草图、形成概念设计。

4. 要求：场景要素完备，分析要点具体。

第三节 热环境设计

一、基本原理

根据室内热环境的性质，房屋的种类大体可分为两大类：一类是以满足人体需要为主的，如住宅、教室、办公室等；另一类是满足生产工艺或科学试验要求的，如恒温恒湿车间、冷藏库、试验室、温室等。根据不同房间的使用性质和人体热舒适要求，运用建筑热物理学的基本知识，创造舒适、有效、健康的室内热环境是建筑设计师的职责所在。因此，在设计每栋房屋时，应考虑到室内热环境对使用者的作用和可能产生的影响，以便为使用者创造舒适的热环境。舒适的热环境是维护人体健康的重要条件，也是人们得以正常工作、学习的重要条件。在舒适的热环境中，人的知觉、智力、手工操作的能力可以得到最好的发挥，偏离舒适条件，效率就随之下降，严重偏离时，就会感到过冷或过热，不但使人无法进行正常的工作和生活，甚至影响到使用者的身体健康。

（一）热环境及其影响

室内环境的舒适与否，很大程度上取决于室内的冷热，也就是取决于热环境的状态。在气候良好的春秋季节，室内的气温适宜，不冷也不热；在冬季与夏季，因为室外气候状况不良，并通过建筑的周围壁体（墙壁、屋顶、地面的总称）进入室内，间接地影响室内的气候。通过墙壁而进出室内的热流或因换气而进入室内的热（冷）量，均使得室内的温度和湿度发生改变，从而对人体产生不适影响（图1-18）。但是，室外气候对室内热环境的影响，也因建筑设计的好坏而产生相当大的差异。

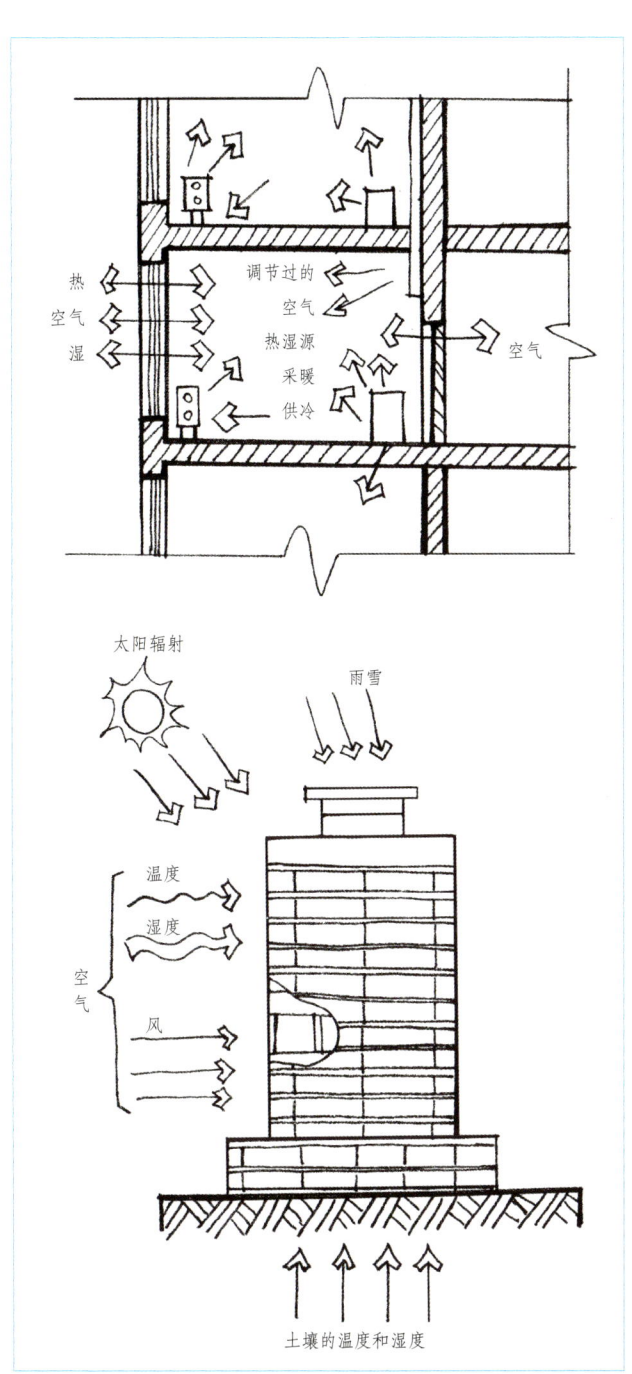

图1-18 影响室内热环境的因素

在自然界，只要存在着温差，就会出现传热现象，而且热能是由温度较高的部位传至温度较低的部位。例如，当室内外空气之间存在温度差时，就会产生通过房屋外围护结构的传热现象。冬天，在采暖房屋中，由于室内气温高于室外气温，热能就从室内经由外围护结构向外传出；夏天，在使用空调的建筑中，因室外气温高，加之太阳辐射的热作用，热能则从室外经由外围护结构传到室内。

室外的热湿作用对室内热环境的影响是非常显著的，特别是在寒冷或炎热地区。室外热环境是指作用在建筑外围护结构上的一切热物理量的总称。建筑外围护结构的功能之一在于抵抗或利用室外热湿作用，以便在房间产生易于控制的舒适的热环境。室外热湿作用对室内热环境的影响程度和过程，主要取决于围护结构材料的物理性质及构造方法。如果围护结构抵抗热湿作用的性能良好，则室外热湿作用的影响就小。同时，建筑规划及环境因素也对室内气候有不同程度的影响。因此，在设计适宜的建筑围护结构时，必须熟悉作用在其上的各种热作用，才能创造性地去利用已有的经验并创造新的技术。

室内热环境形成的主要原因是各种外部和内部的影响。外部影响主要包括室外气候参数，如室外空气温湿度、太阳辐射、风速、风向变化，以及邻室的空气温湿度，均可以通过围护结构的传热、传湿以及空气渗透热量和湿量进入室内，对室内热湿环境产生影响。内部影响主要包括室内设备、照明、人员等室内热湿源。

无论是通过围护结构传热传湿，还是室内产热、产湿，其作用形式分为对流换热、导热、相辐射三种形式。某时刻在内、外影响作用下进入房间的总热量叫做该时刻的得热，例如对流得热（室内热源的对流散热，通过围护结构导热形成的围护结构内表面与室内空气之间的对流换热）、辐射得热（透过窗玻璃进入室内的太阳辐射、灯具的辐射散热、厨房灶台的辐射散热）。如果得热为负，则意味着房间失去热量。由于围护结构本身存在的热惯性，使其热湿过程的变化规律变得相当复杂，表现在通过围护结构的得热量与外部影响因素之间存在着衰减和延迟关系。

（二）平壁传热

热传导是物体不同温度的各部分直接接触时，由质点（分子、原子、自由电子）热运动引起的热传递现象。在固体、液体和气体中都能发生导热现象，但机理有所不同。固体中，非金属材料导热是保持平衡位置不变的质点振动引起的，而金属材料导热是自由电子迁移所引起的；液体中的导热是通过平衡位置间歇移动着的分子振动引起的；气体中导热则是通过分子无规则运动时互相碰撞而发生的。单纯的导热现象仅在密实的固体中发生。

固体中发生的导热既有大小又有方向。导热大小用单位时间通过单位面积的传热量表示，称为传热密度或热流强度，单位为W/m^2。导热方向为物体中温度降低的方向。由于导热由温度差引起，因此发生导热的物体中出现由等温线（面）构成的温度梯度。热流方向垂直于等温线（面），并且跨过温度梯度从高温指向低温，如图1-19所示。在建筑上，外墙、屋顶、楼板等结构中发生的导热，大都可以看成是热流沿厚度方向传递的平壁导热，如图1-20所示。此外，平壁中传热情况还根据热流及各部分温度分布是否随时间而改变，又分为稳定传热和不稳定传热两种情况。

1. 平壁稳定传热

在平壁稳定传热情况下各点温度不随时间而改变，沿厚度方向各截面热流强度大小相等，这时平壁内温度分布为直线。通过平壁的传热量大小，一方面与两表面温度差成正比，温度差越大，传热量亦愈大；另一方面与平壁对热量传递的阻力成反比，阻力越大，传热量就愈小。我们把平壁传热的阻力称为热阻，记为R，单位为$m^2·K/W$。热阻是稳定传热最常用的性能参数。在平壁两侧同样的温差情况下，平壁热阻越大，则热流强度越小，传热量也越少，平壁保温性越好。平壁热阻大小与平壁厚度（d）成正比，与平壁材料导热系数（λ）成反比，可见平壁的保温性能由平壁厚度和材料导热系数两

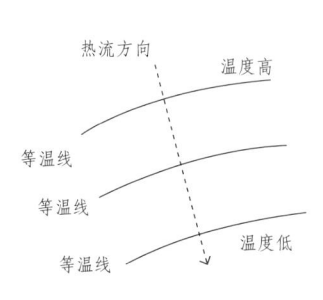
图1-19 热流方向

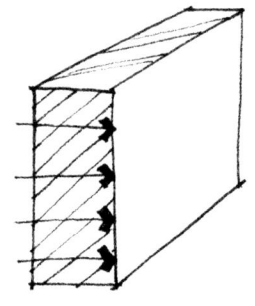
图1-20 平壁导热

个因素决定。在达到同样的热阻情况下，采用导热系数小的材料可以减少平壁厚度，否则需要增大平壁厚度。导热系数反映了材料的导热能力，它的大小主要受到材质、干密度和含湿量的影响。

2. 平壁周期传热

平壁（假设足够大的、有一定厚度的平面体）一侧温度随时间作周期性变化所引起的传热现象称为周期传热。平壁周期传热为不稳定传热中的一种特例，与建筑围护结构实际传热情况相近似。

平壁一侧壁面温度随时间作周期性变化，且沿平壁厚度方向传递时具有如下基本特征：

(1) 平壁表面和内部各点温度都按照同样的周期进行波动变化。例如室内、室外温度由低到高再到低，都是以24h为周期；

(2) 温度波动振幅逐渐减小。这种现象称为温度波幅衰减。例如室外早晚温差为8℃，而室内早晚温差可能只有5℃；

(3) 温度变化波形中最大值出现的时间逐渐延迟。例如室外最高温出现在14点，而室内最高温可能出现在15点。

周期性变化的温度波动在平壁中传递时出现的衰减延迟特性称为平壁的热惰性，即固体材料抵抗温度变化传递的能力，用平壁热惰性指标D表示。平壁热惰性指标越大，对温度波动传递的衰减和延迟能力就越强，平壁一侧的温度变化对另一侧的影响就越小。当平壁热惰性指标足够大时，平壁一侧的温度变化对另一侧几乎没有影响。这种特性对维持房间温度稳定有利，也称为热稳定性。

二、建筑与通风

热环境设计最主要的是组织自然通风，利用自然风，营造舒适的居住环境。

（一）自然通风作用

房间通风具有三种作用：一是保持室内环境健康，利用室外新鲜空气更新室内被人体、家具和装饰材料等污染的空气；二是保持人体舒适，通过人体周围空气流动，增强人体散热并防止由皮肤潮湿引起的不舒适感，改善人的舒适条件；三是对房间降温，当室内气温高于室外气温时，利用通风可使建筑内部构件快速降

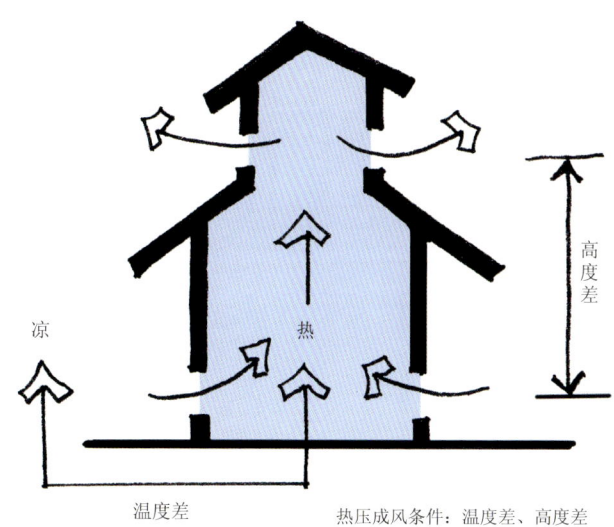

图1-21 热压作用下的自然通风

温。这些作用也可以通过机械通风达到，而且机械通风的换气效率更高，但机械通风耗能、有噪声，人体对自然风的接受率更高。目前，自然风的空气质量和流动状况还不能完全被模仿和替代。

合理组织自然通风，引风入室，争取"穿堂风"，是炎热地区建筑对自然通风的主要要求。炎热地区建筑对自然通风的另一个要求是"间歇通风"，即在室外较热时，把大部分门窗关闭，减少通风量。而在室外较凉爽时把部分门窗打开通风。

（二）自然通风原理

气流自动穿过房间是因为两侧存在空气压力差，压力差的形成来源于两个方面：(1) 室外风的作用，即风压；(2) 室内热的作用，即热压。

1. 热压作用

空气受热后温度升高，密度降低；相反，若空气温度降低，则密度增加。这样，当室内气温高于室外气温时，室外空气因为较重而通过建筑物下部的门窗流入室内，并将室内较轻的空气从上部的窗户排除出去。进入室内的空气被加热后，变轻上升，被新流入的室外空气所替代而排出。因此，室内空气形成自下而上的流动。这种现象是因温差而形成，通常称之为热压作用。热压的大小取决于室内、外空气温度差和进、排气口的高度差（图1-21）。

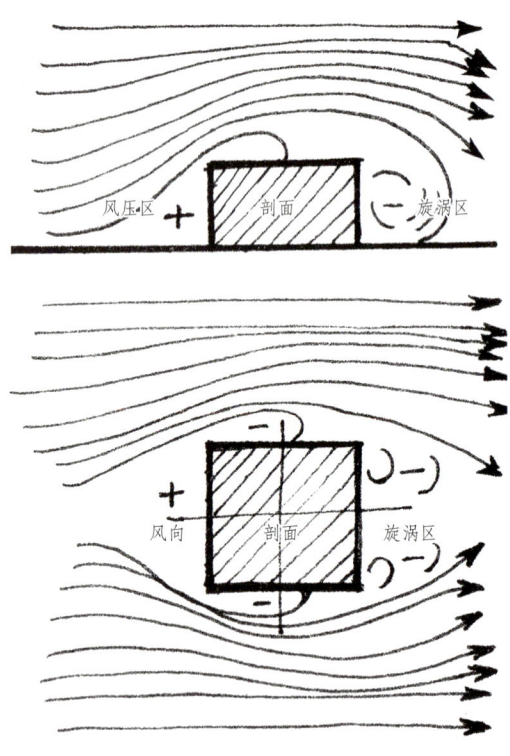

图1-22 风压作用下的自然通风

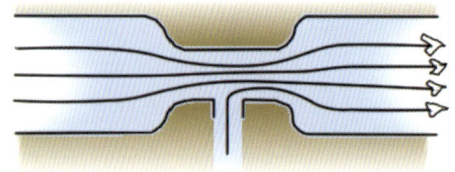

图1-23 风压作用下的自然通风

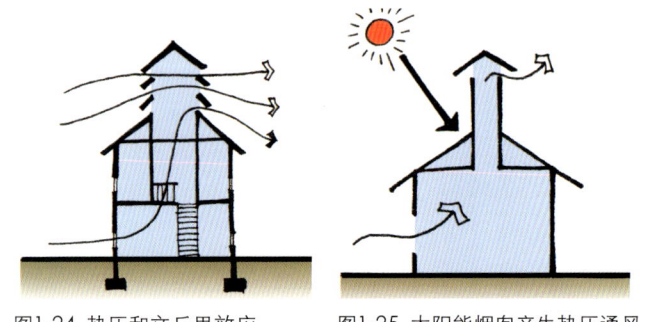

图1-24 热压和文丘里效应　　图1-25 太阳能烟囱产生热压通风

2. 风压作用

风压作用是风作用在建筑物上产生的压力差。当自然界的风吹到建筑物上时，在迎风面上，由于空气流动受阻，速度减小，使风的部分动能转变为静压，即建筑物的迎风面上的压力大于大气压，形成正压区。在建筑物的背面、屋顶和两侧，由于气流的旋绕，这些面上的压力小于大气压，形成负压区(图1-22)。如果在建筑物的正、负压区都设有门窗口，气流就会从正压区流进室内，再从室内流向负压区，形成室内空气的流动。形成风压的关键因素是室外风速，即作用到建筑物上的风速。

上述两种自然通风的动力因素对各建筑物的影响是不同的，甚至随着不同地区和地形的不同、建筑物的布局和周边环境状况的差异、室内使用情况等产生很大的差异。比如，工厂的热车间，常常有稳定的热压可以利用；沿海地区的建筑物，往往风压值较大，因此房间的通风良好。在一般的民用建筑物中，室内外的温差不大，进排气口的高度相近，难以形成有效的热压，主要依靠风压组织自然通风。如果室外的风速较小或者没有风时，建筑物内部的通风将难以通畅。因此，建筑师要善于利用自然通风原理，合理地进行建筑物的总体布局和建筑物开口的设计，并采取必要的技术措施来改变现实环境中各气候要素对建筑的影响。比如，改变热压差和风压差，使通风成为改善室内热环境的有利因素。

3. 热压与风压综合作用

建筑物内的实际气流是在热压与风压的综合作用下形成的，这两种压力可以在同一方向起作用，也可以在相反方向起作用。当这两种压力的作用方向一致时，室内通风得到加强，通过开口的气流量比在较大的一种压力单独作用下所产生的气流量稍多一些(最多达40%)。

由于热压取决于室内外温度差与气流通道高度差之乘积，因此只有当其中的一个因素足够大时，才具有实际意义。在居住建筑中，房间内气流通道的有效高度很低，夏季室内外温度差也很小，因此要得到实际有用的通风，热压就显得太小。但是，在厨房、浴室及厕所等可利用垂直管道通风之处，则为例外。因此，通风道向上延伸可有几层楼之高，这样形成的热压，就可以有效地应用于自然通风。

由热压和风压所促成的气流，它们之间除了数量上的差别外，还有质量上的差别。热压通风是单凭压力差促使空气流动，在进风口处的气流速度通常很低，难以带动室内整个空气团运动。由风压促成的气流，可穿过整个房间，气流在很大程度上由进入室内的空气团的惯性力所决定，这样的气流由于在室内形成紊流，比由热压促成的同等量的气流具有较快的速度。

4. 空气流动规律

设计房间自然通风，除了需要了解自然通风的基本动力，还需要了解空气流动的基本规律，即伯努利（Bernoulli）规律与文丘里（Venturi）效应。

伯努利规律是指当空气的流速增加时，空气的静压会降低。文丘里效应是指在图1-23所示的文丘里管的收缩部位，由于空气流速增加，形成负压区，成为吸引空气流动的条件。

建筑中也存在很多文丘里现象。建筑的人字形屋面就像半个文丘里管，当气流过屋面时，在屋脊处形成负压区，当屋脊有开口时，室内空气就会从开口流出去，图1-24是一楼梯利用热压通风和文丘里管效应结合构造通风的手法，图1-25是利用太阳能烟囱提高开口温差的常见做法。

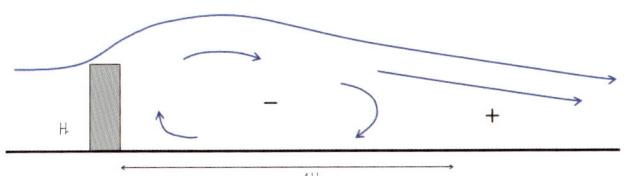

图1-26 房屋后的涡旋区

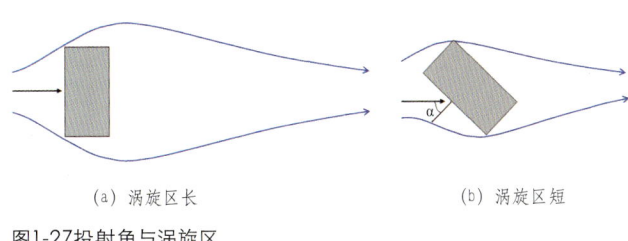

(a) 涡旋区长　　　　　(b) 涡旋区短

图1-27 投射角与涡旋区

表1-6　风向投射角对室内风速影响

风向投射角	室内风速降低值（%）	屋后涡旋区深度
0°	0	3.75H
30°	13	3H
45°	30	1.5H
60°	50	1.5H

（三）自然通风组织

1. 建筑朝向、间距及建筑群布置

为了组织好房间的自然通风，在朝向上应使房屋纵轴尽量垂直于夏季主导风向。因此每个地区的夏季风玫瑰图成为自然通风设计的基本依据。我国大部分地区夏季的主导风向都是南向或南偏东，选择这样的朝向也有利于避免东西晒，两者都可以兼顾。对于那些朝向不够理想的建筑，应采取有效措施进行引风导风。

有些地区由于地理环境、地形、地貌的影响，夏季主导风向与风玫瑰图并不一致，则应按实际的地方风确定建筑物的朝向。

在城镇地区，无论街坊或居住区，建筑都是多排、成群布置，若风向垂直于前幢建筑物的纵轴，则屋后的涡旋区将很长，涡旋区内风速很小（图1-26）。为了保证后排房屋有良好的通风，后排房屋需要布置在前幢房屋的涡旋区以外，这样，两排房屋的间距大约为前幢房屋高度的4倍左右。这样大的距离，与节约用地的原则相矛盾，难以在规划设计中实施。为合理解决这一矛盾，常将建筑朝向偏转一定角度，使风向对建筑物产生一投射角α，这样，屋后的涡旋区将缩短（图1-27），但室内风速也会降低，两者变化与投射角的关系见表1-6。可见，当投射角为45°时比较合理。

一般建筑群的平面布局有行列式、错列式、斜列式、周边式等（图1-28），从通风的角度来看，以错列、斜列较行列、周边为好。当用行列式布置时，建筑群内部流场因风向投射角不同而有很大变化。错列式和斜列式可使风从斜向导入建筑群内部，有时亦可结合地形采用自由排列的方式。周边式很难使风导入，这种布置方式只适于冬季寒冷地区。

2. 建筑开口与室内通风

在建筑的位置布置有利于自然通风的情况下，室内通风组织至关重要，房间开口位置和尺寸大小，直接影响房间进风量和室内风场分布。

一般来说，进、出气口位置设在中央，气流直通，对室内气流分布有利。这时，开口大，则气流场也大；缩小开口面积，开口流速虽然相对增加，但气流场缩小，如图1-29中（a）、（b）所示。据测定，当开口宽度为开间宽度的1/3~2/3，开口面积为地板面积的15%~25%时，通风效率最佳。当进风口大于出风口时，排出室外的风

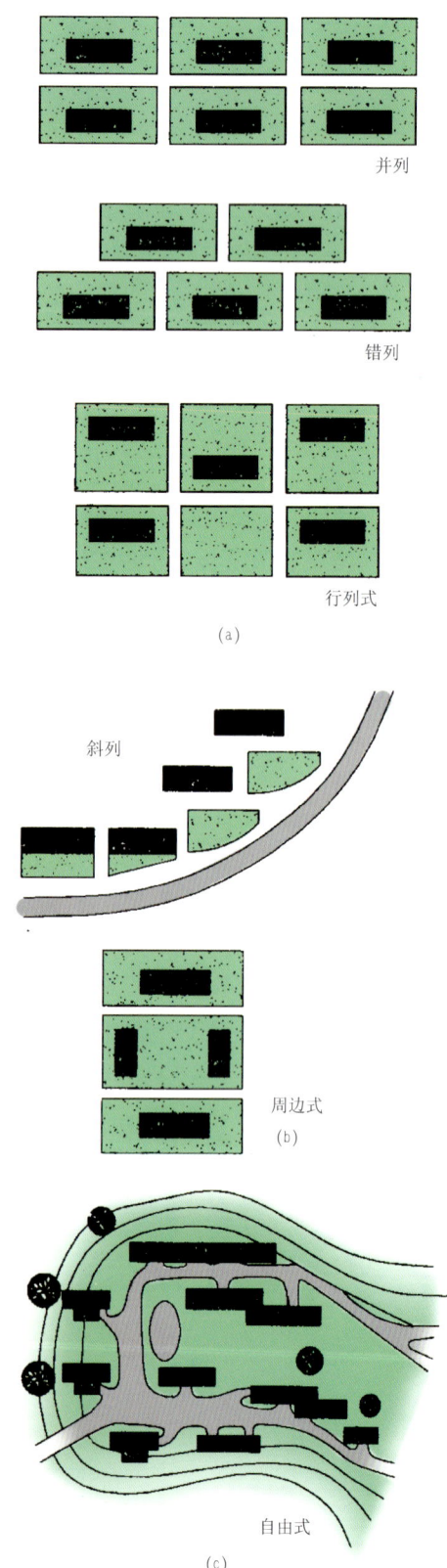

图1-28 建筑群布置

速加大；反之，进入房间的风速增大，如图1-29中(c)、(d)所示。

在建筑设计时，由于平面组合要求，不易做到进、出气口位置正对、气流直通，往往把开口偏于一侧或设在侧墙上。这时，室内部分区域产生涡流现象，风速减小，有的位置甚至无风，如图1-30中(a)、(b)所示。如果开口位置不能改变，为了把风引到室内人员活动区，可在进气口加设导风板，如图1-30(c)所示。

在建筑剖面上，开口高低与气流路线亦有密切关系。图1-31中(a)、(b)为进气口在房间中线以上位置的情况，其中(a)是进气口顶上无挑檐，气流向上倾斜。图中(c)、(d)为进气口在房间中线以下位置的情况，其中(c)做法的气流贴地面通过，(d)做法的气流向上倾斜。

除了开口位置以外，门、窗装置的方式对室内自然通风的影响很大。窗扇的开启有挡风或导风作用，装置得当，则能增加室内通风效果。一般房屋建筑中的窗扇常向外开启成90°角，这种开启方式，当风向入射角较大时，将使风受到阻挡，如图1-32(a)所示。如增大开启角度，则常可导风入室，如图1-32(b)所示。中悬窗、上悬窗、立转窗、百叶窗都可起调节气流方向的作用，如图1-33所示。落地长窗、漏窗、漏空窗台、折叠门等通风构件有利于降低气流高度，增大人体受风面，在炎热地区亦是常见的构造措施。一般形式如图1-34所示。

建筑物周围的绿化，不仅对降低周围空气温度和日辐射的影响有显著的作用，当安排合理时，还能改变房屋的通风状况。成片绿化起阻挡或导流作用，可改变房屋周围和内部的气流流场。图1-35(a)是利用绿化布置引导气流进入室内的情况，图1-35(b)是利用高低树木的配置从垂直方向引导气流流入室内的情况。

三、保温设计

对于严寒、寒冷及夏热冬冷地区的冬季来说，减少建筑物室内热量向室外散发的措施，对创造适宜的室内热环境和节约能源具有重要作用。建筑保温主要从建筑外围护结构上采取措施，同时还从房间朝向、单体建筑的平面和体型设计，以及建筑群的总体布置等方面加以综合考虑，从而达到节约建筑冬季采暖能耗的目的。

进行建筑热工设计时，必须了解当地的气候特点，建筑热工设计应与地区气候相适应。我国《民用建筑热

室内环境物理设计

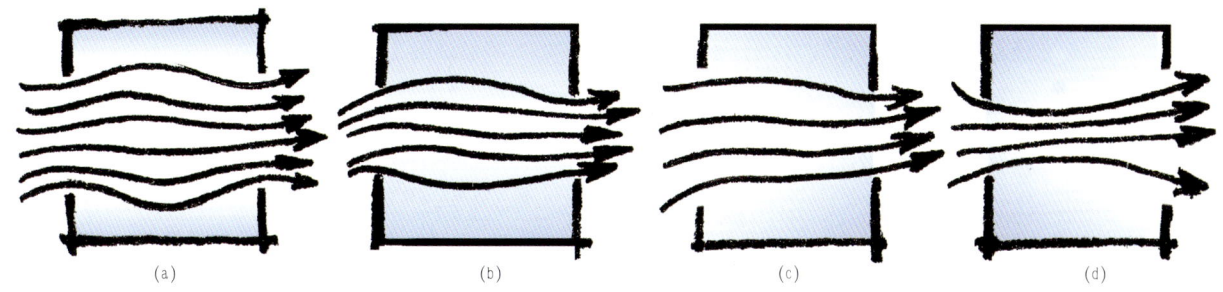

图1-29 室内气流直通流场

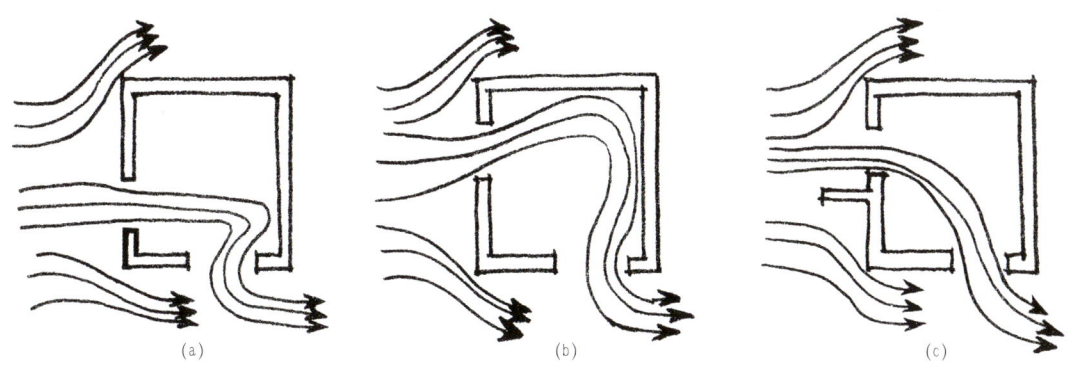

图1-30 侧墙开口室内气流场

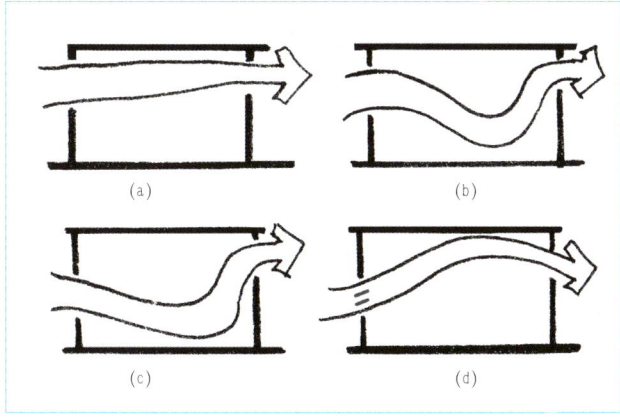

图1-31 开口高低与气流路线

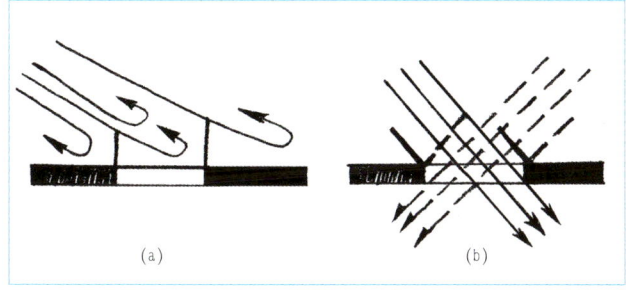

图1-32 窗扇挡风或导风

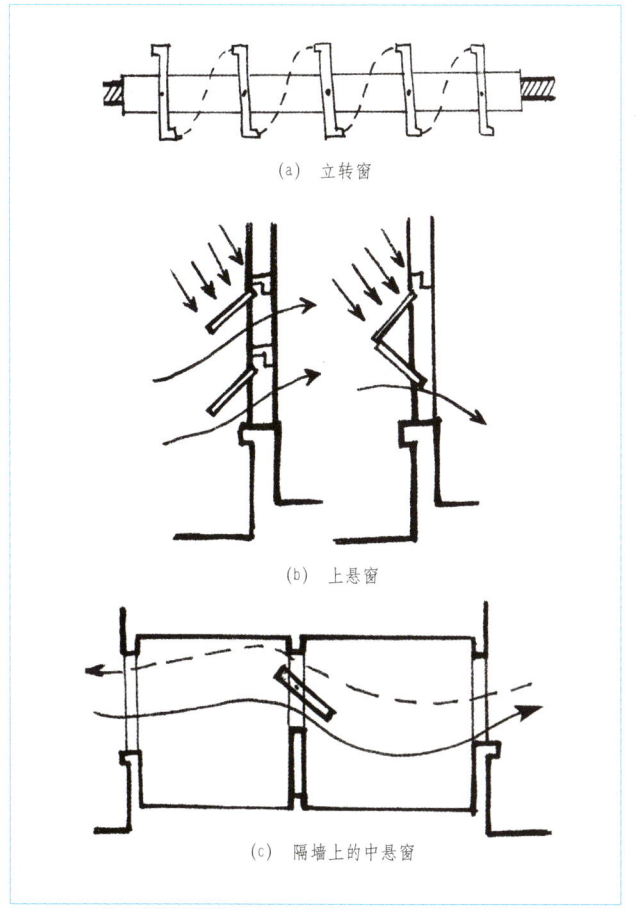

图1-33 利用窗扇导风入室

/全国高等院校环境艺术设计专业规划教材/

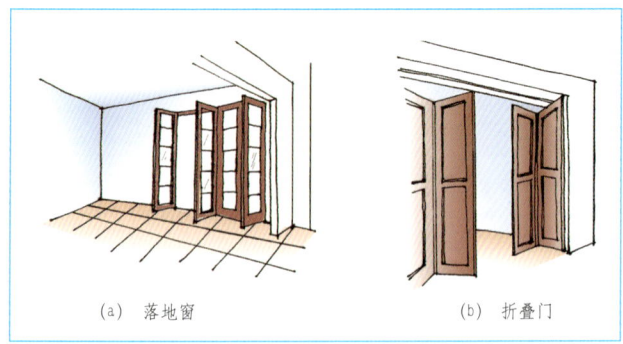

(a) 落地窗　　　　　　(b) 折叠门

图1-34 门、窗通风措施

图1-35 绿化导风作用

工设计规范》(GB 50176—93)从建筑热工设计角度，将全国分为五个建筑热工设计分区。全国建筑热工设计详见图1-13，其分区指标和设计要求详见表1-2。

从分区图和设计要求中可以看出，严寒、寒冷及夏热冬冷地区约占据了我国国土的85%，在这些地区，建筑都必须具有足够的保温性能。即使属于温和地区，其中的部分地区冬季气温也比较低，该地区的建筑同样需要考虑保温设计。

建筑保温设计是建筑设计的一个重要组成部分，其目的是保证室内有足够的热环境质量，同时能够尽可能节约采暖能耗。当然，为保证采暖地区冬季室内热环境达到应有的标准，除建筑保温外，还需要有必要的采暖设备来供给热量。但在同样的供热条件下，如果建筑本身的保温性能良好，就能维持所需的室内热环境；反之，若建筑本身保温性能不好，则不仅达不到应有的室内热环境标准，还将产生围护结构表面结露或内部受潮等一系列问题。因此，应从各个方面全面处理有关建筑保温设计问题，主要应注意：

(1) 充分利用可再生能源

可再生能源是指在自然界中可以不断再生、永续利用的清洁能源，它对环境无害或危害极小，而且资源分布广泛，适宜就地开发利用，主要包括太阳能、风能、水能、地热能等。其中，太阳能的应用最为广泛。

在建筑中利用太阳能一般包括两个方面：

一是日照方面。即从卫生角度考虑，太阳辐射中的短波成份（紫外线）具有良好的杀菌防腐效果。因此，在建筑设计中应充分考虑日照的要求，选择良好的建筑朝向和合理的日照间距。

二是能源利用方面。即从节约能源角度考虑，太阳能是一种清洁、环保、可再生的能源，将其引入建筑作为采暖能源或进行光电利用和光化学利用，从而有利于节约常规能源，保护自然生态环境。我国太阳能资源丰富，寒冷地区1年的辐射总量在500 kJ/cm^{2}以上，其热量相当于170 kg标准煤/m^{2}以上。而且，采暖期间晴天多、照射角度低、日照率在60%以上。因此，在建筑设计中综合考虑太阳能利用具有重要的实际意义。

另外对于风能、水能、地热能等可再生能源的利用，也可以很大程度上节约常规能源。在这些方面，国内外科技人员已积累了大量实用性研究成果，如目前国内外正在研究和推广的"低能耗建筑"和"零能耗住宅"，都充分利用了当地的各种可再生能源。

(2) 选择合理的建筑体形与平面形式

建筑体形与平面形式，对保温质量和采暖能耗有很大的影响。建筑设计人员在处理体形与平面设计时，首先考虑的当然是功能要求。然而若因为考虑体形上的造型艺术要求，致使外表面的面积过大，曲折凹凸过多，那么对建筑保温是很不利的。外表面的面积越大，热损失越多；不规则的外围护结构，往往是保温的薄弱环节。因此，必须正确处理体形、平面形式与保温的关系，否则不仅增加采暖费用，浪费能源，而且必然会影响围护结构的热工质量。图1-36为南北居住建筑的对比。

对同样体积的建筑物，在各面外围护结构的传热情况均相同时，外围护结构的面积越小则传出的热量越少。有研究资料表明，体形系数每增大0.01，耗热量指标约增加2.5%。体形系数（S）即一栋建筑的外表面积F_0与其所包围的体积V_0之比，即$S=F_0/V_0$。

因此，在建筑保温设计中，需要对建筑物的体形系数进行控制。在《民用建筑节能设计标准（采暖居住建筑部分）》（JGJ 26-95）中规定，对于居住建筑的体形系数宜控制在0.3及0.3以下；若体形系数大于0.3，则屋顶和外墙应加强保温。《公共建筑节能设计标准》（GB 50189-2005）中规定，对于公共建筑的体形系数应小于或等于0.40。

(3) 避免冷风的不利影响

风对室内热环境的影响主要有两方面：一是通过门窗洞口或其他缝隙进入室内，形成冷风渗透；二是作用在围护结构外表面上，使对流换热系数变大，增强外表面的散热量。冷风渗透量越大，室温下降越多；外表面散热越多，房间的热损失就越多。因此，在保温设计时，建筑物宜设在避风的区域，并应避免大面积的外表面朝向冬季主导风向。当受条件限制而不可能避开主导风向时，亦应在迎风面上尽量少开门窗或其他孔洞，在严寒地区还应设置门斗或风幕等避风设施，以减少冷风的不利影响。

就保温而言，建筑的密闭性愈好，则热损失愈少，从而可以在节约能源的基础上保持室温。但从卫生要求来看，房间必须有一定的换气量，而且过分密闭会妨碍湿气的排除，使室内湿度升高，从而容易造成表面结露和围护结构内部受潮。

基于上述理由，从增强建筑保温能力来说，虽然总的原则是要求建筑有足够的密闭性，但还是要有适当的换气措施或者设置可控制的换气孔。当然，那种由于设计和施工质量不好造成的围护结构接头、接缝不严而产生的冷风渗透，是必须防止的。

(4) 良好的围护结构热工性能与合理的供热系统

房间所需的正常温度，是靠供热设备和围护结构保温性能相互配合来保证的。建筑围护结构热工性能的优劣对建筑采暖耗热量的多少起关键性作用，民用建筑节能设计标准中，对不同地区采暖居住建筑各部分围护结构的传热系数限值进行了规定，从而从总体上保证实现节能50%这一目标。

同时，不同的房间使用性质具有不同的房间热特性，围护结构热工性能和供热系统要根据房间热特性进行配置。例如需要全天采暖的房间（如医院病房、火车站候车厅）应有较大的热稳定性，以防室外温度变化或间断供热时室温波动太大；而对于只是白天使用（如办公室、商场营业厅）或只有一段时间使用的房间（如影剧院观众厅），则要求在开始供热后，室温能较快地上升到所需的标准，即房间的热稳定性不需要太大。

因此，对于需要连续采暖的房间，宜采用外保温的围护结构构造和连续供热的方式；而对于间歇采暖的房间，则宜采用内保温的围护结构构造和间歇供热的方式。

(a) 北方建筑外立面相对平整，对保温有利

(b) 南方建筑相对通透，有利于通风散热

图1-36 南北两地居住建筑对比

（一）维护结构的保温设计

1. 墙体保温设计

外墙和屋顶是建筑外围护结构的主体部分，从传热耗热量的构成来看，外墙和屋顶也占了较大的比例。因此，做好外墙和屋顶的保温设计是建筑保温设计的基础。

（1）最小传热阻

按我国现行设计规范，保温设计是取阴寒天气作为设计计算的基准条件。在这种情况下，建筑外围护结构的传热过程可近似为稳态传热。按稳态传热的理论，传热阻便成为外墙和屋顶保温性能优劣的特征指标，外墙和屋顶的保温设计则成为确定其合理的传热阻。我国《民用建筑热工设计规范》中规定在我国北方采暖地区，设置集中采暖的建筑，其外墙和屋顶的传热阻不得小于该建筑的最小传热阻$R_{0·min}$，最小传热阻是对建筑围护结构保温能力的最低要求。对外墙和屋顶最小传热阻的要求，主要取决于房间的使用性质及技术经济条件。一般从以下几个方面来考虑：

a. 保证内表面不结露，即内表面温度不得低于室内空气的露点温度。

b. 对于大量的民用建筑，不仅要保证内表面不结露，还需满足一定的热舒适条件，限制内表面温度，以免产生过强的冷辐射效应。

c. 从节能要求考虑，热损失应尽可能的小。

d. 应具有一定的热稳定性。

使用质量要求较高的房间，其围护结构应有更大的保温能力。按相关规范，在查表或计算确定各相关参数值后，便可求得该建筑的$R_{0·min}$。应当注意，所求得的最小传热阻是外围护结构保温性能的最低标准，实际设计或施工的热阻应当高于或等于它，但不得低于它。

（2）保温构造的种类及其特点（保温措施）

《民用建筑热工设计规范》中提高围护结构热阻值可采取下列措施：

a. 采用轻质高效保温材料与砖、混凝土或钢筋混凝土等材料组成的复合结构；

b. 采用密度为500 kg～800 kg的轻混凝土或密度为800kg～1200kg的轻骨料混凝土作为单一材料墙体。

c. 采用多孔黏土空心砖或多排孔轻骨料混凝土空心砌块墙体。

d. 采用封闭空气间层或带有铝箔的空气间层。

根据地方气候特点及房间的使用性质，外墙和屋顶可以采用的保温构造方案是多种多样的，大致可分为以下几种类型：

单一材料保温。又称自保温，如多孔砖、空心砖、空心砌块、加气混凝土砌块等，既能承重又能保温。只要材料导热系数比较小，机械强度满足承重的要求，又有足够的耐久性，那么采用这种单一材料的方案，在构造上比较简单，施工比较方便。但由于建筑节能标准的提高，要想采用单一材料的围护结构达到相应的热工性能，往往不得不增加其厚度。

如图1-37所示为重庆、四川地区使用的KP1型页岩多孔砖平面，其多孔砖的保温性能约为普通实心砖的1.9倍。

目前空心砖已广泛应用于城市民用建筑，不仅能减轻墙体的自重，减少墙体的厚度，便于机械化施工，同时还可利用工业废料和地方材料，如矿渣、煤渣、粉煤灰、火山灰、石粉等制备成的各种类型的空心砌块。一般常用的有中型砌块：200 mm×590 mm×500 mm，小型砌块：190 mm×390 mm×190 mm，可做成单排孔和双排孔的砌块和板材（图1-38）。

从热工性能测量来看，190mm厚单排孔空心砌块，不能满足东西墙隔热的要求，而双排孔空心砌块，比同厚度的单排孔空心砌块隔热效果提高较多。两面抹灰的双排孔空心砌块，其隔热效果相当于两面抹灰的一砖厚黏土实心砖墙。

封闭空气间层保温。前已叙及，封闭的空气层有良好的绝热作用。围护结构中的空气层厚度，一般以4 cm～5 cm为宜。为提高空气间层的保温能力，间层表面应采用强反射材料，例如前述涂贴铝箔就是一种方法。如果用强反射遮热板来分隔成两个或多个空气层，当然效果更好。但值得注意的是，这类反辐射材料必须有足够的耐久性，而铝箔不仅极易被碱性物质腐蚀，而且长期处于潮湿状态也会变质。因此，应当采取涂塑处理等保护措施，如图1-39所示。

混合型保温构造。当单独用某一种方式不能满足保温要求，或为达到保温要求而造成技术经济上的不合理时，往往采用混合型保温构造。例如既有实体保温层，又有空气层和承重层的外墙或屋顶结构。显然，混合型构造的保温性能好，对于恒温恒湿等热工要求较高

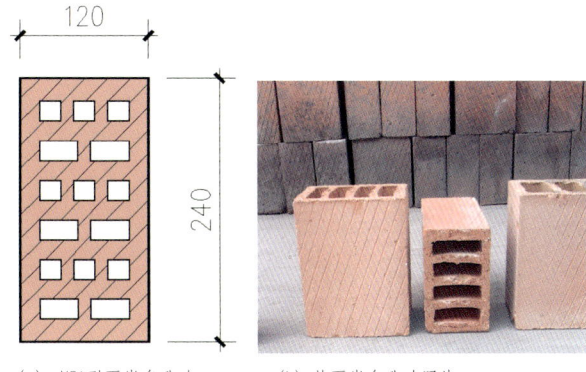

(a) KP1型页岩多孔砖　　(b) 某页岩多孔砖照片

图1-37 页岩多孔砖

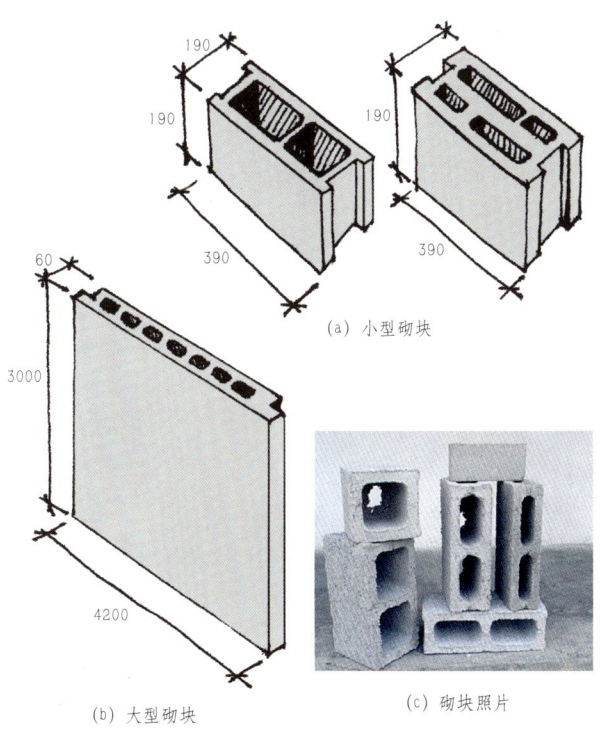

(a) 小型砌块

(b) 大型砌块　　(c) 砌块照片

图1-38 空心砌块及板材

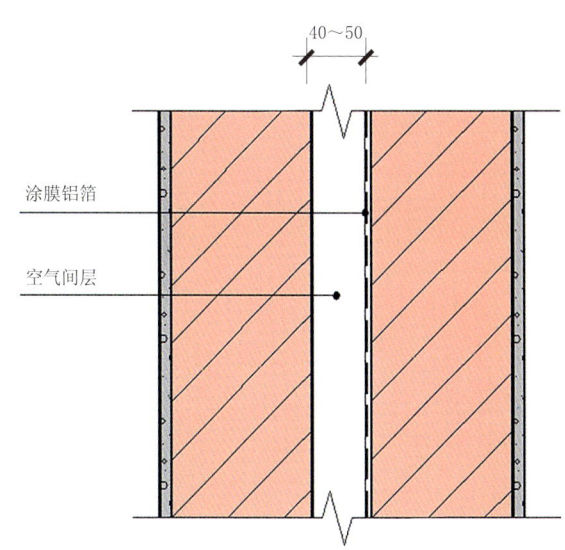

图1-39 空气间层保温构造示例

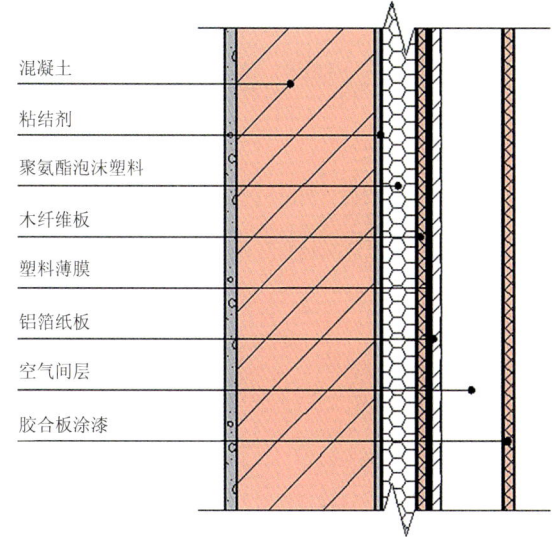

图1-40 混合型保温构造示例

的房间，是经常采用的。但是，混合型保温的构造比较复杂，需要较高的施工质量，因此对于大量民用建筑并不普及。

图1-40是一个20℃±0.1℃的恒温车间外墙构造，为了提高封闭空气层的热阻，使用了铝箔纸板。

(3) 单设保温层复合构造的种类及特点

当采用单设保温层的复合保温构造时，保温层的位置不同，对结构及房间的使用质量、结构造价、施工方式及维护费用等各方面都有重大影响。对于建筑师来说，能否正确布置保温层，是检验其构造设计能力的重要标志之一。

复合结构可分为：外保温（保温层在室外侧）、内保温（保温层在室内侧）和夹芯保温（保温层在中间）三种。图1-41为外墙三种保温构造的示意图。

三种配置方式各有其优缺点，从建筑热工的角度上看，外保温优点较多，但内保温施工比较方便，中间保温则有利于用松散填充材料作保温层。具体比较如下：

a. 保温的稳定性

外保温和中间保温做法，在室内一侧均为体积热容量较大的承重结构，材料的蓄热系数大，从而在室内供热波动时，内表面温度相对稳定，对室温调节避免骤冷骤热很有好处，适用于经常使用的房间。但对一天中只有短时间使用的房间，如体育馆、影剧院等，是在每次使用前临时供热，要求室温尽快达到所需标准，这时外保温做法使靠近室内的承重层要吸收大量的热量，所需的吸热时间长，不如用内保温时室内温度上升快。

b. 热桥问题

热桥（局部由于构造或材料差异，造成的易传热部位）不但降低了局部温度，也会使建筑物总的耗热量增加。内保温作法常会在内连接处以及外墙与楼板连接处产生热桥。

根据计算，一栋居住建筑如果外墙采用370 mm砖墙，墙角处和热桥的热损失约为全部热损失的10%；而改用240 mm砖墙或200 mm混凝土加内保温构造，墙角和热桥所占的热损失可达到全部热损失的25%～30%。中间保温的外墙由于内外两层结构需要拉接而增加了热桥耗热，而外保温在减少热桥方面比较有优势。

c. 保温材料内部的凝结水

在冬季，由于室内一侧为密实的承重材料，室内水蒸气不易透过，外保温和中间保温做法可防止保温材料由于蒸气的渗透而受潮。而内保温做法中保温材料则可能在冬季受潮。

d. 对承重结构的保护

外保温可避免主要承重结构受到室外温度剧烈波动的影响，从而提高其耐久性。

e. 旧房改造

为节约能源而增加旧房保温能力时，如果采用外保温构造，在施工中可不影响房间使用，同时不占用室内面积，但施工技术要求高。

f. 外饰面处理

外保温作法对外表面保护层要求较高，外饰面比较难于处理。内保温和中间层保温则由于外表面是由强度大的密实材料构成，饰面层的处理比较简单。

三种保温构造外墙的技术性能比较见表1-7，施工照片见图1-42。

(4) 转角或交界处的保温处理

转角或交界处的保温构造处理请参见图1-43。

采用外保温的屋顶，传统的做法是在保温层上面

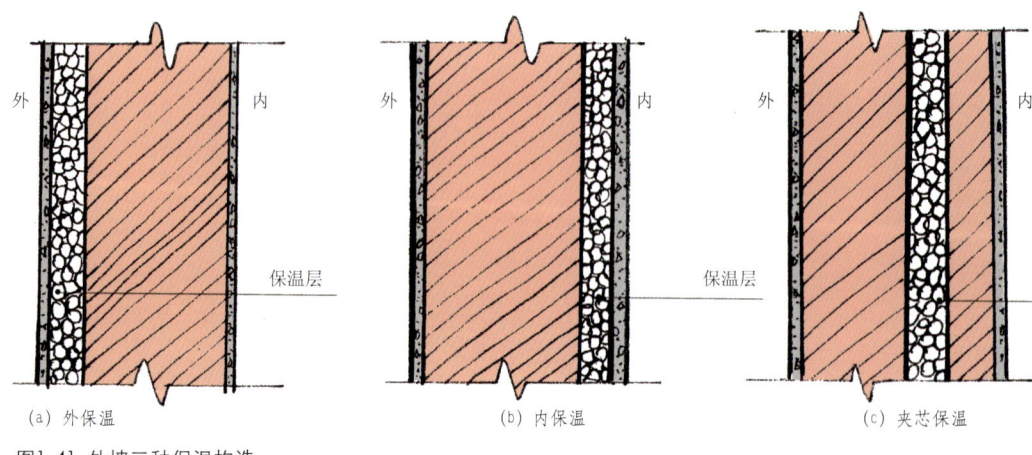

图1-41 外墙三种保温构造

 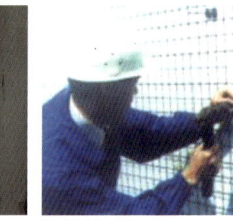 

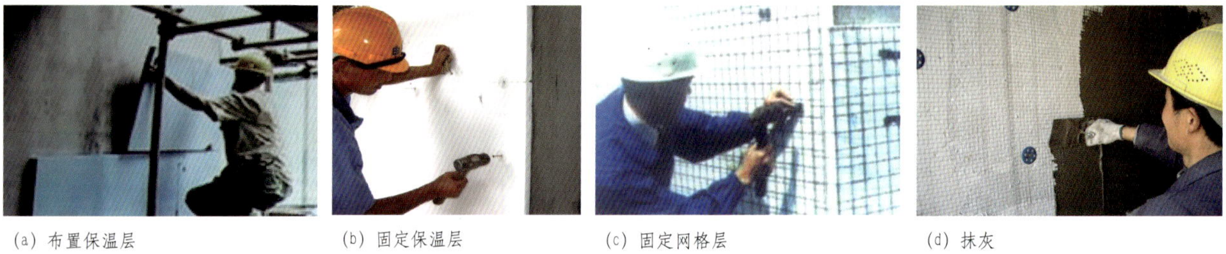

(a) 布置保温层　　(b) 固定保温层　　(c) 固定网格层　　(d) 抹灰

图1-42 外保温施工实例照片

表1-7 三种保温外墙的技术性能比较

构造类型	典型构造做法（由外至内）	主 要 优 点	主 要 缺 点
内保温	外墙饰面层+结构层+保温层+内墙饰面层	1. 对内墙饰面层无耐候性 2. 施工便利 3. 施工不受气候影响 4. 造价适中 5. 利于间歇采暖（空调）使用的房间	1. 有热桥产生，削弱墙体保温性能 2. 墙体内表面易发生结露 3. 若内墙饰面层接缝不严而空气渗透，易在保温层上结露 4. 减少有效使用面积 5. 室温波动较大
中间保温	1. 现场施工：结构层中填入保温层 2. 预制夹芯保温复合板	1. 施工尚便利 2. 保温性能及使用功能尚可 3. 用现场施工法，造价不高	1. 有热桥产生，削弱墙体保温性能 2. 墙体较厚，影响使用面积 3. 墙体抗震性不好 4. 预制复合板接缝处理不当易发生渗漏
外保温	1. 现场施工：外墙饰面层+增强层+保温层+结构层+内墙饰面层 2. 预制带饰面外保温复合板，用粘挂结合法固定于结构层上	1. 基本可消除热桥，保温层效率高 2. 墙体内表面不发生结露 3. 不减少使用面积 4. 既适用于新建造建筑，也适用于旧房改造 5. 室温较稳定，热舒适性好	1. 冬季、雨季施工受一定限制 2. 采用现场施工，施工质量要求严格，否则面层易发生开裂 3. 采用预制板时，板缝处理不严则易发生渗漏 4. 造价较高 5. 高层外墙不宜采用面砖饰面

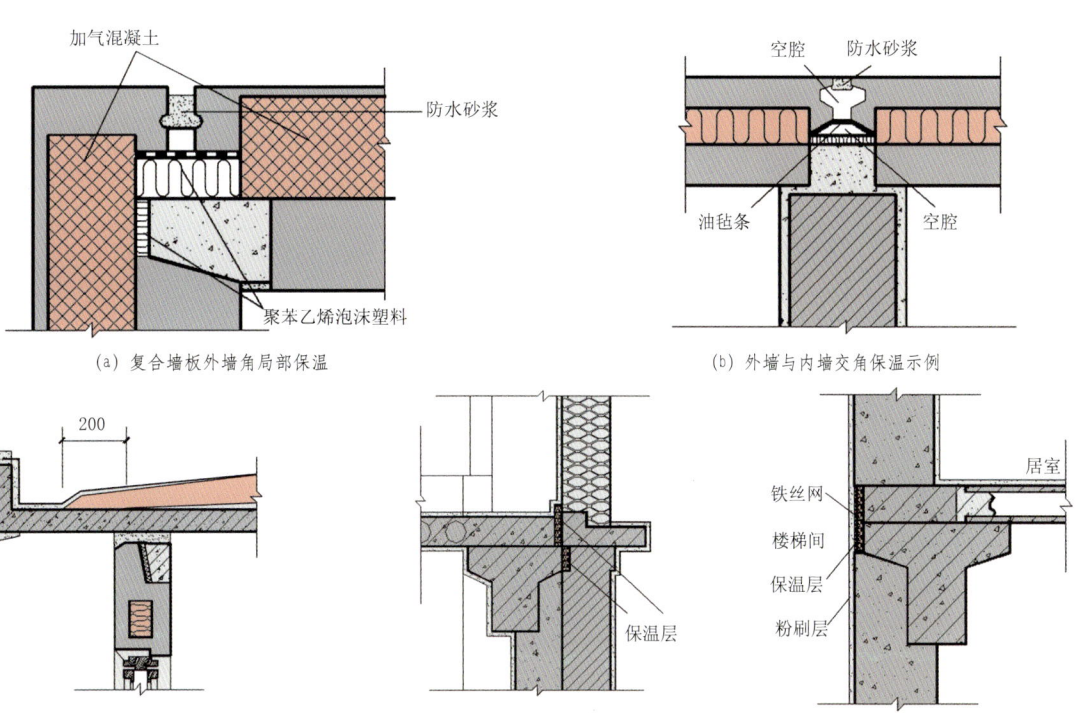

图1-43 转角或交界处保温构造

做防水层（图1-44）。这种防水层的蒸气气渗透阻很大，使屋面内部容易产生结露。同时，由于防水层直接暴露在大气中，受日晒、交替冻融作用，极易老化和损坏。为了改进这种状况，产生了"倒置式"屋面的做法，即防水层不设在保温层上面，而是倒过来设在保温层下面。这种做法，在国外叫做"Upside Down"构造方法，简称USD构造。

倒置式保温屋面于20世纪60年代开始在德国和美国被采用，它不仅有可能完全消除内部结露，而且对防水层起到一个屏蔽和防护的作用，减少阳光、气候变化及外界机械损伤对其的影响，从而大大提高了其耐久性。

倒置式屋面的保温材料应采用吸湿性小的憎水材料，如聚苯乙烯泡沫塑料板、聚氨酯泡沫塑料板等，不宜采用如加气混凝土或泡沫混凝土这类吸湿性强的保温材料。保护层上还应铺设防护层，以防止保温层表面破损及其老化。保护层应选择有一定重量、足以压住保温层的材料，使之不致在下雨时漂浮起来，可以选择大阶砖、混凝土预制板、卵石等。其屋面构造如图1-45所示。

倒置式保温屋面因其保温材料价格较高，一般适用于较高标准建筑的保温屋面。

2. 地板保温设计

地面和地板的保温往往容易被人们忽视。实践证明，在严寒和寒冷地区的采暖建筑中，接触室外空气的地板，以及不采暖地下室上面的地板如果不加保温，不仅会增加采暖能耗，而且因地面温度过低，也会影响人们的身体健康。因此，对地面和地板进行保温可以改善室内热环境，降低采暖能耗。

（1）地面对人体热舒适感的影响

人体各个部位的血液循环和充血状况不一样，故各部位对冷热的反应不同。人体对热的敏感部位是头部和胸部，而对寒冷的敏感部位则是手和脚。人体各部位的表皮温度各异，脚温要比头温低得多。因脚直接接触地面，由它传走的热量却较多，裸露时其传出的热量约为身体其余部位的六倍。因此，脚对冷热的感觉最为敏锐，地面的热工性能的优劣是影响人体热舒适感的一个重要因素。

如果脚长期处于寒冷状态，将影响人体的调节机能，会因着凉而致病。因此，分析地面热工性能对脚冷热感觉

图1-44 传统保温屋面构造

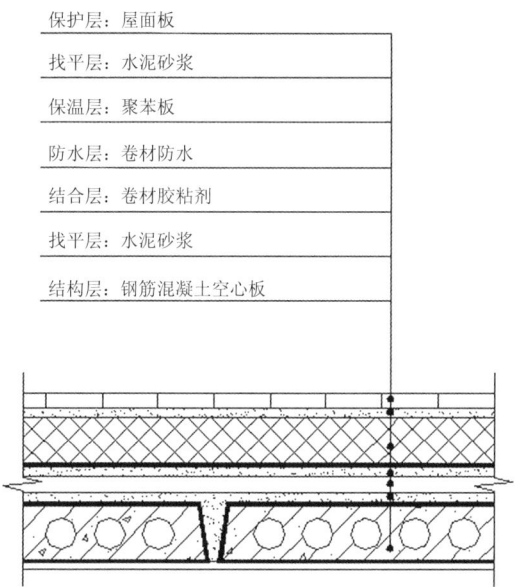

图1-45 倒置式保温屋面构造

的影响，研究地面保温设计是非常必要的。

人长时间坐着或站着，地面对脚的冷热感与短时间的感受不同，此时影响脚的冷热感还受到地面附近空气温度和流速的影响。不论赤脚或穿鞋，在长时间接触时，影响脚部热舒适感最重要的因素是地面附近的空气温度和流速。这两者的影响远远大于地面及其面层。

当空气温度低于18℃时，坐着或从事轻微劳动的人将会减少胸部的血液供应量，从而使脚温下降，随之而来全身就感到寒冷。故通常在室温低的房间中，任何地面均会使脚有寒冷感。因此，在寒冷地区内，必须保证有一定的室温，且采暖通风设计时要注意地面附近的气温，气温不应过低，并且流速不应过大。

表1-8 采暖建筑地面热工性能分类及适用的建筑类型

地面热工性能类别	吸热指数B值 [W/(m²·h^(-1/2)·K)]	适用的建筑类型	常见地面类型
I	<17	高级居住建筑、幼儿园、托儿所、疗养院等	木、塑料地面
II	17~23	一般居住建筑、办公楼、学校等	水泥砂浆地面
III	>23	临时逗留用房及室温高于23℃的采暖房间	水磨石地面

(2) 地面的保温要求

采暖建筑地面的热工性能对室内热环境的质量和人体的热舒适感有重要影响。与建筑的屋顶、外墙一样，也应有必要的保温能力，以保证地面温度不至于太低。

《民用建筑热工设计规范》根据地面的吸热指数B值，对于采暖建筑地面的热工性能进行了分类，并对其适用的建筑类型进行了规定（表1-8）。

吸热指数B是与热阻R不同的另一个热工指标。B越大，则从人脚吸取的热量越多越快。木地面的B=10.5 W/(m²·h^(-1/2)·K)，属于I类地面；而水磨石地面的B=30 W/(m²·h^(-1/2)·K)，属于III类地面。

(3) 地面保温措施

a. 地板面层材料选择

地面与人脚直接接触传热，在室内各种不同材料的地面，即使其温度完全相同，但人体站在上面的感觉也会不一样。以木地面和水磨石两种地面为例，后者使人感觉上凉得多，这是因为地面的热舒适性取决于地面的吸热指数B。

试验研究证明，地面对人体热舒适感及健康影响最大的是厚度为3 mm~4 mm的面层材料。因此，在进行地面保温设计时，应选B值小的面层材料，如选用木板作面层。这是地面保温设计的第一个措施。

b. 沿底层外墙周边局部的保温处理

地面保温设计的第二个措施是，根据需要沿底层外墙内侧周边做局部保温处理。这是因为越靠近外墙，地板表面温度越低，单位面积的热损失越多，其宽度范围在0.5 mm~2 m。

至于每幢建筑，每个房间外墙周边温度的具体情况，则因受到建筑大小、当地气候、地板下的水文地质以及室内采暖方式等诸多因素的影响，不能简单地处理。

《民用建筑热工设计规范》规定，对于严寒地区采

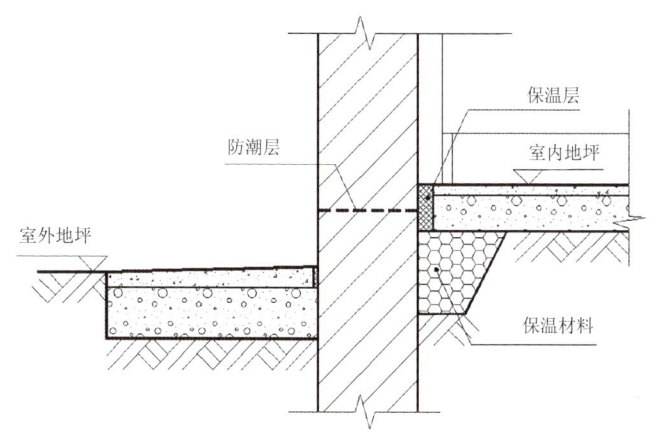

图1-46 底层地面的局部保温措施

暖建筑的底层地面，当建筑物周边无采暖管沟时，在外墙内侧0.5 m~1.0 m范围内应铺设保温层，其热阻不应小于外墙的热阻。具体做法可参照图1-46所示的局部保温措施。

我国北方的采暖建筑，大都以集中供暖为主，其施工安装相对简单，但能耗较高。在一些发达国家，较为普遍的采暖方案多为地暖采暖。日本、韩国由于生活习惯，即便冬天也是坐在地上的，所以他们90%以上的住宅配置了地暖，而欧洲约50%的住宅配置地暖。地暖在中国已有几十年了，从解放初人民大会堂的建设开始，十几年前成片进入东三省，这几年一直从华东地区到南方云南昆明都有一定面积的安装。随着材料和施工工艺的逐步提高，我们国家鼓励地面辐射采暖，提倡夏热冬冷地区有条件的逐步完善采暖。

地暖工程系统正在得到逐步的应用，按热源可分为发热电缆辐射地板供热系统和水暖地板辐射供热系统。发热电缆是以电阻丝为发热源加热地板蓄热层（图1-47）；水暖地板辐射供热系统则是以低温热水（约50℃）通过循环加热地板蓄热层（混凝土层、找平层和地面装饰层的总和），然后均匀地向房间辐射热量。水

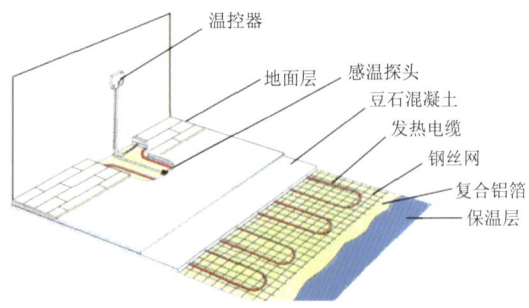

(a) 发热电缆地板供暖结构图

(b) 发热电缆地板供暖施工图

图1-47 发热电缆地板供暖

(a) 在防潮层上铺设保温层　　(b) 粘贴专用无纺布铝箔反射膜

(c) 在反射膜上铺设供暖水管　　(d) 铺设完成的供暖水管

(e) 安装分水器,不同的房间设单独的循环,便于调节控制　　(f) 浇注豆石混凝土层30-50厚,然后找平做面层

图1-48 水暖地板供热施工过程

表1-9　外围护结构各部分耗热量分布

外围护结构名称	耗热量(W)	所占围护结构耗热量比例(%)
外　　墙	25151.0	26.6
屋　　面	4347.0	4.6
外　　窗	32573.0	34.4
外　　门	6026.0	6.4
楼梯间内隔墙	8205.0	8.7
地　　面	2521.0	2.6
空气渗透耗热量	15805.0	16.7

注：窗墙面积比：南向0.283，东西向0.114，北向0.144

暖地板供热做法参见图1-48，施工时应严格控制材料和施工质量，否则一旦发生漏水，维修将相当麻烦。

3. 门窗保温设计

对于一栋建筑来说，外门、外窗的设计除了考虑艺术美观之外，还要考虑其自然采光、供热和通风的需要。在外围护结构中，门窗的保温性能较差，是建筑保温设计中的薄弱环节。从冬季对人体热舒适的影响来说，外门、外窗的内表面温度要低于外墙、屋顶和地面的内表面温度；从热工设计方法来说，由于它们的传热过程不同，因而采用的保温措施也不同；从冬季失热量来看，外门、外窗的失热量所占的比重甚至大于外墙及屋顶的失热量。表1-9是西安建筑科技大学一栋住宅楼外围护结构各部分耗热量分布。

从上表中看出，外门、外窗的传热失热量的比例之和为40.8%，连同由门窗缝隙引起的空气渗透耗热量，占总耗热量的57.5%。因此，必须做好外门、外窗的保温设计。

(1) 外门保温设计

这里的外门主要包括户门(不采暖楼梯间)、单元门(采暖楼梯间)、阳台门下部以及与室外空气直接接触的其他各式各样的门。门的传热阻一般比窗户的传热阻大，而比外墙和屋顶的传热阻小，因而也是围护结构保温设计的薄弱环节。外门的保温设计主要包括：

a. 门的保温性能要求

《民用建筑节能设计标准》中对不同地区采暖居住建筑中户门、阳台门下部门芯板的传热系数都有相应的要求，如北京地区不采暖楼梯间户门的传热系数

表1-10 几种常见门的传热阻和传热系数

序号	名称	传热阻 [W/(m²·h⁻¹ᐟ²·K)]	传热系数 [W/(m²·h⁻¹ᐟ²·K)]	备 注
1	木夹板门	0.37	2.7	双面三夹板
2	金属阳台门	0.156	6.4	
3	铝合金玻璃门	0.164～0.156	6.1～6.4	3mm~7mm厚玻璃
4	不锈钢玻璃门	0.161～0.150	6.2～6.5	5mm~11mm厚玻璃
5	保温门	0.59	1.7	内夹30mm厚轻质保温材料
6	加强保温门	0.77	1.3	内夹40mm厚轻质保温材料

≤2.00 W/m²·K；阳台门下部门芯板的传热系数≤1.70 W/m²·K。表1-10是几种常见门的传热阻和传热系数。

从表1-10可以看出，不同种类门的传热系数相差很大，铝合金玻璃门的传热系数是保温门的2.5倍，在建筑设计中，应当尽可能选择保温性能好的保温门。

b．减少主要入口处的冷风渗透

外门的另一个重要特征是空气渗透耗热量特别大。与窗户相比，门的开启频率要高很多，这使得门缝的空气渗透程度要比窗户缝大，特别是容易变形的木制门和钢制门。

为减少冷风渗透，在寒冷地区应注意主要出入口不要朝向冬季主导风向，尤其是人流大量出入的公共建筑。据统计，在哈尔滨，迎风状态下住宅单元门通过渗透的热损失相当于单层外门本身的1.7倍。

在入口处设置门斗作为防风的缓冲区，对避免冷风直接渗入室内具有一定的效果。图1-49为几种门斗形式，如图中(a)和(b)，进入门斗后转90°进入室内，其防止冷风渗透效果较好。

同时，在竖向交通井（电梯、楼梯）的布置上也要进行相应的考虑。因为楼梯、电梯以及内天井等上下联系的空间，高度大，像烟囱一样能显著增加由热压引起的冷风渗透；尤其是高层建筑的竖向交通井，如果正对入口布置，将大大增加不必要的冷风渗透。因此，底层的门厅最好设在底层的裙房内，使其与电梯井之间有一段距离，或门厅虽在楼下而电梯井不正对入口，中间有一段缓冲的部分（图1-50），也可以在不同程度上减小由热压通风引起的大量的冷风渗透。

(2) 窗户保温设计

玻璃窗不仅传热量大，而且由于其热阻远小于其他围护结构，造成冬季窗户表面温度过低，对靠近窗户的人体产生冷辐射，形成"辐射吹风感"，严重影响室内热环境的舒适度。就建筑设计而言，窗户的保温主要从以下几个方面考虑：

a．控制窗墙面积比

窗墙面积比（简称窗墙比）是指窗户洞口面积与房间立面单元面积（即房间层高与开间定位线围成的面积）的比值，即

$$窗墙面积比 = \frac{窗户洞口面积}{外墙表面积（开间 \times 层高）}$$

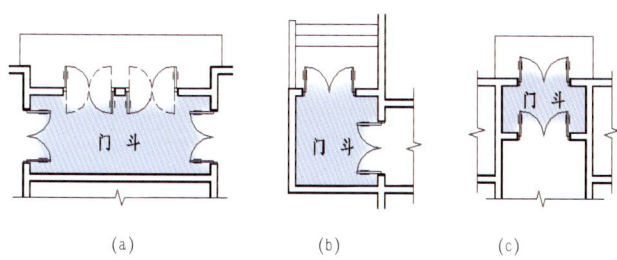

(a)　　　　(b)　　　　(c)

图1-49 几种常见的门斗形式

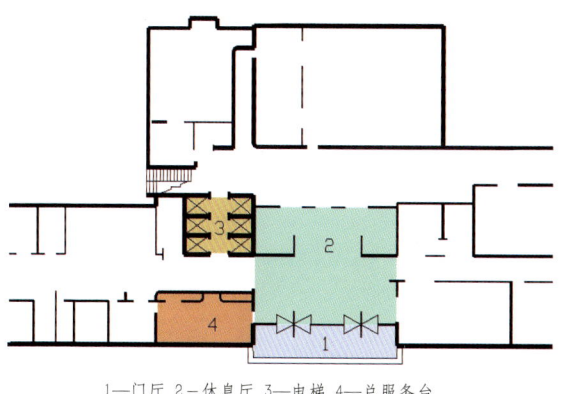

1—门厅 2—休息厅 3—电梯 4—总服务台

图1-50 竖向交通井的布置

表1-11　不同朝向的窗墙面积比

朝　向	窗墙面积比 (《民用建筑热工设计规范》)	窗墙面积比 (《民用建筑节能设计标准》)
北	≤0.20	≤0.25
东、西	≤0.25（单层窗）； ≤0.30（双层窗）	≤0.30
南	≤0.35	≤0.35

窗户(包括阳台门上部)既有引进太阳辐射热的有利方面，又有因传热损失和冷风渗透损失的不利方面。但就整个采暖期来说，窗户仍是一个失热构件，即使南窗也是如此。因此，需要对开窗面积进行相应的规定。

为了充分利用太阳辐射热，改善室内热环境，节约采暖能耗，南向窗墙比应大一些，而北向窗墙比应最小，东、西向介于两者之间。我国《民用建筑热工设计规范》和《民用建筑节能设计标准》都对开窗面积做了相应的规定。对于居住建筑，各朝向的窗面积比规定值见表1-11。如果窗墙面积比超过表中规定，则应该相应的增大围护结构的传热阻。

b．提高气密性，减少冷风渗透

除少数空调建筑设置固定密闭窗外，一般建筑的窗户均有缝隙。特别是材质不佳，加工和安装质量不高时，缝隙更大。为加强窗生产的质量管理，根据现行国家标准《建筑外窗气密性能分级及其检测方法》（GB/T 7107-2002）规定，我国建筑热工节能标准对于居住建筑和公共建筑窗户的气密性，应符合表1-12规定。

我国普通非气密型单层钢窗[q_1>4.2m³/(m·h)]及双层钢窗[q_1>3.5m³/(m·h)]都不能满足气密性要求，只有制作和安装质量良好的标准型气密窗、国际气密条密封窗，以及类似的带气密条窗户才能达到要求。对于气密性达不到上述要求的窗户，则需要在技术上进行改进。改进窗户气密性的措施有：

通过提高窗用型材的规格尺寸、准确度、尺寸稳定性和组装的精确度以增加开启缝隙部位的搭接量，减少开启缝的宽度，达到减少空气渗透的目的。

采取密封措施：例如，将弹性良好的橡皮条固定在实腹钢窗的窗框上，窗扇关闭时压紧在密封条上，充分发挥钢窗本身两处压紧的密封作用；在木窗上同时采用密封条和减压槽，效果较好，风吹进减压槽时，形成涡流，使冷风和灰尘的渗入减少。值得注意的是，在提高窗户气密性的同时，不要以为气密性程度越高越好。窗户气密性与保持室内空气适当的洁净度和相对湿度是有矛盾的，过分气密会妨碍室内外空气的交换和水汽向室外的渗透和扩散，从而导致室内空气混浊，相对湿度过高，不利于人的健康。因此，目前在我国建筑物内尚不能普及机械换气设备和热压换气系统的条件下，采用具有适当气密性的窗户是经济合理的。

提高窗户的保温性能：现行国家标准《建筑外窗保温性能分级及其检测方法》（GB 8484-2002）中按外

表1-12　居住建筑和公共建筑窗户气密性要求

冬季室外平均风速	建筑层数	气密性等级	单位缝长空气渗透量q_1 [m³/(m·h)]	单位面积空气渗透量q_2 [m³/(m²·h)]
≥3.0m/s	1~6层	≥3	≤2.5	≤7.5
	7~30层	≥4	≤1.5	≤4.5
<3.0m/s	1~6层	≥2	≤4.0	≤12
	7~30层	≥3	≤2.5	≤7.5

表1-13　外窗保温性能分级 [W/(m²·K)]

分　级	分级指标值	分　级	分级指标值
1	K≥5.5	6	3.5>K≥3.0
2	5.5>K≥5.0	7	3.0>K≥2.5
3	5.0>K≥4.5	8	2.5>K≥2.0
4	4.5>K≥4.0	9	2.0>K≥1.5
5	4.0>K≥3.5	10	K<1.5

表1-14 窗户的传热系数

窗框材料	窗户类型	空气层厚度 (mm)	窗框窗洞面积比 (%)	传热系数K[W/(m²·h)]
钢、铝	单层窗	—	20~30	6.4
	单框双玻窗	12	20~30	3.9
		16	20~30	3.7
		20~30	20~30	3.6
	双层窗	100~140	20~30	3.0
	单层+单框双玻窗	100~140	20~30	2.5
木、塑料	单层窗	—	30~40	4.7
	单框双玻窗	12	30~40	2.7
		16	30~40	2.6
		20~30	30~40	2.5
	双层窗	100~140	30~40	2.3
	单层+单框双玻窗	100~140	30~40	2.0

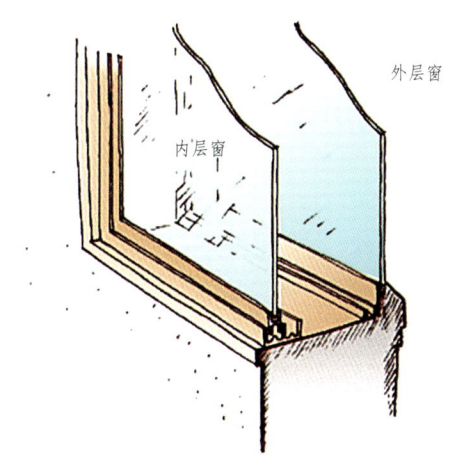

图1-51 双层窗示意图

窗传热系数K值对外窗保温性能进行了分级，表1-13则为外窗保温性能十个等级的划分。

《民用建筑热工设计规范》中对居住建筑和公共建筑外部窗户的保温性能提出下列要求：(a) 严寒地区各朝向窗户，其传热系数K不应大于3.0 W/(m²·K)；(b) 寒冷地区各朝向窗户，其传热系数K不应大于6.4 W/(m²·K)；北向窗户，其传热系数宜小于等于5.0 W/(m²·K)。《民用建筑节能设计标准》中也对不同地区采暖居住建筑窗户的传热系数进行了规定，详见标准。

提高窗户保温性能的措施主要有：

改善窗框的保温能力。改善窗框部分的保温能力首先是要选用导热系数较小的窗框材料，木制和塑料窗框保温性能比较好，而金属及钢筋混凝土窗框传热系数则较大（表1-14）。但由于种种原因，实际工程中会经常采用金属及钢筋混凝土窗框，因此，必须采取保温措施提高其保温能力，例如将金属窗框的薄壁实腹型材改为空心型材，内部形成封闭空气层；或者对窗框进行断热处理，选用高效保温材料镶嵌于金属窗框之间，如断桥铝合金窗框；或选用复合型窗框，如塑钢、钢木及木塑型窗框。总之，不论选用什么材料做窗框，都应将窗框与墙之间的缝隙，用保温砂浆、泡沫塑料等填充密封。

改善窗玻璃的保温能力。单层窗的热阻很小，仅适用于较温暖地区。在严寒及寒冷地区，应采用双层甚至三层窗（图1-51）。这不仅是室内正常气候条件所必须，也是节约能源的重要措施。由于每两层窗扇之间所形成的空气层加大了窗的热阻，因此提高了窗户的保温能力。

此外，还可以使用单层窗扇上安装双层玻璃，中间形成良好密封空气层的新型窗户，这种窗户近年来得到广泛采用。为了与传统的"双层窗"相区别，我们称这种窗为"双玻窗"。双玻窗的空气间层厚度以20 mm~30 mm为最好，此时传热系数最小。

同时，提高玻璃对红外线的反射能力也可改善窗户的保温性能。将具有红外线高反射、低辐射放热性的薄膜材料和普通玻璃组成中空窗户，其保温性能高于普通中空玻璃，可大大减少透过玻璃的热损失。

另外，在某些建筑设计中，建筑师可结合建筑立面设计，选择空心玻璃砖来代替普通的平板玻璃，从而达到既具有良好的艺术效果，也具有良好的保温性能。

当采用普通双层窗时，应注意避免在外层窗玻璃内表面产生结露或结霜现象，因为它会大大降低天然采光效果。因此，其内层应尽可能做得严密一些，而外层的窗扇与窗框之间，则不宜过分严密。

c. 合理选择窗户类型

窗户保温性能低的原因，主要是缝隙空气渗透和玻璃、窗框和窗樘等构件的热阻太小。表1-14是目前我国大量性建筑中常用的一些窗户的传热系数K值。

由表可见，单层窗的K值在4.7 W/($m^2 \cdot K$)～6.4 W/($m^2 \cdot K$)范围，为普通实心砖墙K值的2倍～3倍，即便是单框双玻窗、双层窗，其K值仍大于普通实心砖墙。窗的传热系数直接关系到建筑能耗的大小，因此，各地区建筑节能设计标准对窗户的传热系数均做了规定，设计人员在进行热工设计中可参考相应标准合理地选择窗户类型。

（二）太阳能保温设计

太阳能是人们熟知的一种取之不尽、用之不竭、无污染且廉价的能源，同时，它也是一种低能流密度且仅能间歇利用的能源。在建筑中利用太阳能进行采暖，可以提高和改善冬季室内热环境质量，节约常规能源，保护生态环境，是一项利国利民、促进人类住区可持续发展的"绿色"技术。在建筑中利用太阳能的方式，根据运行过程中是否需要机械动力，一般分为："被动式"和"主动式"两种。

1. 被动式太阳能设计

太阳能向室内的传递可以通过建筑朝向和周围环境的合理布置，内部空间和外部形体的巧妙处理，以及结构构造和建筑材料的恰当选择，使建筑物以完全自然的方式（经由辐射、传导和自然对流），冬季能集取、保持、储存、分布太阳热能，从而解决采暖问题；同时夏季能遮蔽太阳辐射，提高通风效果，散逸室内热量，从而使建筑物降温。换句话说就是让建筑物本身成为一个利用太阳能的系统。我们把这种方式称之为被动式太阳能利用系统。

在大多数情况下，被动系统的集热部件与建筑结构融为一体，既达到利用太阳能的目的，又是建筑整体结构的一部分。但是，大部分传统建筑利用太阳能的数量较少，而经过专门设计的被动式太阳能系统，却可使太阳供暖量占建筑总需能量的一半以上。

被动式太阳房与主动式太阳房相比，具有简单、经济、管理方便等优点，因而为广大用户所接受。被动式太阳房的形式多种多样，按集热形式主要分为以下几种方式：

(1) 直接受益式

建筑物利用太阳能采暖的最普通、最简单的方法，就是让阳光透过玻璃窗照进来（图1-52）。安装不严密的普通单层玻璃窗，它损失的热量有可能大于它接受的太阳热能。而设计安装较好，设有夜间保温装置的南向双层玻璃窗，大致可以和同样面积的主动式太阳能集热系统提供同样多的热量。

在直接受益采暖方式中，应选择恰当窗玻璃的类型。净片玻璃有它的优点，但很多人不喜欢在阳光直接照射下工作，同时建筑空间内部的隐秘感也会被它造成的"鱼缸"效果所破坏。在这种情况下，采用半透明的漫射玻璃、耐老化玻璃钢以及聚丙烯类透光材料等，可以弥补这方面的不足。

如要增加阳光对蓄热体如地板、墙板等的照射，可选择透光性能较好的半透明玻璃扩散射进房间的光线，将热量直接分布到很多表面上。要使阳光照进北向房间，可采用易于夏季遮阳的天窗。

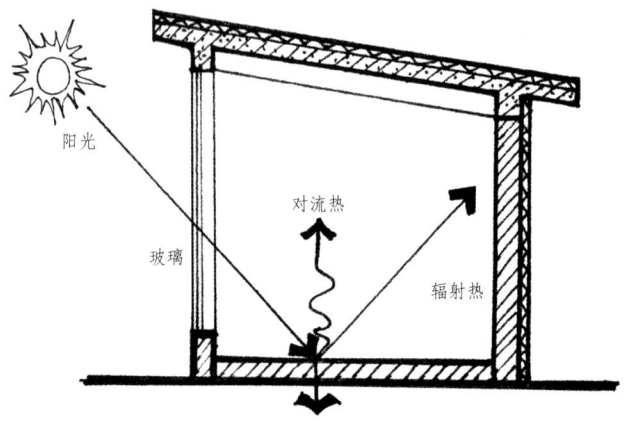

图1-52 直接受益采暖方式

直接受益方式升温快，构造简单，且与常规建筑的外貌相似，建筑艺术处理比较灵活，但要保持比较稳定的室内温度，则需要布置足够的蓄热材料，如砖、土坯、混凝土等。蓄热体可以和建筑结构结合为一体，也可以在室内单独设置，例如安放若干装满水的容器等。当大量阳光射入建筑物时，蓄热体可以吸收过剩的热能，随后在没有阳光射入建筑物时，用于调节室内温度，减小波动幅度。

减少通过玻璃损失的热量，是改善直接受益系统特性的最好途径之一。增加玻璃层数只是可供选择的一种办法；而夜间对窗玻璃进行保温，是正在被广泛采用的较好措施。窗户的夜间保温装置如保温帘、保温板等，应尽可能放在窗户的外侧，并尽可能地严密。

(2) 集热墙式

1956年，法国学者Trombe等提出了一种现已流行的集热方案，这就是在直接受益式太阳窗后面筑起一道重型结构墙，如图1-53所示。这种形式的太阳房在供热机理上与直接受益式不同。阳光透过透明覆盖层后照射在集热墙上，该墙外表面涂有吸收率高的涂层，其顶部和底部分别开有通风孔，并设有可控制的开启活门。在这种被动式太阳房中，透过透明覆盖层的阳光照射在重型集热墙上，使墙的外表面温度升高，集热墙所吸收的太阳热量，一部分通过墙体的导热传入室内；另一部分通过夹层内被加热空气的自然对流，由上通风孔送入室内；还有一小部分则通过透明覆盖层向室外散失。我们把图1-53所示的太阳房称之为"集热墙式太阳房"，它是目前应用广泛的被动式采暖方式之一。

最早的集热墙是0.5 m厚，并在上下两端开孔的混凝土墙，外表面涂黑。多年来，集热墙无论在材料上、结构上，还是在表面涂层上，都有了很大发展。从材料角度来看，大体有三种类型，即建筑材料（砖、石、混凝土、土坯）墙、水墙和相变蓄热材料墙。对于建筑材料墙，墙体结构的主要区别在于通风口。按照通风口的有无和分布情况，又可分为三类：无通风口、在墙顶端和底部设有通风口、墙体均布通风口。目前，习惯于在前两种工程材料墙称为"特郎勃（Trombe）墙"，后一种称为"花格墙"，把花格墙用于居室采暖，是我国清华大学研究人员的一项发明，理论和实践均证明了其具有优越性。

水墙结构上的主要区别取决于蓄水容器的壳体形状，可以有箱式和圆桶式等。相变蓄热材料墙还处在研究和试用阶段。

集热墙外表面涂有吸收层，与集热墙本体相比，吸收率增大，但同时表面黑度增大，墙的长波辐射热损失增多，部分地抵消了吸收率提高所能产生的增益。总体来说，采用涂层能使蓄热墙效率提高。为了在提高吸收率的同时降低表面黑度，人们开始研究采用选择性涂层。试验表明，采用选择性涂层后，效果显著。

(3) 附加日光间式

"附加日光间"是指那些由于直接获得太阳热能而使温度产生较大波动的空间。日光间可以用于加热相邻的房间，或者储存起来留待无太阳照射时使用。在一天的所有时间内，附加日光间内的温度都比室外高，这一较高的温度使其作为缓冲区从而减少建筑的热损失。除此之外，附加日光间还可以作为温室（Green House）栽种花卉，以及用于观赏风景、联系交通、娱乐休息等多种功能。它为人们创造了一个亲近自然的室内环境。

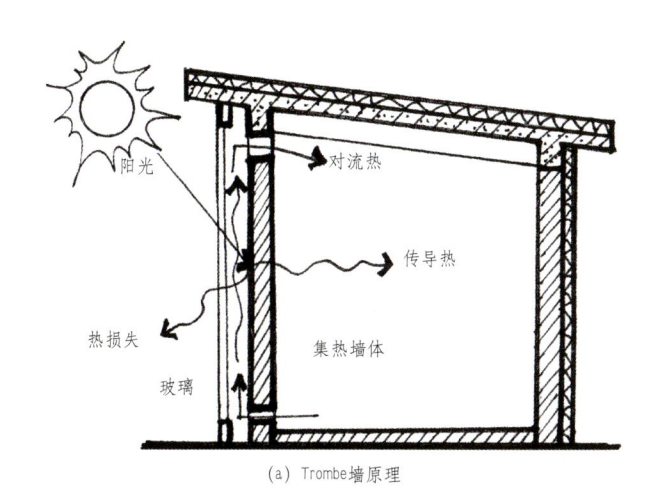

(a) Trombe墙原理

(b) Trombe墙应用于某仓库

图1-53 集热墙采暖方式

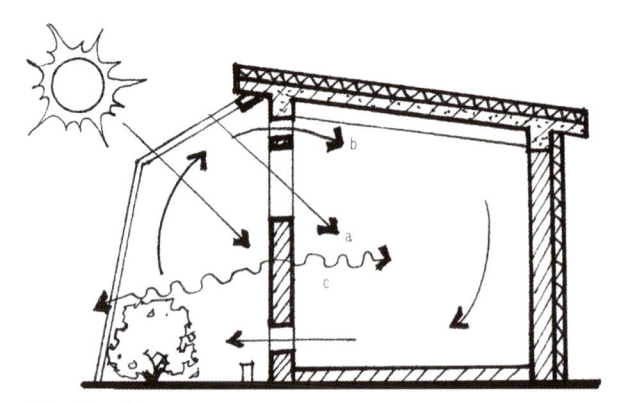

(a) 附加日光间

(b) 附加日光间实景

图1-54 附加日光间采暖方式

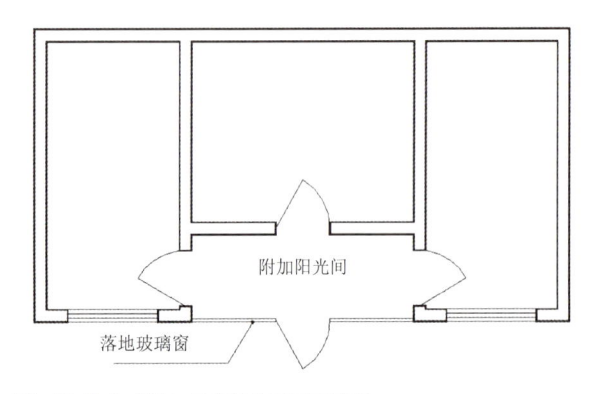

图1-55 抱合式附加日光间的平面示意图

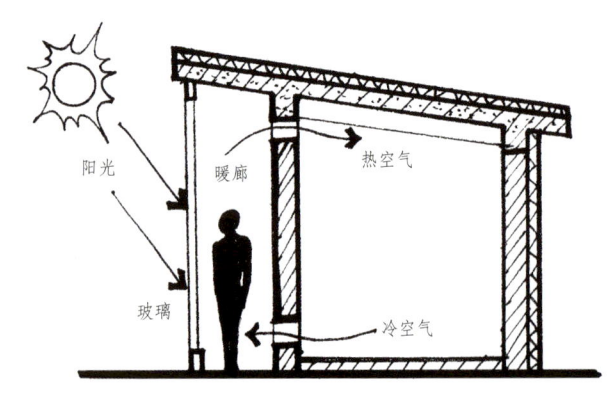

图1-56 暖廊式日光间

普通的南向缓冲区如南廊、封闭阳台、门厅等，把南面做成透明的玻璃墙，即可成为日光间（图1-54）。它的屋顶如做成倾斜玻璃，集热数量将大大增加。但斜面玻璃易积灰，且必须具有足够的强度，以保证安全。

大多数日光间采用双层玻璃建造，并未附加其他减少热损失的措施。如为了最大限度的利用太阳能，减少夜间的热损失，也可安装上卷式保温帘。

哪怕是设计得最好的日光间，在日照强烈、气候炎热期间也需要通风。大多数日光间每20 m²～30 m²玻璃需要1 m²的排风口。排风口应尽可能地靠近屋脊，而进风口应尽可能低一些，这样也有助于加强室内的通风。

日光间中的地板，是布置蓄热体的最容易、最明显的位置。不论是土壤还是混凝土或缸砖，都有很大的蓄热容量，可以减小日光间的温度波动。玻璃外墙的基础，应当向下保温到大方脚。日光间与房间之间的墙体，也是设置蓄热体的好位置。这些墙体冬季可以充分接受太阳照射，并把其热量的一部分传给房间，其余的热量温暖日光间。由日光间到房间的热量传递方法主要有三种，图1-54（a）：

a．太阳热能通过日光间与房间之间的玻璃门窗直接射入室内；

b．日光间的热量借助于自然对流或小的风扇直接传送到房间；

c．通过日光间与房间之间的墙体传导、辐射给房间。

图1-55所示的是一种"抱合式"平面布置的附加日光间，能使日光间的东西两侧有较好的供暖性能。

图1-56所示的是一种"暖廊式"温室，采用直立的南向墙面，与图1-54的建筑形式相比，较大地减少了玻璃面积，因而减少了热损耗；与集热墙式被动房相比，只是空气夹层加宽了。因此，这种暖廊式被动房其性能与传热原理更类似于集热墙式被动房。

2．主动式太阳能设计

主动式利用太阳能系统是指需用集热器、蓄热器、管道、风机与泵等设备，靠电力或机械动力驱动达到采暖和制冷效果的系统。图1-57是主动式利用太阳能系统的示意图，系统的集热器与蓄热器相互分开，太阳能在集热器中转化为热能，随着流体工质（一般为水或空气）的流动而从集热器被输送到蓄热器，再从蓄热器通过管道与散热设备输送到室内。工质流动的动力由泵或风机提供。

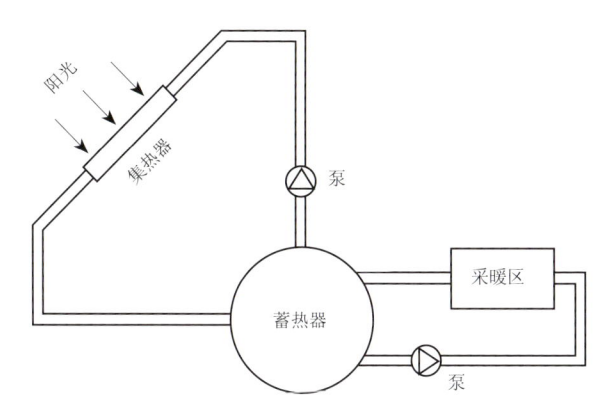

图1-57 主动式利用太阳能系统的示意图

图1-58 云南"干栏式"民居

图1-59 干热地区民居

四、隔热设计

我国地域辽阔,各地气候差异甚大,从长江中下游地区、四川盆地、云贵部分地区到东南沿海各省和南海诸岛,因受东南季风和海洋暖气团北上的影响,以及强烈的太阳辐射热和下垫面共同的作用,每年自6月以后,从空气的温度分布看,大部分地区进入夏季。这些地区夏季时间长、气候炎热,常称为炎热地区。在这些地区,大量民用建筑都必须进行建筑防热、节能设计。若不采取防热措施,势必造成室内过热,严重影响人们的生活和工作,甚至人体的健康,同时会造成空调负荷过大,增加空调能耗。因此在建筑设计时要根据建筑物的使用要求采取防热措施。

我国南方地区大多属于湿热气候,其范围主要包括长江流域的江苏、浙江、安徽、江西、湖南、湖北各省和四川盆地,东南沿海的福建、广东、海南和台湾四省以及广西、云南和贵州的部分地区。四川盆地和湖北省、湖南省一带,夏季气温高,湿度大,加之丘陵环绕,以致风速弱小,形成著名的火炉闷热气候。新疆吐鲁番盆地高山环绕,为世界著名洼地,干旱少雨,夏季酷热,气温高达50℃,昼夜气温变化极大,是典型的干热气候。

热气候地区的传统建筑,在长期的经验积累过程中,都具有各自适应气候的特色。

湿热地区的民居开敞、轻快,注重遮阳、通风、防湿。例如西双版纳地区的"干栏"建筑(图1-58),底层架空,设凉台,屋顶坡度较大,多采用"歇山式"以利屋顶通风,飘檐较远,多采用重檐的形式以利遮阳、防雨。平面呈四方块,一中央部分终日处于阴影区内,较为阴凉。又如海南岛地区,汉族民居前有外廊、中有天井、旁有冷巷;黎族的"船屋",底层架空以防潮、防水,屋前屋后都设有带防雨篷的凉台,屋顶是卷棚形以利防雨通风。再如广州的"竹筒屋",前庭后院,中设天井,进深较大,形成窄长的冷巷,又阴又凉。

干热地区的民居严密、厚重,注重遮阳、隔热,多设内院,有的在庭院内种植物和设置水池以调节干热气候。例如我国喀什地区的民居(图1-59),设内院、柱廊、半地下室、屋顶平台和拱廊等。非洲和中东地区有的建筑屋顶设置穹隆和透气孔等措施。甚至穹隆设双层圆穹屋顶,底层用生土做成半圆形,同时埋入短柱以支撑上层草帘,上下层间形成了空气层,上层草帘防雨以保护下层土顶,空气层起着良好的隔热作用。当室外气温昼夜在18℃~40℃变化时,房间内部温度仅在24℃~29℃之间。

在总结传统建筑气候适应性的基础上,提出了热气候地区建筑设计原则(表1-15)。

表1-15 建筑设计原则

设计内容	湿热气候区	干热气候区
群体布置	争取自然通风好的朝向,间距稍大些布局较自由,房间要防西晒,环境要有绿化、水域	布局较密形成小巷道,间距较密集,便于相互遮挡;防止热风,注意绿化
建筑平面	外部较开敞,亦设内天井,注意庭院布置,设置凉台;平面形式多条形或竹筒形,多设外廊或底层架空,进深较大	外封闭、内开敞,多设内天井,平面形式有方块式、内廊式,进深较深。防热风,开小窗。防晒隔热
建筑措施	遮阳、隔热、防潮、防霉、防雨、防虫、争取自然通风。	防热要求高,防止热风和风沙袭击,宜设置地下室或半地下室以避暑
建筑形式	开敞轻快,通透淡雅	严密厚实,外闭内敞
材料选择	轻质隔热材料、铝箔、铝板及其复合隔热板	白色外表面,混凝土、砖、石、土等热容量大的隔热材料

表1-16 遮阳设施的遮阳系数

遮阳形式	窗口朝向	构造特点	颜色	遮阳系数
木百叶窗扇	西	双开木窗,装在窗口	白	0.07
合金软百叶	西	挂在窗口,百叶成45°	浅绿	0.08
木百叶挡板	西	装在窗外50cm,顶部加水平叶	白	0.12
垂直活动木百叶	西	装在窗外,百叶成45°	白	0.11
水平木百叶	西	装在窗外,板面成45°	白	0.14
竹帘	西	挂在窗口,竹条较密	米黄	0.24
外廊加百叶垂帘	西	垂帘为木百叶	白	0.45
综合式遮阳	西南	木或钢筋混凝土的水平百叶加垂直挡板	白	0.26
折叠式帆布篷	东南	铁条支架装帆布篷全放下	浅色	0.25
水平式遮阳	南	木或钢筋混凝土的水平百叶成45°	白	0.38

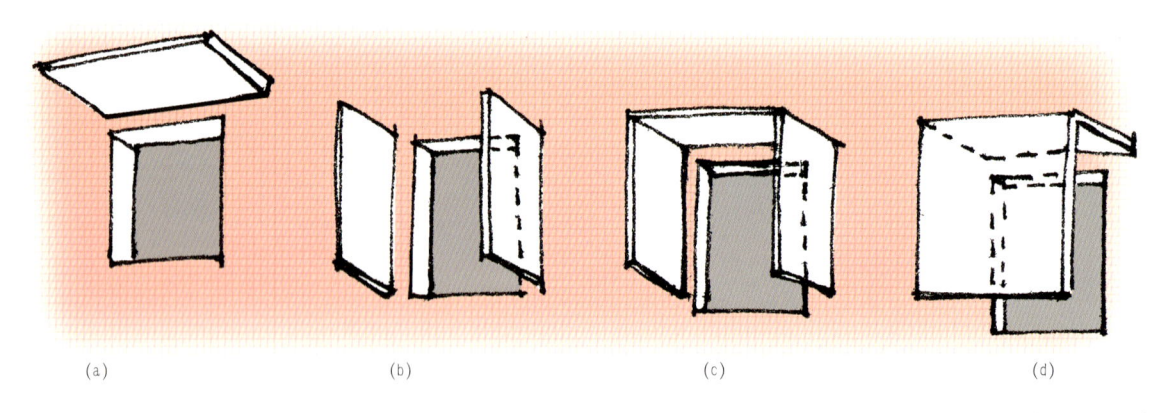

(a)   (b)   (c)   (d)

图1-60 固定遮阳基本形式

(一)建筑遮阳

1. 遮阳系数

遮阳系数是指在照射时间内,透进有遮阳窗口的太阳辐射量与透进无遮阳窗口的太阳辐射量的比值。遮阳系数愈小,说明透过窗口的太阳辐射热量愈小,防热效果愈好。表1-16为常见遮阳设施的遮阳系数。应该指出,固定遮阳设施的遮阳系数在不同的朝向、不同的阳光气候地区是不同的。

2. 遮阳的形式

窗户遮阳的形式通常指遮阳构件的形式,分固定遮阳和活动遮阳两类,此外,近年来还出现了各种与玻璃结合的遮阳膜。

(1)固定遮阳

固定遮阳构件有四种基本形式:水平式、垂直式、综合式和挡板式(图1-60),其优点是经济、耐久、安全,容易与建筑造型协调统一,缺点是对冬季日照有遮挡,对房间通风有影响。

几种遮阳构件基本形式的适用范围如下:

a. 水平式遮阳 基本形式如图1-60(a)所示。这种形式能够有效遮挡太阳高度角较大、从窗口前上方投射下来的直射阳光。就我国地域而言,在北回归线以北地区,它适用于南向附近窗口;而在北回归线以南地区,它既可用于南向窗口也可用于北向窗口。

b. 垂直式遮阳　基本形式如图1-60(b)所示。这种形式能够有效地遮挡太阳高度角较小、从窗侧向斜射过来的直射阳光，故主要适用于北向、东北向和西北向附近的窗口。

c. 综合式遮阳　这种遮阳形式是由水平式遮阳形式与垂直式遮阳形式综合而成，其基本形式如图1-60(c)所示。它能够有效地遮挡从窗前侧向斜射下来的、中等大小太阳高度角的直射阳光，故它主要适用于东南向或西南向附近窗口，且适应范围较大。

d. 挡板式遮阳　基本形式如图1-60(d)所示。这种形式能够有效地遮挡从窗口正前方射来、太阳高度角较小的直射阳光。因此，这种遮阳形式上要适用于东向、西向附近窗口。

值得注意的是，以上基本形式的适用朝向并不是绝对的，在设计中还可以根据建筑要求、构造方式与经济条件进行比较后再选定。

(2) 活动遮阳

活动遮阳构件有百叶遮阳窗、遮阳帘、遮阳板等（图1-61），可按需要调节遮阳的效果，冬季还可拆卸。

(3) 玻璃遮阳膜

除构件遮阳的形式外，近年来还出现了各种玻璃遮阳膜，与玻璃结合后称为镀膜玻璃或贴膜玻璃，具有对可见光透过率高而对红外线透过率低的特点（图1-62）。这种玻璃可阻挡太阳辐射中的红外线进入房间，在不同程度上会减少透过窗口的辐射热量，收到一定的防热效果；但也会减少窗口的透光量，对房间的采光有所影响。目前主要应用于玻璃幕墙。

除上面提到的遮阳形式外，有些建筑，特别是低层建筑，可以依建筑与环境的条件，利用绿化遮阳。这样既有利于建筑与环境的绿化与美化，也是一种经济、有效的技术措施。

此外，结合建筑构件的处理进行遮阳也是常见的措施，如加大挑檐、设置百叶挑檐、外廊、凹廊及旋窗等。但其构造应合理，并同样应满足遮阳要求。

3. 遮阳材料

遮阳形式的选择，应从地区气候特点和朝向来考虑。冬冷夏热和冬季较长的地区，宜采用竹帘、百叶、布篷等临时性轻便遮阳。冬冷夏热和冬、夏时间长短相近的地区，宜采用可拆除的活动式遮阳。对冬暖夏热地区，一般以采用固定的遮阳设施为宜，尤以活动式较为优越。活动式遮阳多采用铝板，因其质轻，不易腐蚀，且表面光滑，反射太阳辐射的性能较好。

对需要遮阳的地区，一般都可以利用绿化和结合建筑构件的处理来解决遮阳问题。结合构件处理的手法，常见的有：加宽挑槽、设置百叶挑檐、外廊、凹廊、阳台、旋窗等。利用绿化遮阳是一种经济而有效的措施，特别适用于低层建筑，或在窗外种植蔓藤植物，或在窗外一定距离种树。根据不同朝向的窗口选择适宜的树形很重要，且按照树木的直径和高度，根据窗口需遮阳时的太阳方位角和高度角来正确选择树种和树形及确定树的种植

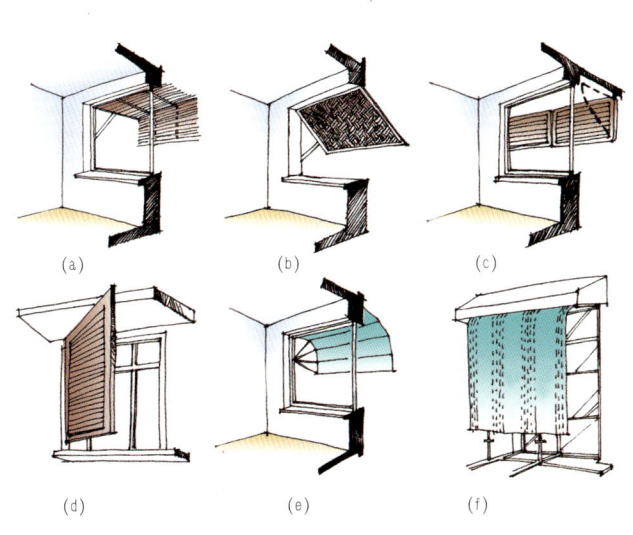

图1-61 活动遮阳设施

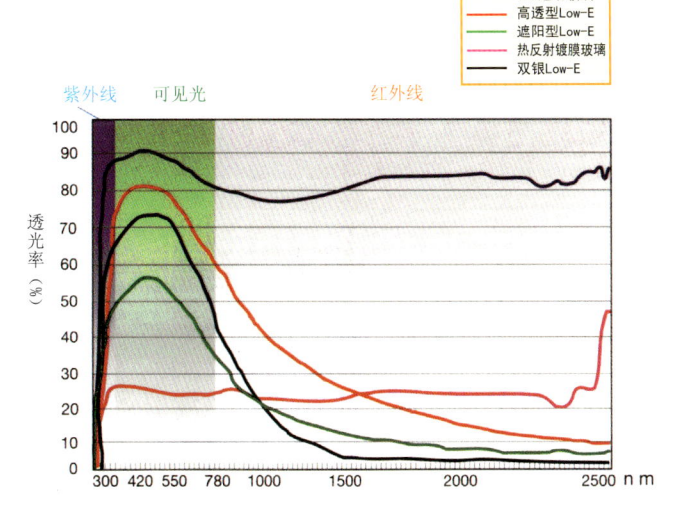

不同玻璃的太阳光谱透过曲线（波长单位：nm）

图1-62 玻璃遮阳膜透过率光谱

位置。树的位置除满足遮阳的要求外,还要尽量减少对通风、采光和视线的影响。

对于多层民用建筑(特别是在夏热冬暖地区的),以及终年需要遮阳的特殊房间,就需要专门设置备种类型的遮阳设施。根据窗口朝向来选择适宜的遮阳形式,这是设计中值得注意的问题。

4. 遮阳构造

如前所述,遮阳效果除与遮阳形式有关外,还与构造处理、安装位置、材料与颜色等因素有很大关系。现就这些问题,简单介绍如下:

(1) 遮阳的板面组合与构造。遮阳板在满足阻挡直射阳光的前提下,设计者可以考虑不同的板面组合,而选择对通风、采光、视野、构造和立面处理等要求更为有利的形式。图1-63表示水平式遮阳的不同板面组合形式。

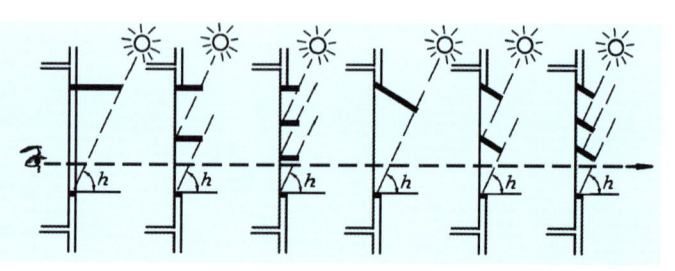

图1-63 水平式遮阳

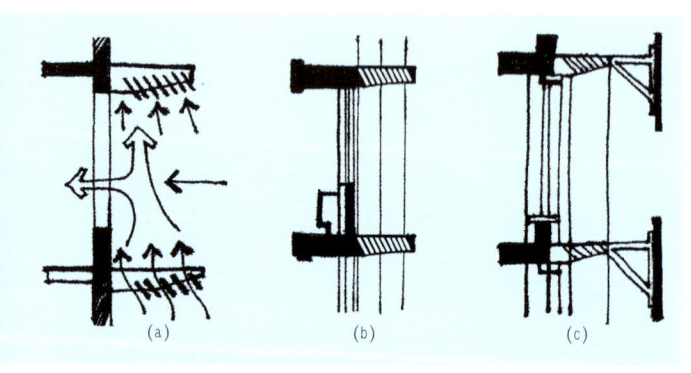

图1-64 遮阳板面构造形式

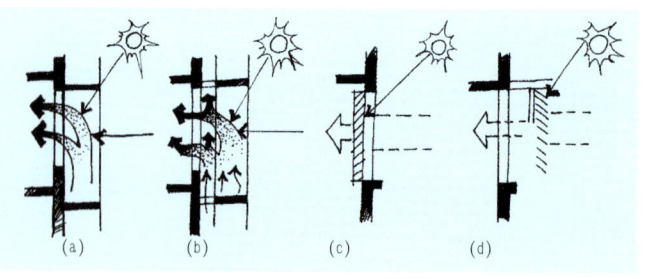

图1-65 遮阳板面构造形式

为了便于热空气的逸散,并减少对通风、采光的影响,通常将板面做成百叶的,(图1-64a);或部分做成百叶的,(图1-64b);或中间层做成百叶的,而顶层做成实体,并在前面加吸热玻璃挡板,(图1-64c);后一种做法对隔热、通风、采光、防雨都比较有利。

蜂窝形挡板式遮阳也是一种常见的形式,蜂窝形挡板的间隔宜小,深度宜深,可用铝板、轻金属、玻璃钢、塑料或混凝土制成。

(2) 遮阳板的安装位置。遮阳板的安装位置对防热和通风的影响很大。例如将板面紧靠墙布置时,由受热表面上升的热空气将由室外空气导入室内。这种情况对综合式遮阳来说更为严重,(图1-65c)。为了克服这个缺点,板面应离开墙面一定距离安装,以使大部分热空气沿墙面排走,(图1-65b),且应使遮阳板尽可能减少挡风,最好还能兼起导风入室作用。装在窗口内侧的布帘、百叶等遮阳设施,其所吸收的太阳辐射热,大部分将散发给室内空气,(图1-65a)。如果装在外侧,则所吸收的辐射热,大部分将散发给室外空气,从而减少对室内温度的影响,(图1-65d)。

(3) 材料与颜色。为了减轻自重,遮阳构件以采用轻质材料为宜。遮阳构件又经常暴露在室外,受日晒雨淋,容易损坏,因此要求材料坚固耐久。如果遮阳是活动式的,则要求轻便灵活,以便调节或拆除。材料的外表面对太阳辐射热的吸收系数要小,内表面的辐射系数也要小。设计时可根据上述要求并结合实际情况来选择适宜的遮阳材料。遮阳构件的颜色对隔热效果也有影响。以安装在窗口内侧的百叶为例,暗色、中间色和白色对太阳辐射热透过的百分比分别为:86%、74%、62%,白色的比暗色的要减少24%。为了加强表面的反射,减少吸收,遮阳板朝向阳光的一面,应涂以浅色发亮的油漆;而在背阳光的一面,应涂以较暗的无光泽油漆,以避免产生眩光。

(4) 活动遮阳。活动遮阳的材料,过去多采用木百叶转动窗,现在多用铝合金、塑料制品等,调节方式有手动、机动和遥控等几种。图1-66所示为卷帘活动遮阳、百叶帘活动遮阳和织物活动遮阳。

(二) 屋顶隔热

夏季,围护结构外表面受到日晒的时数和强度,以水平面为最大,东、西向次之,所以,围护结构隔热的重点在屋面,其次是西墙与东墙。屋顶隔热主要有以下几种方式：

(1) 反射隔热

采用浅色外饰面，减少太阳辐射热的吸收，降低室外综合温度。如屋顶采用白色防水涂料，也可采用浅色平滑的粉刷和瓷砖等，以及对太阳短波辐射吸收率小而对长波辐射发射率大的材料。

(2) 材料隔热

设置隔热材料层，增大热阻与热惰性。屋顶热阻的大小，关系到内表面平均温度，而热惰性指标影响到对室外热作用波动的衰减程度，它们对控制内表面温度有着举足轻重的作用。通常，屋顶的主要构造是承重层与防水层，热工性能很差。为此，常在承重层与防水层之间增设一层实体轻质材料，如炉渣混凝土、泡沫混凝土等，以增大屋顶的热阻与热惰性。这种阻隔屋顶热量传递的方式不仅具有隔热的作用，在冬季也具有保温的作用，特别适用于夏热冬冷地区的民用建筑节能。

(3) 通风屋面

设置架空通风隔热层，避免阳光直射屋顶，并利用架空层通风带走面层传下的热量。这种屋顶的构造方式较多，既可用于平屋顶，也可用于坡屋顶；既可在屋面防水层之上组织通风，也可在防水层之下组织通风，基本构造如图1-67所示。

通风屋顶起源于南方沿海地区民间的双层瓦屋顶，在平屋顶房屋中，以大阶砖通风屋顶最为流行。图1-68表示通风屋顶的传热过程。当室外综合温度将热量传给间层的上层板面时，上层将所接受的热量Q_0向下传递，在间层中借助于空气的流动带走部分热量Q_a，余下部分Q_i传入下层。因此，隔热效果取决于间层所能带走的热量Q_a，这与间层的气流速度、进气口温度和间层高度有密切关系。

通风间层的高度关系到通风口的面积。通风口的面积愈大，通风愈好。由于通风口的宽度受屋顶结构限制通常已固定，因此只能通过调节通风间层的高度来控制通风口的面积。从实测结果来看，随着间层高度的增加，隔热效果呈上升趋势，但超过250 mm后，隔热效果的增长已不明显，而造价和荷载却持续增加。此外，间层常由砖带或砖墩构成，考虑方便施工，故一般多采用180 mm或240 mm。

通风间层的气流速度关系到间层的通风量，取决于间层的通风动力。通风动力有风压和热压两种，其中

(a) 上下开启式活动遮阳

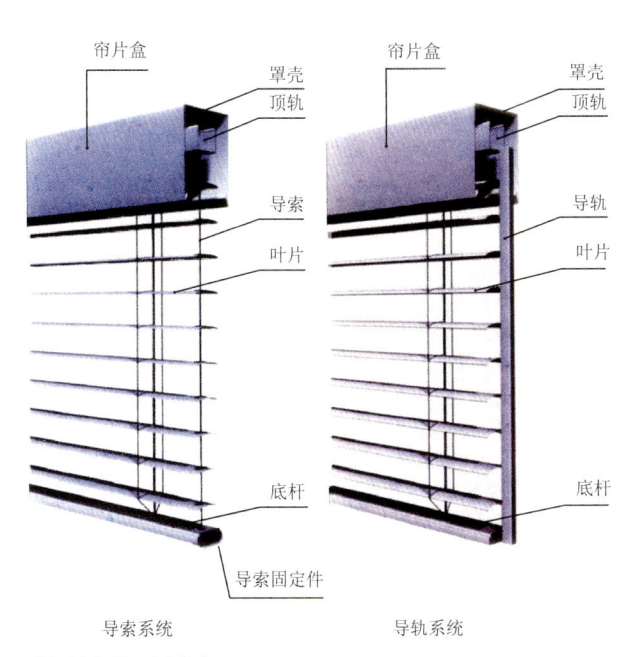

(b) 活动遮阳百叶构造

(c) 活动式遮阳实例

图1-66 活动遮阳

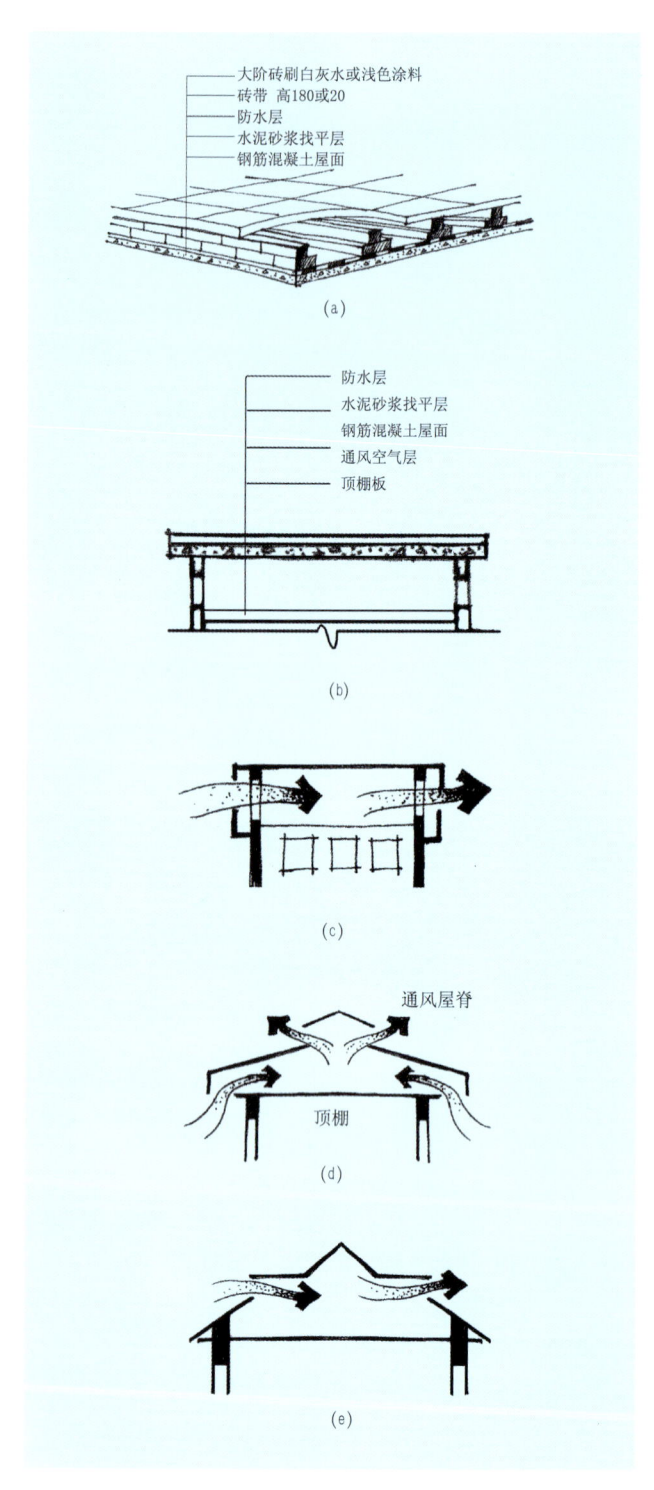

图1-67 通风屋顶几种构造方式

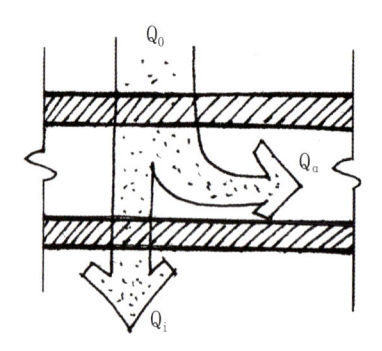

图1-68 通风屋顶传热过程

图1-69 间层通风组织

风压与当地室外风环境有关,热压与间层内外温度差和进出风口高度差有关。

在室外风速大的地区,如沿海地区,无论白天,还是夜晚,都会因陆地与海面的气温差而形成气流,在这种条件下,间层通风以风压为主。组织好通风间层进出风口的引风、导风,如采用兜风檐口等,使得间层内通风流畅,则作用甚大(图1-69)。

在室外风速小的地区,如长江中、下游,两湖(鄱阳湖、洞庭湖)盆地夏季气温高、湿度大,加以丘陵环绕,风速甚小,在这种条件下,间层通风设计应注重提高热压。坡屋顶设置通风屋脊,比较容易利用热压产生气流,(图1-70);平屋顶间层内空气很难流动,可以采用提高热压的办法(图1-71),采用室内室外同时进气,利用室内进气口和屋顶出气口的高度差产生热压,在屋顶上增设排风帽,造成进出风口高度差增大,并在帽顶外表面涂黑,加强太阳辐射吸收,提高帽内温度,有利于排风。

通风屋顶的隔热效果以内外表面温度对比测量来说明。图1-70所示的几种构造的通风屋顶隔热效果见表1-17。

(4) 种植屋面

在屋顶上种植绿化植物,利用植物的光合作用,将热能转化为生化能;利用植物叶面的遮挡和蒸腾作用,可大大降低屋顶的室外综合温度;同时利用植物培植基质材料的热阻与热惰性,降低内表面平均温度与温度振幅,综合起来,达到隔热的目的。

在我国南方的海南岛等地就有"蓄土植草"屋盖的应用,称为植被屋顶。在现代建筑中屋顶绿化的应用

表1-17 通风屋顶隔热效果

序号	构造	间层高度 (cm)	外表面温度 最高 (℃)	外表面温度 平均 (℃)	内表面温度 最高 (℃)	内表面温度 平均 (℃)	最高出现时间	室外温度 最高 (℃)	室外温度 平均 (℃)
1	双层架空粘土瓦	5	48.3	31.6	32.1	28.8	14:40	33.3	26.3
2	山形槽板上铺粘土瓦	15	52.0	32.4	30.0	27.8	15:00	33.7	29.4
3	双层架空水泥瓦	9	54.5	34.1	36.4	30.0	14:00	32.2	27.1
4	钢筋混凝土折板下吊木丝板	63	56.0	—	32.8	—	—	29.1	—
5	钢筋混凝土板上铺大阶砖	24	56.0	36.3	29.8	28.8	20:00	35.5	31.3
6	钢筋混凝土板上砌1/4砖拱	60 (内径)	59.0	38.4	33.8	32.3	18:00	34.9	31.3
7	钢筋混凝土板上砌1/4砖拱加设百叶	60 (内径)	56.5	38.3	34.0	31.8	19:00	35.5	31.3

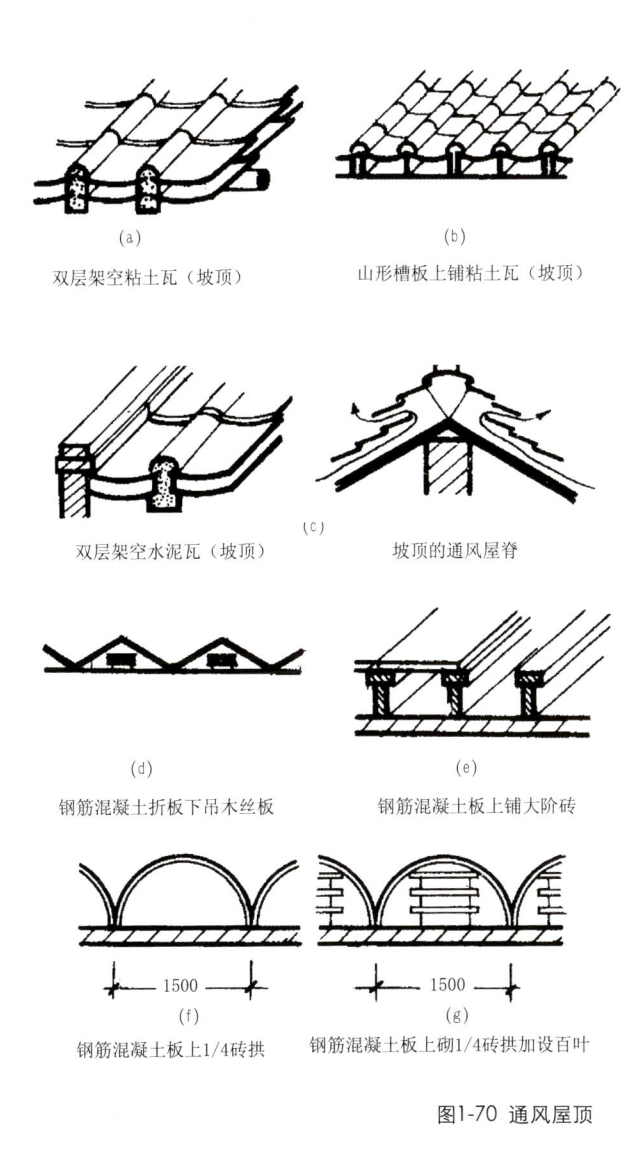

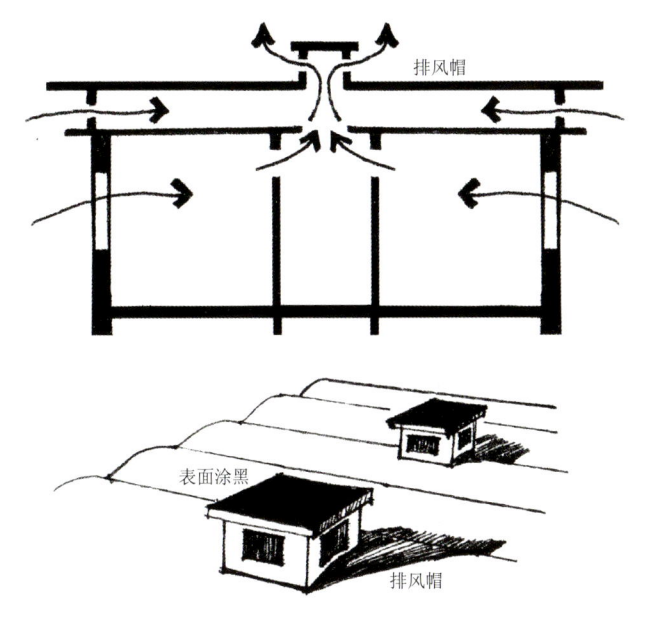

(a) 双层架空粘土瓦（坡顶）
(b) 山形槽板上铺粘土瓦（坡顶）
(c) 双层架空水泥瓦（坡顶）
坡顶的通风屋脊
(d) 钢筋混凝土折板下吊木丝板
(e) 钢筋混凝土板上铺大阶砖
(f) 钢筋混凝土板上1/4砖拱
(g) 钢筋混凝土板上砌1/4砖拱加设百叶

图1-70 通风屋顶

图1-71 提高平屋顶间层热压通风措施

更加广泛。在高密度的城市空间，屋顶绿化是地面绿化的补充，具有地面绿化一样的美化环境、净化空气、降低噪音、减少二次扬尘和环境污染、吸收降雨、缓解城市热岛效应的作用，而且还具有丰富城市立体景观，提高建筑物防水层使用寿命，改善室内热环境，降低空调能耗，减轻城市用电压力等作用。因此屋顶绿化具有节能、节地、节水、改善环境等综合效益。

屋顶绿化的种植材料分为有土和无土两种。有土

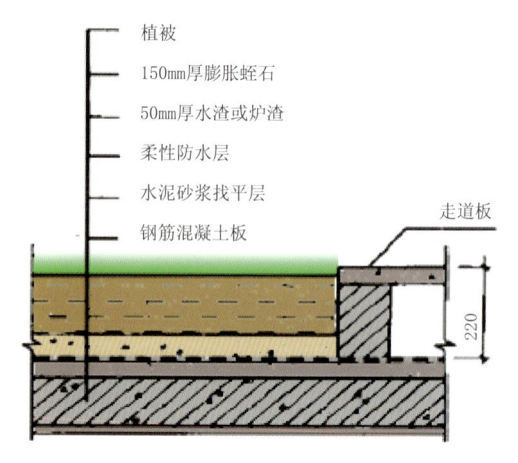

图1-72 无土种植屋顶构造

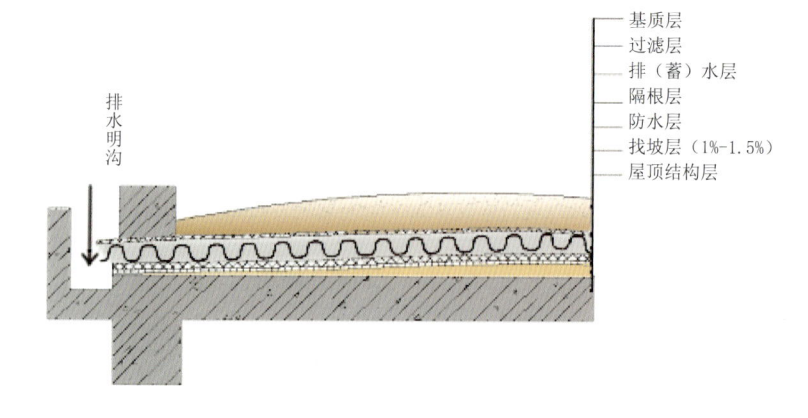

图1-74 屋顶绿化排（蓄）水板铺设方法

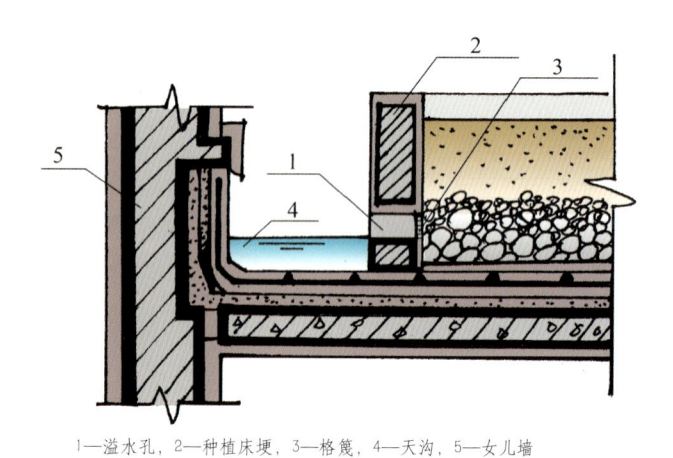

1—溢水孔，2—种植床埂，3—格箅，4—天沟，5—女儿墙

图1-73 蓄水覆土种植屋顶构造

种植是以土为培植基质的传统做法。但土壤的密度大，常使屋面荷载增大很多，而且土的保水性差，若补水不足，会使所栽植物因干旱而枯萎，现已较少采用。无土种植一般是采用膨胀蛭石或人工基质，具有密度小、保水性强的优点。

屋顶绿化构造的关键是做好排水和防水，一般包括种植层、滤水层、防水层，也有在滤水层下设置蓄水层，蓄存雨水，减少人工浇水。滤水层通常采用炉渣、陶砾等材料，比较厚重。为了减轻重量，近年来普遍采用塑料排（蓄）水板和无纺布一起作滤水层，既能透水又能过滤（图1-74）。此外，还有采用PVC塑料制成集排水、渗透、隔离等功能为一体的轻型种植容器模块，内盛基质，种植景天科植物，在苗圃养护成型后移动到屋顶进行拼接，完成屋顶整体绿化。这种容器式绿化技术具有屋顶现场施工方便、快捷、清洁等优点，并且与屋顶结构独立、自成一体，不会对屋顶防水产生不利影响（图1-72～图1-74）。

五、作业任务

建筑热工环境调研分析

1.目的： 学习热工知识在具体实践中的应用。

2.方法： 选择一个或多个在建或已建成的场所进行深入调研。分小组，采用问卷调查、主观评价、设备能耗记录、拍照、手绘等手段，针对某室内环境问题进行深入研究，分析现存问题、产生原因、解决方案等。查阅相关资料、文献，咨询相关学者或专家。调研成果采用多媒体形式进行报告。

3.内容： 热环境调查内容包括室内平、立、剖面图；保暖隔热布置方式；保温材料类型、具体做法、构造图；门、窗、墙体等的保温隔热效果；室内外温差；能耗状况，设备运行主要分布时段；经济性。

4.要求： 调研、分析具有一定深度，论据充分，第一手资料丰富，能有自己的观点和结论。

第二章 光环境

第一节 光学基本知识

一、光的本质

人类对光有着本能的生理需求和心理依赖，人类的生活离不开光。良好的光环境是保证人们进行正常工作、生活、学习的必要条件，它对于劳动生产率、生理与心理健康等都有直接影响。视觉环境中的光线和颜色，是人们获得物体感知的最基本信息。因此了解光的本质、探索光的魅力，是掌握光与照明知识的基础。

光是一种电磁辐射能，是能量的一种存在形式。当一个物体（光源）发射出这种能量，即使没有任何中介媒质，也能向外传播。这种能量形式的发射和传播过程，就称为辐射。光在一种介质（或无介质）中传播时，它的传播路径是直线，被称为光线。

整个电磁辐射是从高能量的X射线到低能量的无线电波（图2-1）。光波在整个电磁光谱中只占据很小部分，其波长区间从几纳米（nm）到1毫米（mm）左右，这些光并不是都能看见，人眼所能看见的只是其中极小一部分，这部分被称为可见光（图2-2）。可见光的波长范围在380 nm～780 nm之间，依赖人眼的颜色视觉系统，可以分辨出此范围的各种不同的波长所呈现的光色。其中紫色光、蓝色光波长较短，红色光波长较长，绿色光和黄色光位于可见光谱的中段。

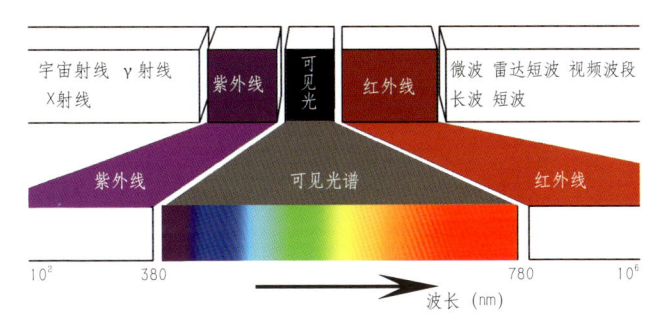

图2-2 可见光光谱分布图

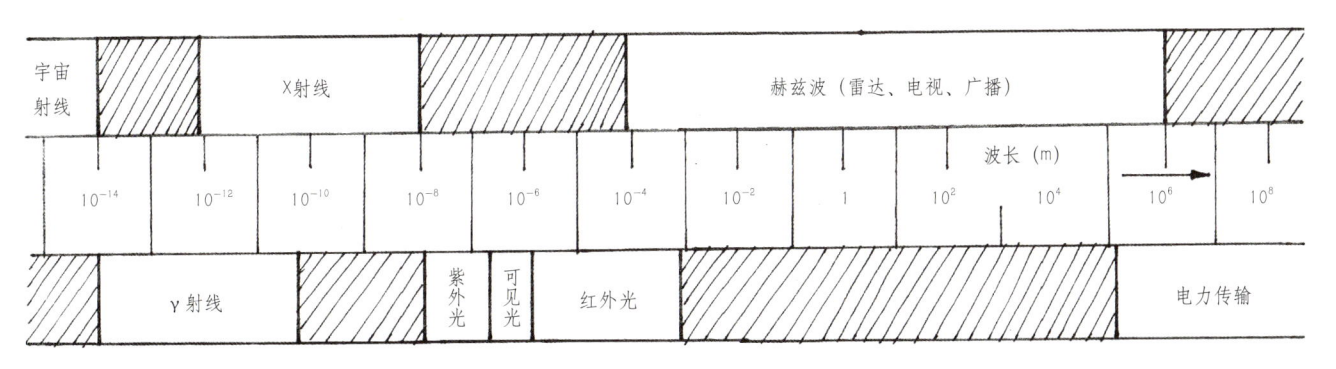

图2-1 电磁波波谱图

表2-1 辐射与波长

描述		波长范围
紫外辐射	紫外辐射-C (UV-C, 远紫外)	100nm ~ 280nm
	紫外辐射-B (UV-B, 中紫外)	280nm ~ 315nm
	紫外辐射-A (UV-B, 近紫外)	315nm ~ 380nm
可见光	紫光	380nm ~ 435nm
	蓝光	435nm ~ 500nm
	绿光	500nm ~ 566nm
	黄光	566nm ~ 600nm
	橙光	600nm ~ 630nm
	红光	630nm ~ 780nm
红外辐射	红外辐射A (IR-A, 近红外)	780nm ~ 1400nm
	红外辐射B (IR-B, 中红外)	1.4μm ~ 3μm
	红外辐射C (IR-C, 远红外)	3μm ~ 1mm

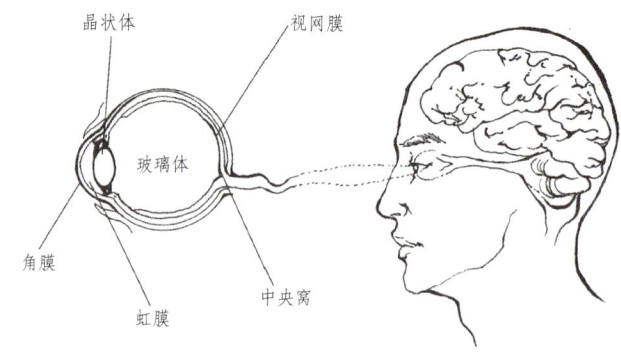

图2-3 眼睛构造

(a) 杆状细胞起作用　　(b) 锥状细胞起作用

图2-4 杆状细胞和锥状细胞

波长小于380nm的电磁辐射叫紫外线，波长大于780nm的电磁辐射称为红外线。紫外线和红外线虽然不能引起人的视觉注意，但其他特性均与可见光极相似。通常我们把紫外线、红外线和可见光统称为光（表2-1）。

二、人眼的视觉和颜色

（一）光与视觉

1. 视觉的形成

我们对于外界的感知，80%以上的信息是从视觉渠道获得。我们的眼睛从接受光线开始到产生视觉，这个过程类似于照相机的成像原理。随着环境亮度的高低，瞳孔会自动进行放大或缩小的调节。我们所看到的景象是眼睛和大脑对我们所处的视觉环境协同工作、综合处理的结果。眼睛的构造由三部分组成：眼动部件（眼睛肌肉）、光学部件（角膜、晶状体、瞳孔、玻璃体）和神经部件（视网膜和视神经）。光线通过透镜状的角膜，由瞳孔的扩张与收缩、晶状体的聚焦功能、玻璃体的折射，最后倒影在视网膜上。视网膜上的感光细胞吸收可见光并刺激视神经，传递脉冲能量至大脑，从而获得视觉信息（图2-3）。

视网膜上的感光细胞分为杆状细胞和锥状细胞。其中锥状细胞大约为800万个，分布非常集中，差不多有一半是集中在视网膜中央称之为中央窝的地方，向中央窝的两边，锥状细胞急剧减少。杆状细胞有1.2亿万之多，但在中央窝区域几乎没有杆状细胞，在逐渐远离中央窝时，杆状细胞密度先迅速增加至最大值，后又逐渐减少。杆状细胞对光亮的多少很敏感，能在很低的环境亮度下起作用，但无法分辨颜色，主要负责夜晚及周边的视觉，见图2-4(a)所示；锥状细胞主要感受颜色，在环境亮度较高的时候起作用，主要负责细部和颜色视觉，见图2-4(b)所示。

2. 视觉的特性

（1）视野范围（视场）

当人的眼睛注视前方，头部保持固定不动时，所能看到的范围称为视野（静视野）。如仅将头部固定，眼球自由转动时能够看到的全部范围称为动视野。视野又可分为单眼视野和双眼视野。

由于受眉毛和面颊的影响，通常情况下，整个视野范围在垂直方向是130°（中央视线往上为60°，往下为70°），在水平方向是180°（图2-5）。视网膜的中央窝是锥状细胞高度集中的区域，提供细部视觉与辨色力。一般对物体聚焦仅在中央窝呈像，即中央窝视觉，产生于中央视线周围一个2°的锥体上面，具有最高敏锐度，能分辨最微小的细部,并随着视线的移动而移动。从中央窝视觉往外30°范围内是视觉清楚区域,这是观看物体总体的有利位置。通常站在离展品高度的1.5~2倍的距离观赏物品,就是使展品处于上述视觉清楚区域内。从30°区域开始,愈往视野周边愈不精确,主要借对明暗强度的反应辨认视觉线索,周边视觉仅供维持一般方向感与空间动态活动的察觉(图2-6)。

（2）明视觉、暗视觉及中间视觉

由于锥、杆状细胞分别在明、暗环境中起主要作用,故形成明、暗视觉(图2-7)。

明视觉——在明亮环境中(环境亮度大于几个cd/m^2以上的亮度水平),主要由锥状细胞起作用的视觉。此时人眼能够辨认物体的细节,具有颜色感觉,而且对外界亮度变化的适应能力强。

暗视觉——在黑暗环境中(环境亮度低于百分之几cd/m^2以下的亮度水平),主要由杆状细胞起作用的视觉。此时只有明暗感觉而没有颜色感觉,也无法分辨物体的细节。

中间视觉——发生在明视觉与暗视觉之间,此时视觉系统的锥状和杆状细胞同时在起作用。当亮度变化趋向中间视觉范围时,中央窝对光谱的感受能力逐渐在降低；当亮度趋向暗视觉时,边缘的杆状细胞逐渐起作用,颜色视觉逐渐消失。

3. 视觉功效

人们完成视觉工作的功效称为视觉功效,包含两方面的内容：视觉功效潜力(是人们完成某项视觉工作的能力,主要取决于视觉的生理特性和物理特性)和视觉功效状态(是人们完成某项视觉工作的状态,涉及社会学和心理学等学科)。

（1）可见度

人们在观察目标物时,除了与人的视力有关,还与该目标物的物理条件及其所处的物理环境有关。为了定量地表示人们观察目标物时清楚的程度,引入可见度的概念。可见度又称能见度,或简称为视度。可见度受下列因素影响：

① 适当的亮度

在黑暗中,视觉器官正常的人如同盲人一样看不见任何物体,只有当物体发光(或反光)时,我们才会看见它。随着亮度的增大,我们看得越清楚,即可见度增大。若亮度过大,超出眼睛的适应范围,眼睛的灵敏度反而会下降,易引起眼疲劳。

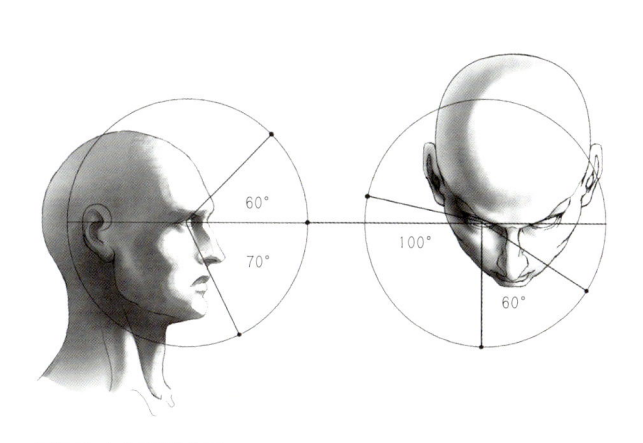

图2-5 人眼视野范围

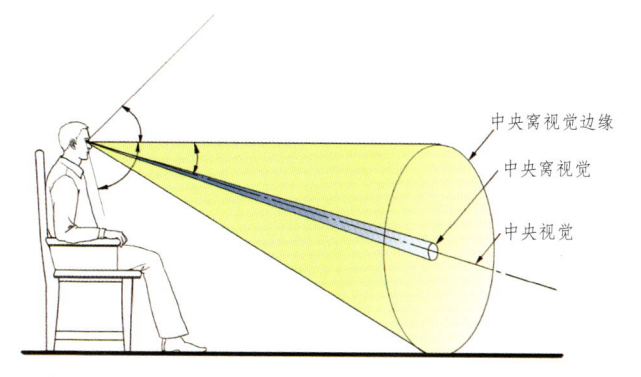

图2-6 显示的是一个头和眼睛都处于正常放松姿态的坐着的人的视觉中心和视野。应当仔细处理中央窝视觉边缘30°范围内的亮度变化。

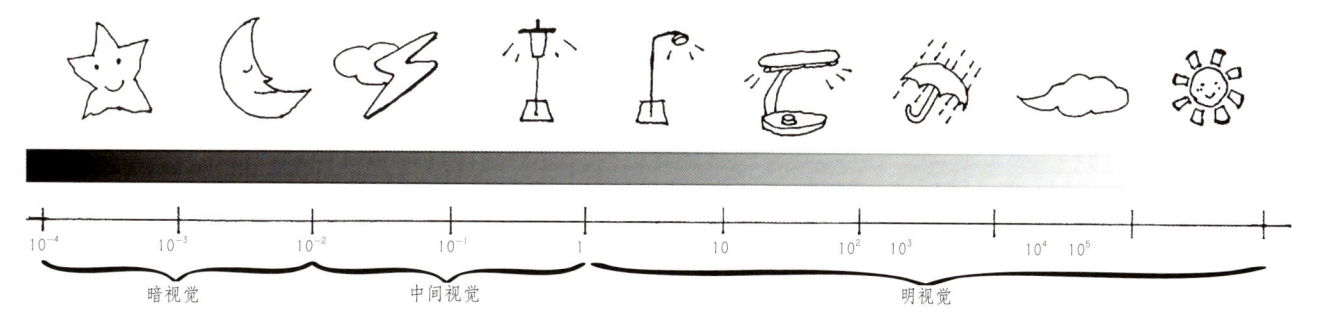

图2-7 明视觉、中间视觉及暗视觉与其相对应的光环境

② 物件尺寸

视觉工作对象最重要的特征是视角，视角是被观察物件的尺寸和眼睛至物体的距离的函数。被观察的物件变大，或者放在离观察者更近的地方，视角就会增大（图2-8）。在绝大多数情况下，我们的大脑根据它对现实世界的熟悉程度，以及根据双目观察的结果来判定其间的差别。

只要有可能，设计师就应当把被观察物件的尺寸加大，因为尺寸稍微加大，就相当于大幅度提高照度级。例如，把黑板上文字的尺寸放大25%，对视觉工作对象的性能提高的幅度，就与把照度从100 lx增加为10000 lx的幅度相当。

③ 亮度对比

即观看对象和其背景之间的亮度差异。差别愈大，可见度愈高（图2-9、图2-10）。

④ 识别时间

眼睛观看物体时，只有当该物体发出足够的光能，形成一定刺激量，才能产生视觉感觉。也就是说，呈现时间越短，越需要有更高的亮度才能引起视感觉。

当人们从明亮环境走到黑暗处（或相反），这时，就会产生一个由能看得清，变为看不清，经过一段时间又逐渐看清的变化过程，这种过程称为"适应"。从黑暗处进入明亮的环境时，最初会感到非常刺眼以致睁不开眼，因此无法看清周围的景物。大约经过1分钟左右才能恢复正常的视觉工作。眼睛的这种由暗到亮环境的适应过程被称作明适应（图2-11）；从明亮的环境进入暗处时，在最初阶段会什么都看不见，逐渐适应了黑暗后，才能区分周围物体的轮廓，这种从亮处到暗处，人们视觉阈值下降的过程被称为暗适应。一般人要在暗处逗留30 min~40 min，视觉阈值才能稳定在一定水平上。

当出现环境亮度变化过大的情况，应考虑在其间设置必要的过渡空间，使人眼有足够的适应时间。在需要人眼变动注视方向的工作场所中，视线所及的各部分亮度差别不宜过大，以减少视疲劳。

⑤ 避免眩光

眩光就是在视野中，由于不适宜亮度分布，或在空间或时间上存在着极端的亮度对比，以致引起视觉不舒适和降低物体可见度的视觉条件。眩光好比是"视觉噪声"，干扰我们的视觉性能。

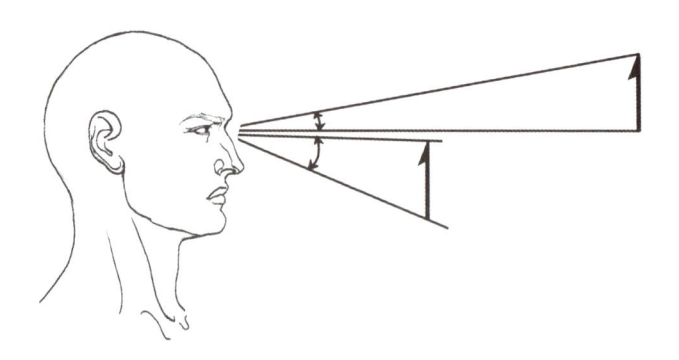

图2-8 曝光角与物体距离的关系

图2-9 背景亮度变化对可见度的影响

图2-10 物体亮度变化对可见度的影响

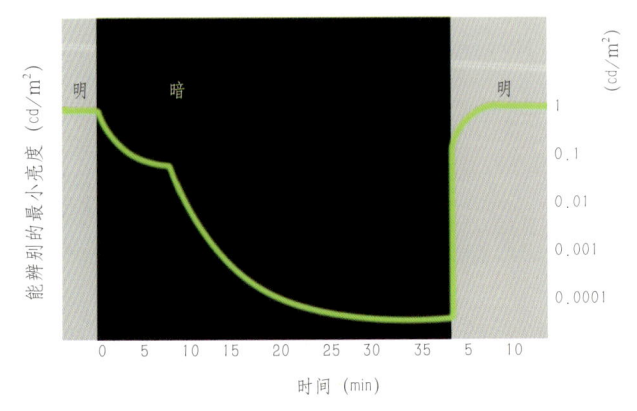

图2-11 明适应与暗适应

根据眩光对视觉的影响程度,可分为失能眩光和不舒适眩光。降低视觉功效和可见度的眩光称为失能眩光。出现失能眩光后,就会降低目标和背景间的亮度对比,使视觉下降,甚至丧失视力。而引起不舒适感觉,但并不一定降低视觉功效或可见度的眩光称为不舒适眩光。不舒适眩光会影响人们的注意力,长时间就会增加视疲劳。对于室内光环境来说,只要将不舒适眩光限制在允许的限度范围内,一般失能眩光也就消除了。

（2）视觉满意度

视觉满意度属于心理度量范畴,只有通过实验才能获得所需结论。

（二） 光与颜色

光源的颜色和环境的色彩通过视觉影响着人们。它不仅直接影响视觉的生理机能,还将影响着人的心理状态。颜色同光一样,是构成光环境的要素。照明质量的评价不仅考虑光的强度,还要顾及光源和环境的颜色。

1. 光源色、物体色和表观色

严格意义上讲,色彩具有两方面含义：一是光源本身的颜色；二是经过灯光的照射后,经吸收、反射或透射后的物体所呈现的颜色。另外,物体色又包含两个概念：一是物体在白天自然光照射下所显现的颜色,即固有色；另一个是物体在各种人工光的照射下所显现的颜色,即表观色（图2-12）。

2. 色彩三要素

任何一种有彩色的表观颜色,都可以按照三个独立的主观属性分类描述,这就是色相、明度和彩度,称为色彩的三要素。

色相（也称为色调）,根据物体反射的主要波长所呈现的色彩表观,可以对其进行一般性描述。人们将不同的色彩印象加以区别和命名,这些不同的名称就是色相。如在可见光谱中依次呈现的红、橙、黄、绿、蓝、紫,分别代表着不同的色相（图2-13）。在特定的光环境中,我们有时使用暖黄色的光营造温暖、舒适、浪漫的情调；有时使用冷白色的光创造清洁、高效、冷峻的视觉意象。这里的暖黄色和冷白色就是指光线的色相。

明度,指色彩的明暗程度。明度与物体表面的反射率有关,反射率越高或光线越强,其明度就越高,看起来色泽就会较浅或较亮；反之,当物体吸收大部分光线或光线越弱时,则明度较低,色泽就会较深或暗淡（图2-14）。

彩度（也称为饱和度或纯度）,指彩色的纯洁性,是描述颜色的深浅程度的物理量。可见光谱的各种单色光彩度最高,黑白系列的彩度为零,也可认为黑白系列

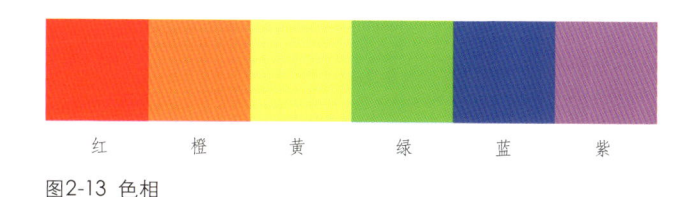

图2-13 色相

图2-14 明度

图2-12 固有色与表观色

无彩度。光谱色中加白，则彩度提高，明度提高；加黑，则彩度降低，明度也降低（图2-15）。

3. 色彩标定

现代色度学是以不同量的红、蓝、绿色光调配出各种不同波长光谱的颜色为基础的。参考颜色刺激就是我们通常所说的三原色，即理想的单色光：红色、绿色和蓝色光。适当数量的红色、绿色和蓝色光混合，就得到白色光。从理论上讲，任何一种介于白色光和三原色光之间的中间色光都可以通过调整它们之间的比例得到。CIE（国际照明委员会）在1931年根据光的三刺激值和色坐标发展出一种色度图，在图的中央部分为白光，其余部分为可见光谱的所有颜色，边缘部分为饱和的单色光（图2-16）。

蒙塞尔色标图在许多颜色立体和颜色图集中最为著名（图2-17）。蒙塞尔系统约有1000个颜色样品，观测条件是在昼光下。在蒙塞尔色立体中，中心垂直轴代表的是明度变化，从顶部的白色到底部的黑色，中间是九个级差相等的灰白色。色立体的圆周是色相环，蓝

图2-15 彩度

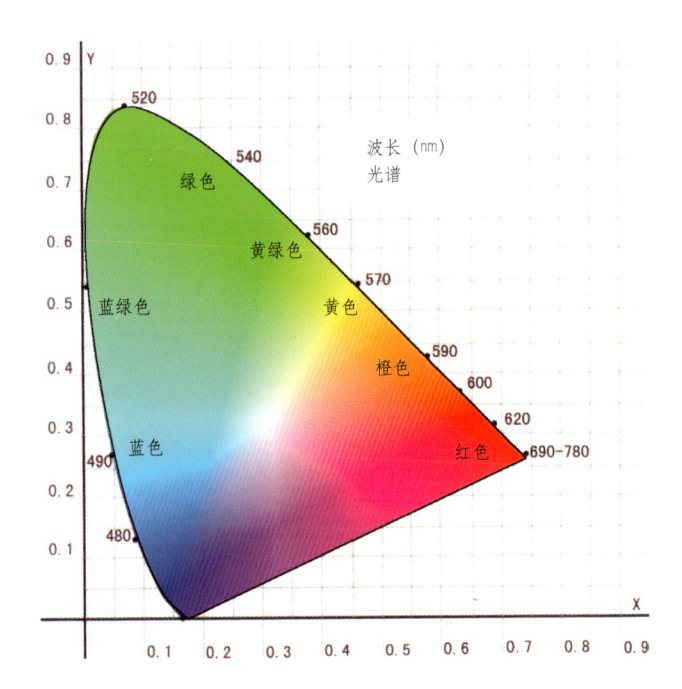

图2-16 CIE色度图

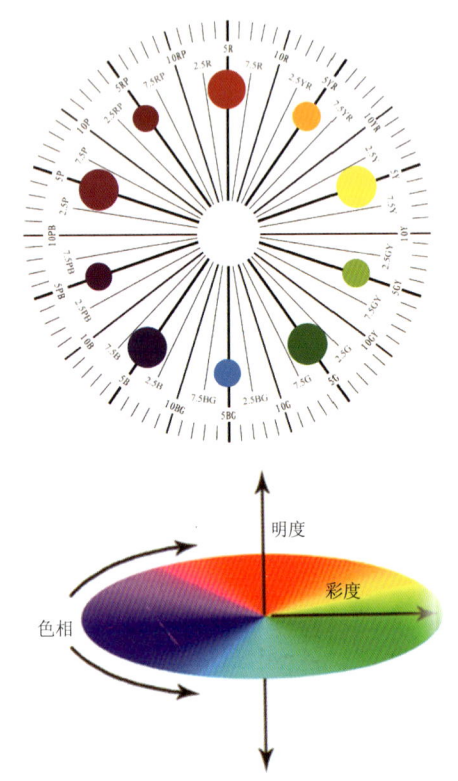

图2-17 蒙塞尔色标图

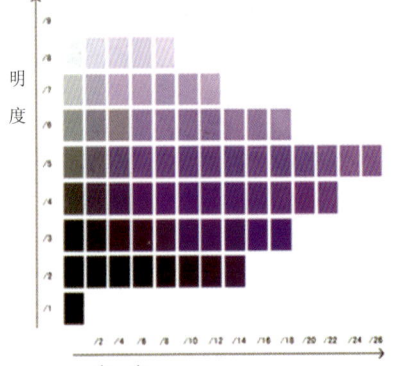

图2-18 色彩混合

(a) 光的混合（加法原则）
(b) 颜料的混合（减法原则）

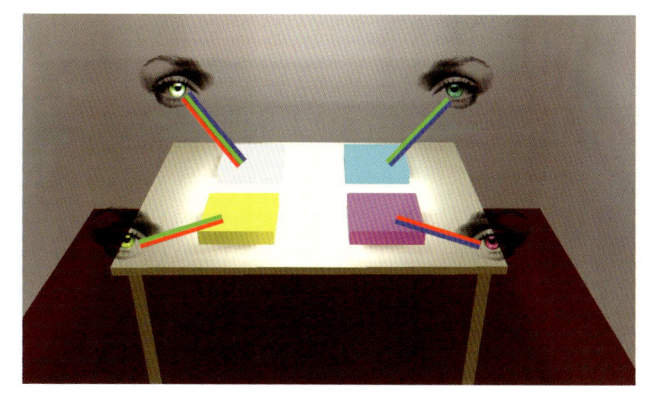

图2-19 光度学对颜色的解释

（B）、蓝绿（BG）、绿（G）、绿黄（GY）、黄（Y）、黄红（YR）、红（R）、红紫（RP）、紫（P）、紫蓝（PB）十种色调的颜色分布其间，每个色调又分为十个等级。颜色的彩度是从中心轴向外按视觉等级辐射。

4. 色彩混合

光源色的混合与颜料色的混合结果和规律是不同的。将光源色的三原色红（RED）、绿（GREEN）、蓝（BLUE）等量混合，得到的是白色光；而将颜料色的三原色黄（YELLOW）、品红（MAGENTA）、青（CYAN）等量混合，最后出现的是黑色。光源色与颜料色的混合分别属于加法混色和减法混色。

（1）加法混色

光源色的三原色以适当的比例混光可以产生颜色的范围最大，范围是在色度图中三原色坐标连线的三角形内。例如，三原色中的红光和绿光可以合成为黄光，红光和蓝光可以合成为品红，见图2-18(a)所示。彩色电视机的画面色彩就是红、绿、蓝不同强度光色组合的结果。

现在，我们可以运用光度学的原理来解释我们所看到的物体颜色。如果在白炽灯下我们看到的物体呈现白色，则说明这个物体将光谱中的所有颜色进行了反射；如果看到的物体是青色，则它吸收了光谱成分中的红色，将绿色和蓝色反射到眼睛里，因此我们看到的是青色。同理，如果我们感知的是品红色，则说明该物体吸收了绿色成分，将光谱中的红色和蓝色反射出来，红光和蓝光的混光就成了品红色；最后我们如果看到的物体呈现黄色，则说明它吸收了蓝色成分，将红色和绿色反射到我们眼睛（图2-19）。

（2）减法混色

将颜料三原色的品红色、黄色、青色两两混合，分别可以得到红色、绿色和蓝色，见图2-18(b)所示。绘画、印染等的混色原理就是减法混色。

5. 色温

从光源的光谱能量分布和颜色，可以引入色温这个表示光源颜色的量。当光源所发出的光的颜色与黑体在某一温度下辐射的颜色相同时，黑体的温度就称为该光源的颜色温度，简称色温，以绝对温度K（Kelvin）为单位。根据色温的不同，可将光色分为三类，暖色、冷色和中间色。其中，光源色的色温小于3300 K时的颜色称为暖色，太阳下山时黄色光的色温约为2000 K，偏红的光色给人以温暖的感觉；光源色的色温大于5300 K时的颜色称为冷色，晴天天空光的色温约6500 K，偏蓝的光色给人以清冷的感觉；介于冷色和暖色之间的颜色，称为中间色，光源色的色温在3300 K~5300 K之间（图2-20、图2-21）。

6. 显色性

经常会遇到这样的情况，在白炽灯照明的服装店买的衣服，拿回家发现颜色和在店里看到的颜色有细微差异。这个例子中，两种光源具有不同的颜色，店里的白炽灯和店外的自然光。前者是很黄的白色光，而后者是带蓝的白色光。不同的光色对同一彩色物体具有不同的显色能力，也就是我们说的显色性。显色性是指光源的光照射到物体上所产生的客观结果。如果各色物体受照后的颜色效果和标准光源照射时一样，则认为该光源的显色性好；反之，如果物体在受照后颜色失真，该光源的显色性就差。

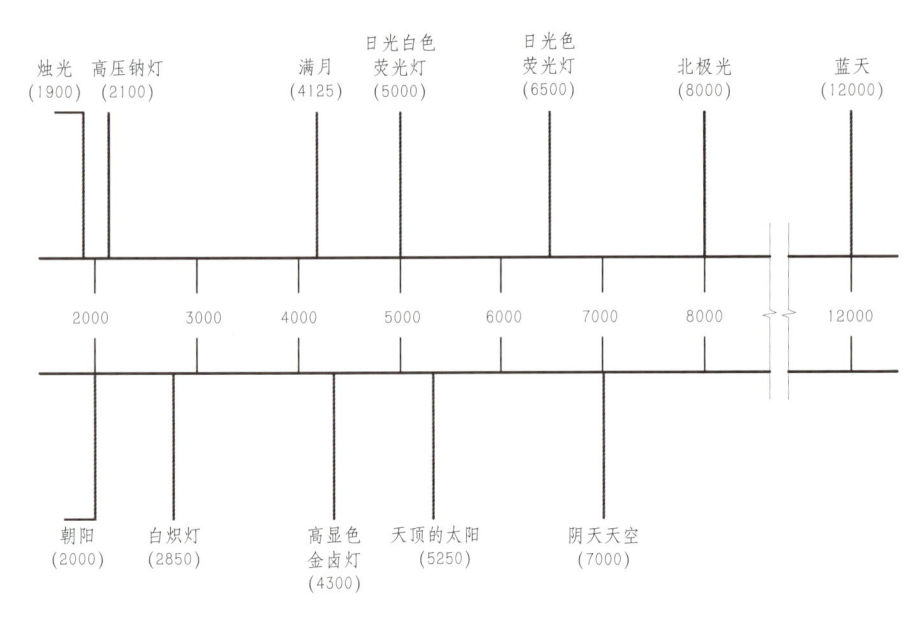

图2-20 各种光的色温值

(a) 低色温呈现暖色调

(b) 高色温呈现冷色调

图2-21 色温对比

物体的颜色表观不仅仅只与光的颜色有关，还与光源的光谱分布有关。一般来说，光源中包含越多的光谱色，显色性越好，但光效就会差一些。钠灯就是一个很典型的例子。如果是低压钠灯，光源辐射出光谱较窄的黄光，光效很高，但所有物体在此光照下都呈现为黄和灰色。高压钠灯，尤其是高显色性，黄色光谱较宽，且有多个峰值，显色性较好，但光效就会低一些。另外一些因素如人眼的颜色适应、周边颜色和光的强度也会影响到颜色显现。通常我们用一般显色指数Ra表示光源的显色性能，其值在0~100之间（图2-22），如高压钠灯的显色指数Ra为23，荧光灯管的显色指数Ra为60~90。

7. 颜色效应

色彩通过视觉器官为人们感知后，可以产生多种作用和效果。它可以直接影响到人的情绪、心理状态，甚至工作效率。色彩还可以改变空间体量，调节空间情调。正确运用色彩对于提高室内的视觉感受，创造一个良好的视觉环境具有重要作用（图2-23）。

（1）色彩的物理效应

温度感：色彩的温度感是人们长期生活习惯的反应。例如，人们看到红色、橙色、黄色产生温暖感；看到青色、蓝色、绿色产生凉爽感。通常我们将红、橙、黄之类的颜色称为暖色，把青、蓝、绿之类的颜色称为冷色，黑、白、灰称为中性色。色彩的冷暖与明度有关：含白的明色具有凉爽感，含黑的暗色具有温暖感；色彩的冷暖还和彩度有关：在暖色中，彩度越高越具有温暖感，在冷色中，彩度越高越具凉爽感；色彩的冷暖还与物体表面的光滑程度有一定的联系，一般说来，表面光滑时色彩显得冷，表面粗糙时色彩就显得暖。

重量感：重量感即通常所说的色彩的轻重，主要取决于明度。明度高的色轻，低的色重。明度相同，彩度高的显重，低的显轻。

体量感：体量感是指由于颜色作用使物体看上去比实际的大或者小。从体量感的角度看，可将色彩划分为膨胀色（又称立体色）和收缩色。物体具有某种颜色，看上去增加了体量，该颜色即属膨胀色；反之，缩小了物体的体量，该颜色则属收缩色。色彩的体量感取决于明度，明度越高，膨胀感越强；明度越低，收缩感越强。面积大小相同的色块，黄色看起来最大，其他依次为橙、绿、红、蓝、紫。

距离感：明度高的颜色给人以前进的感觉，称作前进色，暖色属前进色；明度低的颜色给人以后退的感觉，称作后退色，冷色属后退色。就彩度而言，彩度高者为前进色，彩度低者为后退色；在色相方面，主要色彩由前进色到后退色的排列次序是：红＞黄＞橙＞紫＞绿＞蓝。

（2）色彩的心理和生理效应

色彩的心理效应主要表现为两个方面：一是悦目性，即色彩可以给人以美感；二是情感性，说明它能影响人的情绪，引起联想，乃至具有象征的作用。

色彩还会引起人的生理变化，也就是由于颜色的刺激而引起视觉变化的适应性问题。色适应的原理经常运用到室内色彩设计中，一般的做法是把器物色彩的补色作为背景色，以消除视觉干扰，减少视觉疲劳，使视觉感官从背景色中得到平衡和休息。红色能刺激和兴奋神经系统，加速血液循环，但长时间接触红色却会使人感到疲劳，甚至出现筋疲力尽的感觉，所以起居室、卧室、会议室等不宜过多地运用红色；橙色能产生活力，诱人食欲；绿色有助于消化和镇静，能促进身心平衡；蓝色能帮助消除紧张情绪，调整体内平衡，形成使人感到幽雅、宁静的气氛，在办公室、教室、治疗室等场所经常用到。

图2-23 室内色彩效应使人产生不同的心理和生理感受，提高室内的视觉感受，创造良好的视觉环境

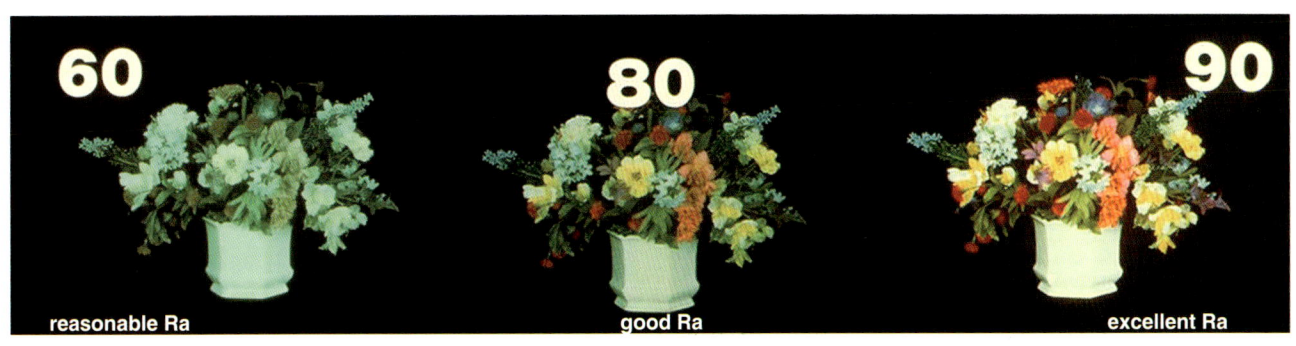

图2-22 显色性

三、光度量

在照明设计和评价时离不开定量分析、测量和计算，因此在光度学中涉及一系列的物理光度量，用以描述光源和光环境的特征。常用的有光通量、发光效率、发光强度、照度、亮度等。

（一）光通量（luminous flux，符号φ，单位lumen或lm）

光通量是指单位时间内光源发出可见光的总能量，单位为流明（lm），它表示光源的辐射能量引发人眼产生的视觉强度（图2-24）。

在照明工程中，光通量是说明光源发光能力的基本量，与光源的功率大小没有固定的关系。例如，一只40W的白炽灯发光能力为350 lm，一只40 W的荧光灯发光能力为3000 lm，一只70W的低压钠灯发光能力为6000 lm。

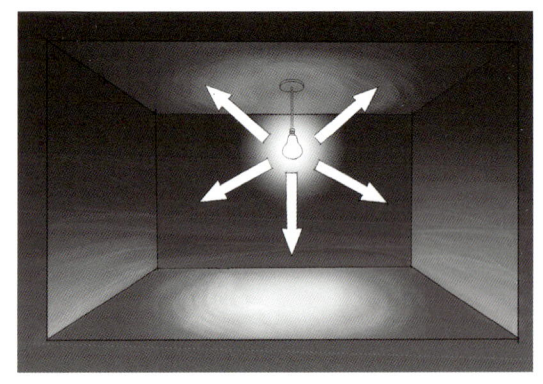

图2-24 光通量定义

（二）发光效率（efficiency，单位lm/W）

发光效率是指光源所发出的光通量除以其耗电量的比值，单位是lm/W。也就是说每一瓦电力所发出光的量，其数值越高表示光源的效率越高。每一种光源都有自己的发光效率，通常是光源选择的重要考虑因素。

（三）发光强度（Luminous Intensity，符号I，单位cd）

光源向一定方向单位立体角内发出的光通量，称为发光强度，单位为坎德拉（cd），计算公式为$I=d\varphi/d\omega$（图2-25）。光源在不同的方向，其发光强度是不一样的（图2-26）。

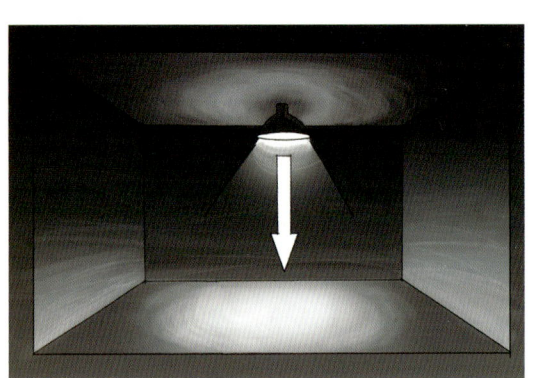

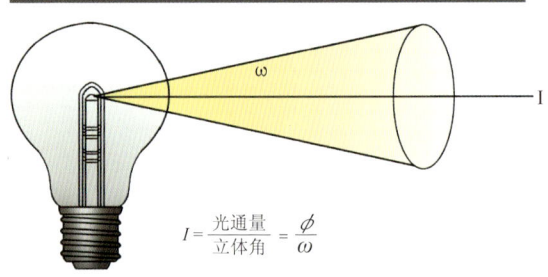

$$I = \frac{光通量}{立体角} = \frac{\phi}{\omega}$$

图2-25 光强定义

（四）照度（illuminance，符号E，单位lx）

照度是表示受照物体表面每单位面积上接受到的光通量（图2-27），计算公式为$E=\dfrac{dF}{ds}$，单位为勒克斯（lx）。它是客观存在的物理量，与被照物和人的感受无关。照度的数值可用照度计直接测量读出（图2-28），可以直接相加。照度的另一个单位为烛光（fc），即每平方米的光通量。

烛光和勒克斯相互转换的公式：

1 lx=0.0929 fc　　　1 fc=10.76 lx

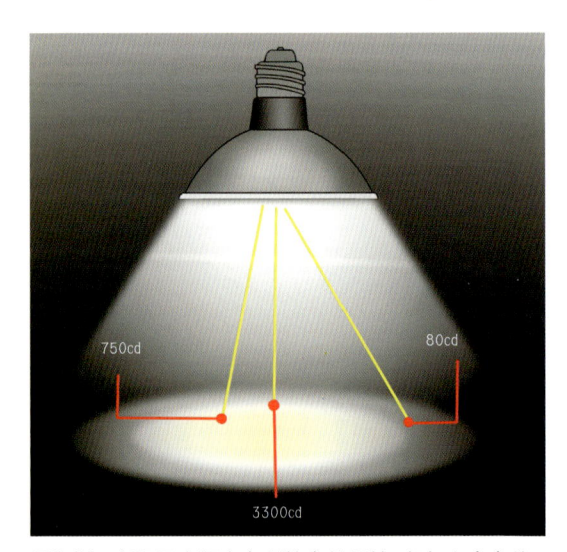

图2-26 光强是光源本身所特有的属性，仅与方向有关，与到光源的距离无关

各种环境条件下被照物表面的照度值如表2-2所示，可以帮助我们直观地理解照度的概念。

（五）亮度（Luminance，符号 L，单位 cd/m^2）

发光体或受光体单位面积上发出（或反射出）的发光强度（图2-29），称为亮度，单位为坎德拉/平方米（cd/m^2），计算公式为 $L=I/A$，可以通过亮度仪测量（图2-30）。亮度直接影响人眼的主观感觉。

物体表面本身可发光，也可传播光线，如人造光源或太阳的表面。它也可以反射另一光源的光线，像二次发光光源。表2-3给出了一些常见物体表面的亮度大小。

光通量、发光强度、照度和亮度应用于不同领域，并且可以相互换算，可用专门的光度仪器进行测量。光通量表征光源辐射能量的大小。发光强度用来描述光通量在空间的分布密度。照度说明受照物体的照明条件，其计算和测量都比较简单，在光环境设计中广泛应用这一概念。亮度则表示光源或受照物体表面的明暗差异。四者关系如图2-31所示。

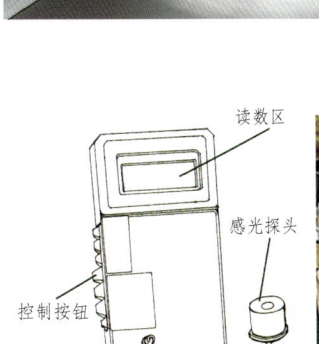

图2-27 照度定义

图2-28 照度计及其使用
(a) 照度计
(b) 照度计的使用

表2-2 部分室内外照度值

被照表面	照度(lx)	被照表面	照度(lx)
夏日阳光直射的地面	100000	黄昏户外	50
夏季阳光下，阴暗处地面	10000	街道照明	5~30
户外多云	5000	月光下	0.5
照明条件好的办公室	1000	星光下	0.2
起居室平均照度	100		

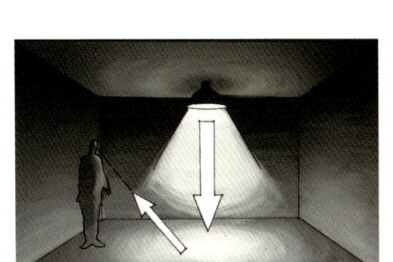

图2-29 亮度定义

图2-30 亮度计

表2-3 常见物体表面亮度

发光体	亮度(cd/m^2)	发光体	亮度(cd/m^2)
太阳表面	165000000	400lx照度下的白纸（反射0.8）	100
白炽灯丝	7000000		
阳光下的沙滩	15000	400lx照度下的白纸（反射0.4）	50
荧光管	10000		
满月表面	2500	400lx照度下的白纸（反射0.04）	5
夜晚公路	1		

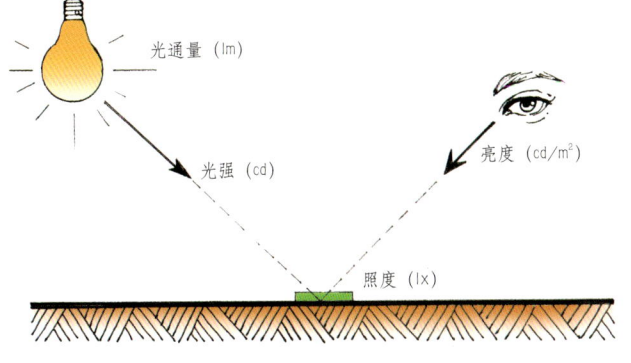

图2-31 光通量、发光强度、照度和亮度的关系

四、材料的光学特性

人们在建筑物内看到的光，绝大多数是经各种物件及壁面反射或透射的光，所以选用不同的装饰材料，就会在室内形成不同的光效果。

光在传播过程中遇到介质时，其入射的光通量一部分被介质吸收，一部分被反射，另一部分被透射。这三部分光通量占总的入射光通量的比例，分别称为反光系数 r、吸收系数 $α$ 及透光系数 $τ$（图2-32）。要做好室内采光和照明设计，就必须了解各种材料对光的反射、吸收和透射特性，同时，还要了解光线经过这些材料的反射和透射后，在空间分布上的规律（图2-33）。

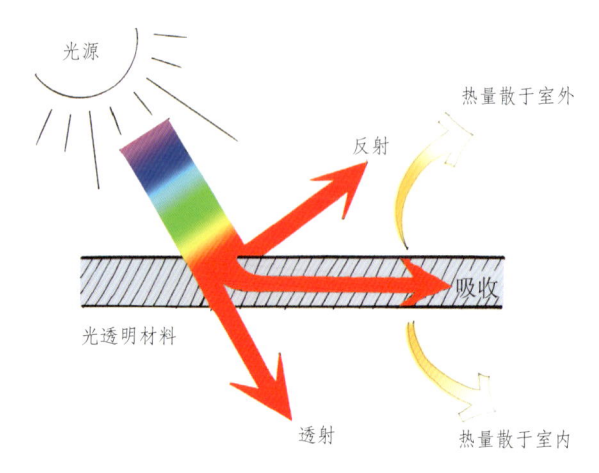

（一）材料的反射

1. 反射

反射后光线的空间分布，取决于材料表面的光洁程度和材料内部的结构。一般有以下几种形式（图2-34）。

定向反射：光线射到非常光滑的不透明材料表面时，就会发生定向反射，也称镜面反射。它遵循定向反射定律：入射光线、反射光线与反射面的法线在同一平面上，入射角等于反射角。但是反射光的亮度和发光强度都比入射光有所降低，因为有一部分被材料吸收或透射。

光滑密实的表面，如玻璃镜面和磨光的金属表面能形成定向反射。这时，在反射光线的方向上，人们可以较清晰地看到光源的形象，但如果稍稍偏离这个方向，就看不见。在照明工程中常利用定向反射进行精确的控光，如制造各种曲面的镜面反光罩获得需要的发光强度分布，提高灯具效率。

扩散反射：扩散反射材料可以使反射光线不同程度地分散在比入射光线更大的立体角范围内。根据材料扩散程度的不同，又可分为均匀扩散反射材料和定向扩散反射材料两种。经过冲砂、酸洗、锤点处理的毛糙金属表面、油漆等具有定向扩散反射的特性。

漫反射：漫反射的特点是反射光的分布与入射光的方向无关，反射光不规则地分布在所有方向上。无光泽的毛面材料或由细微的晶粒、颜料颗粒构成的表面会产生漫反射。我们可以把这些微粒看做是单个的镜面反射器，但是由于微粒的表面处在不同的方向，所以将光反射到许多角度上。

图2-32 入射光、反射光、吸收光和透射光的关系

空气、水面、亚麻布、玻璃、水晶、锡箔纸、金属
图2-33 光与介质

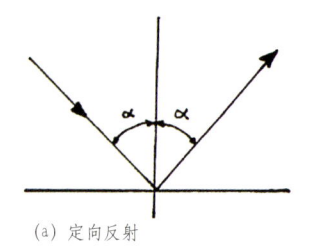

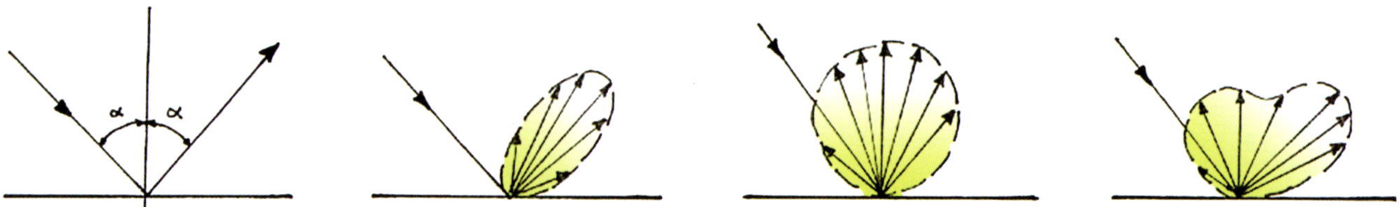

(a) 定向反射　　(b) 定向扩散反射　　(c) 均匀漫反射　　(d) 混合反射

图2-34 反射光的分布形式

表2-4 常用饰面材料的反射系数

材料		反射系数	材料		反射系数
石膏		0.91	塑料墙纸	黄白色	0.72
大白粉刷		0.75		浅粉白色	0.65
白水泥		0.75		蓝白色	0.61
水泥砂浆抹面		0.32	胶合板		0.58
白色乳胶漆		0.84	广漆地板		0.10
调和漆	白色及米黄色	0.75	混凝土地面		0.20
	中黄色	0.57	沥青地面		0.10
一般白色抹面		0.55~0.75	铸铁、钢板地面		0.15
陶瓷釉面砖	白色	0.80	菱苦土地面		0.15
	粉色	0.65	红砖		0.33
	黄绿色	0.62	灰砖		0.23
	天蓝色	0.55	粗白窗纸		0.30~0.50
	黑色	0.08	浅色织品窗帷		0.30~0.50
马赛克砖	白色	0.59	水磨石	白色	0.70
	浅蓝色	0.42		白色间绿色	0.66
	浅咖啡色	0.31		白色间黑灰色	0.52
	绿色	0.25		黑灰色	0.10
	深咖啡色	0.20	塑料贴面板	浅黄色木纹	0.36
大理石	白色	0.60		棕黄色木纹	0.30
	乳色间绿色	0.39		深棕色木纹	0.12
	红色	0.32	无釉陶土地砖	土黄色	0.53
	黑色	0.08		朱砂	0.19

若反射光的发光强度分布与入射光的方向无关，而且正好是切于入射光线与反射表面交点的一个圆球，这种漫反射称为均匀漫反射。室内装饰工程中常用的大部分无光泽饰面材料，如涂料、乳胶漆、哑光墙纸、陶瓷砖等都可以近似地看做是均匀漫反射材料。

混合反射：多数材料的表面兼有定向反射和漫反射的特性，称为混合反射。室内装饰工程中常选用的玻璃砖、镜面大理石饰材等都呈现出这种综合特性。

2. 室内装饰材料的反射系数

室内装饰材料的反射系数，和材料表面的粗糙程度、表面颜色等有关。表2-4给出了一些常用室内饰面材料的反射系数，可供采光及照明设计时使用，但如果是特定材料，在使用之前还需要对其反射系数进行测定。

（二）材料的透射

1. 透射

光线通过介质时，组成光线的单色分量的频率不变，这种现象称为透射。玻璃、晶体、某些塑料、纺织品、水等都是透光材料，能透过大部分入射光。材料透射光的分布形式可分为定向透射、定向扩散透射、漫透射和混合透射四种（图2-35）。

定向透射：光线射到很光滑的透明材料上，会发生定向透射。若材料的两个表面互相平行，则透过材料的光线与入射方向保持一致，但是透射后的亮度和发光强度都将减弱。

定向扩散透射：定向扩散材料有方向性和扩散性两种特性。如磨砂玻璃，透过它可以看到光源的大致情况，但轮廓不清晰。

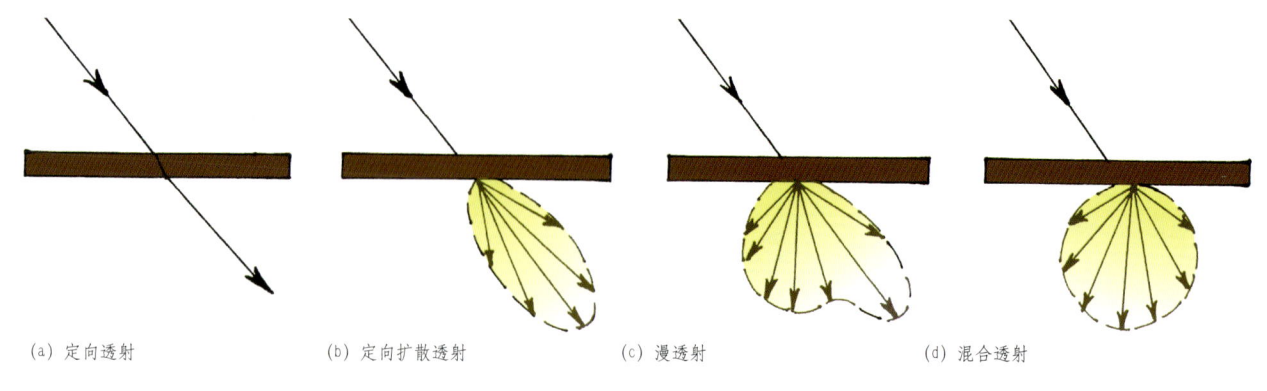

(a) 定向透射　　　　(b) 定向扩散透射　　　　(c) 漫透射　　　　(d) 混合透射

图2-35 透射光的分布

表2-5　常用透光材料的透光系数

材料	厚度 (mm)	透射系数	材料	厚度 (mm)	透射系数
普通玻璃	3～6	0.78～0.82	聚苯乙烯板	3	0.78
钢化玻璃	5～6	0.78	聚氯乙烯板	2	0.60
磨砂玻璃	3～6	0.55～0.60	聚碳酸酯板	3	0.74
乳白玻璃	1	0.60	聚酯玻璃钢板	3～4层布	0.73～0.77
花纹深密的压花玻璃	3	0.57	钢纱窗（绿色）	——	0.70
花纹稀浅的压花玻璃	3	0.71	白色半透明塑料	——	0.30～0.50
无色有机玻璃	2～6	0.85	深色半透明塑料	——	0.35～0.50
乳白有机玻璃	3	0.20	茶色玻璃	3～6	0.08～0.50
玻璃砖	——	0.40～0.50	安全玻璃	3+3	0.84
夹层安全玻璃	3+3	0.78	吸热玻璃	2～5	0.52～0.64

漫透射：半透明材料可使入射光线发生扩散透射，即透射光线所形成的立体角比入射光线有所放大。可以将入射光线均匀地向四面八方透射，各个方向所看到的亮度相同，但看不到光源的形象，这类材料具有均匀漫透射特性，如乳白玻璃、半透明塑料等，常用于灯罩及发光顶棚的透光，它们可以降低光源的亮度，减少对眼睛的强烈刺激，也可以使透过的光线均匀分布。

混合透射：多数透光材料兼有定向透射和漫透射的特性，称为混合透射。

2. 室内装饰材料的透射系数

室内装饰材料的透射系数，不仅取决于它的分子结构，还与它的厚度有关。表2-5给出了一些常用室内装饰材料的透射系数。

五、作业任务

光艺术装置设计

1.**目的**：通过学生亲手制作光艺术装置，探索光与不同材质的关系，发现光的艺术形式，体验光的艺术魅力。

2.**方法**：确定主题，选用纸质、织物、植物、玻璃、水、金属等一切有利于表现光艺术的材质，选用白炽灯、荧光灯、蜡烛、LED等光源，利用光与材质的作用、照射方式及光照图式、色彩原理制作光艺术装置。

3.**内容**：概念构思、设计草图、材料构成、光源及灯具选择、制作过程、成果展示。

4.**要求**：既要体现光的艺术与魅力，又要使装置具有一定艺术感，更要符合设计主题；可以是一件光艺术小品，也可以是光雕，或者是创意灯具；可以是单体，也可是一系列表现形式。

第二节 光源与灯具

一、光源

纵观人类社会对于光的追求，自钻木取火以来，先后经历了制造和使用动物油灯、植物油灯、煤油灯到白炽灯、荧光灯、金卤灯，直至今日的LED、激光、光纤的漫长历史过程。由于电光源的发光条件不同，其光电特性也各异。对光源的了解将有助于根据环境特点选择合适的光源，利用它们的特性和长处，充分发挥其优势。根据电光源发光物质不同，可分为固体发光光源和气体放电发光光源两大类（表2-6）。

为了更好地了解这些电光源的特性，便于在今后的设计中能合理运用，选择一些常用光源进行详细介绍，包括固体发光光源中的热辐射光源和气体放电发光光源，以及一些其他光源。

以热辐射作为光辐射原理的电光源，包括白炽灯和卤钨灯，它们都是以钨丝为辐射体，通电后使之达到白炽温度，产生热辐射。这种光源统称为热辐射光源，目前仍是重要的照明光源，生产数量极大。

各种气体放电发光光源，则主要以原子辐射形式产生光辐射，包括荧光灯、金卤灯、汞灯、钠灯等。根据这些光源中气体的压力，又可分为低压气体放电光源和高压气体放电光源。这种光源具有发光效率高、使用寿命长等特点，应用极其广泛。

在电光源的选择上，主要根据其不同的光特性指标来判断。

表2-6 光源分类

固体发光光源	热辐射光源		白炽灯
			卤钨灯
	电致发光光源		场致发光灯（ELP）
			半导体发光二极管（LED）
电光源	气体放电发光光源	辉光放电灯	氖灯
			霓虹灯
		弧光放电灯	低气压灯：荧光灯
			低压钠灯
			高气压灯：高压汞灯
			高压钠灯
			金属卤化物灯
			氙灯

光通量：表征光源的发光能力，是光源的重要性能指标。光源的额定光通量是指光源在额定电压、额定功率的条件下工作，并能无约束地发出光的工作环境下的光通量输出。

发光效率：光源的光通量输出与它取用的电功率之比称为光源的发光效率，简称光效，单位是lm/W。在照明设计中应优先选用光效高的光源。

显色性：通常情况下光源用一般显色指数衡量其显色性，在对某些颜色有特殊要求时则应采用特殊显色指数。CIE将灯的显色性能分为四类，其中第一类又细分为A、B两类，并提出每类灯的适用场所，作为评估室内照明质量的指标（表2-7）。《建筑照明设计标准》

表2-7 光源显色性分类

显色性组别	Ra范围	色表	应用示例	
			优先采用	容许采用
1A	Ra≥90	暖	颜色匹配	
		中间	医疗诊断、画廊	
		冷		
1B	90＞Ra≥80	暖	住宅、旅馆、餐厅	
		中间	商店、办公室、学校、医院、印刷、油漆和纺织业	
		冷	视觉费力的工业生产	
2	80＞Ra≥60	暖	工业生产	办公室、学校
		中间		
		冷		
3	60＞Ra≥40		粗加工工业	工业生产
4	40＞Ra≥20			粗加工工业、显色性要求低的工业生产、库房

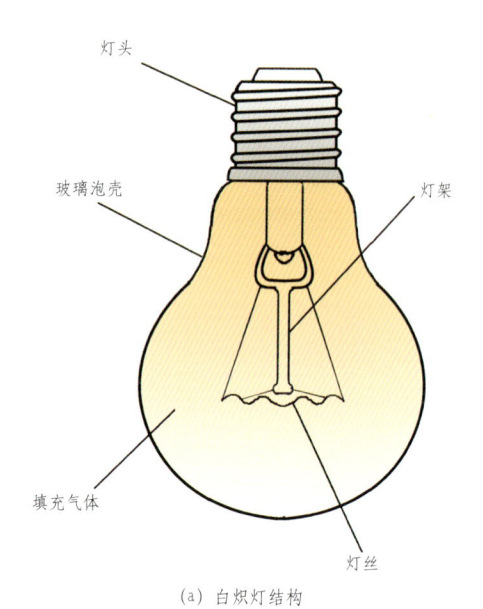

(GB 50034-2004)对各类建筑的不同房间和场所都规定了Ra值。

色表：光源的色表是指其表观颜色，它和光源的显色性是两个不同的概念。

寿命：是电光源的重要性能指标，用燃点小时数表示，可分为平均寿命和有效寿命两种。一般光通量较小的光源用平均寿命作为其指标，如卤钨灯。荧光灯一般采用有效寿命作为其寿命指标。

启燃与再启燃时间：电光源启燃时间是指光源接通电源到光源达到额定光通量输出所需的时间。热辐射光源的启燃时间一般不足1秒，可认为是瞬时启燃的；气体放电光源的启燃时间从几秒钟到几分钟不等，取决于光源的种类。

电光源的再启燃时间是指正常工作着的光源熄灭后再将其点燃所需要的时间。大部分高压气体放电光源的再启燃时间比启燃时间更长，这是因为再启燃时要求这种光源冷却到一定的温度后才能正常启燃，即增加了冷却所需要的时间。

电光源的启燃和再启燃时间影响着光源的应用范围。例如频繁开关光源的场所一般不用启燃和再启燃时间长的光源，且启燃次数对光源寿命的影响很大。应急照明用的光源一般应选用瞬时启燃或启燃时间短的电光源。

（一）热辐射光源

1. 白炽灯

普通的白炽灯是最早出现的电光源，属于第一代光源，已经有一百多年的历史。白炽灯的发光是由于电流通过钨丝时，灯丝热至白炽化而发光的。为了提高灯丝温度，防止钨丝氧化燃烧，以便发出更多的可见光，提高其发光效率，增加灯的使用寿命，一般将灯泡内抽成真空或充以氩气等惰性气体。

白炽灯的结构主要是由玻璃泡壳、灯丝、灯头和填充气体组成（图2-36）。外壳可以是透明的、磨砂的，或者为反射涂层。有些装饰用彩色白炽灯泡壳内表面或外表面涂彩色颜料，或者涂上磁釉材料后烘烤而成。白炽灯的泡壳外形多为梨形和蘑菇形，除此之外还有球形和椒形。

由于传统白炽灯在物理尺寸、光效和经济寿命上的缺陷，它的应用在某种程度上受到了限制。白炽灯的光效一般在20 lm/W以下，只有10%～50%的电能转换成

(a) 白炽灯结构

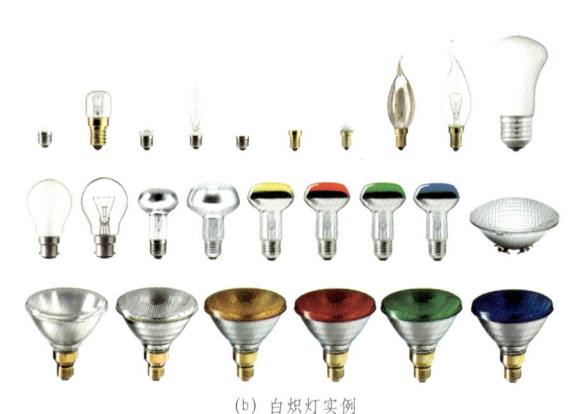

(b) 白炽灯实例

(c) 白炽灯应用于卧室中，光线柔和优美，让人感觉温馨

图2-36 白炽灯

光能,其余都作为热散发掉。白炽灯色温偏暖,范围在2500 K~3000 K,平均寿命一般为750 h~2000 h。但由于白炽灯的全光谱特性,其显色指数可达100。当对白炽灯进行调光时,色温会下降,不过调光会延长白炽灯的寿命。频繁开关对其寿命影响不是太大。除此之外,价格低廉也是白炽灯能长期存在,且使用数量巨大的原因之一。

白炽灯根据结构的不同,又可分为普通照明用白炽灯、反射型白炽灯、聚光灯、反光灯等。

(1) 普通照明用白炽灯

主要用于家庭、餐厅等场所,是白炽灯中消费量最大的一类光源。普通照明用白炽灯色温较低,色调温暖,显色性好,给人以温馨舒适的感觉。近年来逐渐采用内磨砂灯泡和静电涂白灯泡代替透明玻壳灯泡,磨砂或涂白灯泡可以减少眩光,提高照明环境的舒适性。在一些更换灯泡困难、换灯费用比较高的场所可采用长寿命白炽灯,这种灯发光效率下降约15%,而寿命从1000 h增加到了2000 h。

(2) 反射型白炽灯

通过玻壳内表面的铝反射镜面将光线集中于一定的方向,用于商店橱窗照明、物品展示照明等。反射型灯分为R型和PAR型,R型反射灯的玻璃壳为一次性吹制成型。PAR反射型灯(简称PAR灯)的玻璃壳分为反射器和透镜两部分,分别由玻璃模具压制成型,然后熔封成一体,PAR灯的光束角精确,可以制成宽光束、中光束、窄光束反射灯泡以满足不同的照明要求。

(3) 聚光灯、反光灯

灯泡的灯丝结构紧凑、位置精确,发光强度高。当灯泡与灯具配合使用时,发光体准确地处于反射器或透镜的焦点,从而获得精确的定向光束,适用于舞台演出、电视录像、电影拍摄、体育比赛及广告照明等。

2. 卤钨灯

卤钨灯是在硬质玻璃或石英玻璃制成的白炽灯泡或灯管内充入少量卤化物,利用卤钨循环原理(在适当的温度条件下,从灯丝蒸发出来的钨在泡壁区域内与卤素反应),形成挥发性的卤钨化合物。

卤钨灯保持了白炽灯的优点的同时,它的体积更小、功率集中,其寿命更长达1500 h~2000 h,卤钨灯的光效为10 lm/W~30 lm/W,为普通白炽灯的2倍。卤钨灯的色温(2800 K~3000 K)与普通白炽灯相比,光色更白一些,色调也稍冷一些,显色性很好,一般显色指数Ra为100,特别适合于舞台照明及剧场、画室,摄影棚等的照明(图2-37)。在使用卤钨灯的时候,需要注意保持灯泡清洁,不可用裸手和油污物接触石英管,使用前可用酒精擦拭灯泡玻璃壳。

(a) 商品空间的展示照明

(b) 住宅空间的重点照明

(c) 舞台空间的效果照明

图2-37 卤钨灯的应用

图2-38 双端卤钨灯

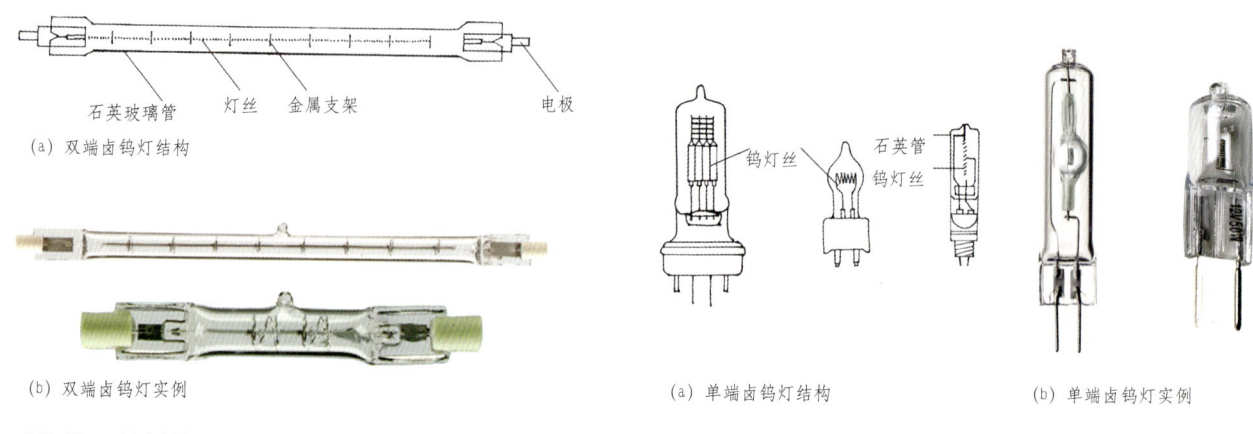

图2-39 单端卤钨灯

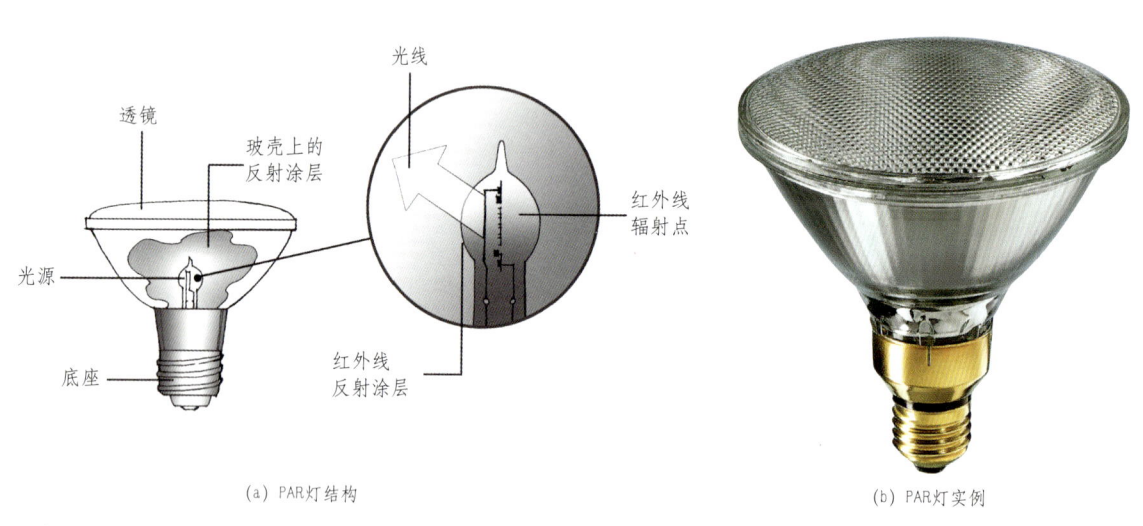

图2-40 PAR灯

卤钨灯种类较多，主要有普通照明管型卤钨灯、紧凑型双端卤钨灯、单端卤钨灯、PAR型卤钨灯、介质膜冷反光杯卤钨灯等。

(1) 普通照明管型卤钨灯

灯管两端各有一个灯头，故又称为双端管型卤钨灯（图2-38）。使用时灯管应当水平安装，倾斜度不大于±4°，否则灯内卤素可能分层而造成灯管局部发黑。另一种称为紧凑型双端卤钨灯，其灯丝和玻璃管长度都比较短，玻璃壳直径相对较大，功率45 W~2000 W。管形卤钨灯多用于泛光照明。

(2) 单端卤钨灯

功率50 kW~10 kW，单端供电，结构紧凑（图2-39），便于配光，用于聚光或泛光照明，特别适用于电影、电视、舞台、剧场照明及展示照明等。

(3) PAR型卤钨灯

把紧凑型双端或单端卤钨灯泡安装在PAR反射型玻璃壳内，并充入氮气密封而成（图2-40）。PAR型卤钨灯功率为500 W~1000 W，灯泡寿命长，发光效率高，光通维持率高，光束角精确，可以设计为窄光束、中光束或宽光束以满足不同的照明目的。

(4) 介质膜冷反光杯卤钨灯

发光体是一个花生米大小的单端卤钨灯泡（图2-41），电压12 V，功率20 W~75 W。反射杯用玻璃压制而成，表面由许多四方形或六角形小平面组成，再

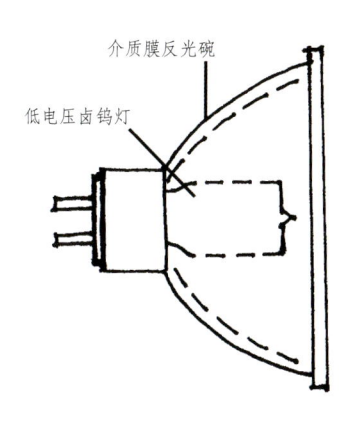

(a) 介质膜冷反光杯卤钨灯结构

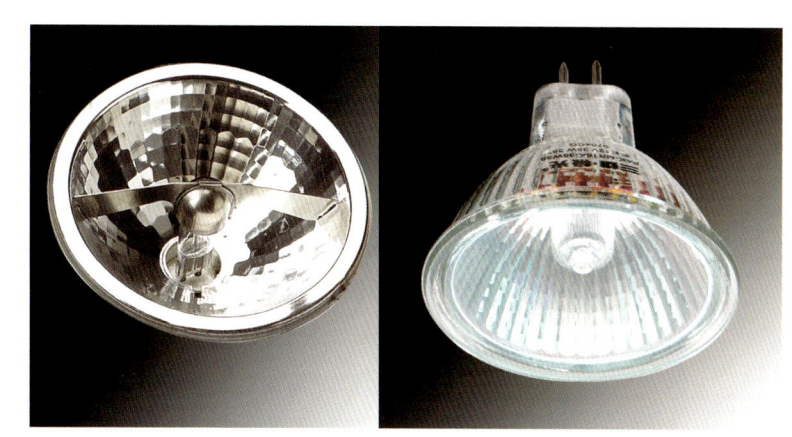

(b) 介质膜冷反光杯卤钨灯实例

图2-41 介质膜冷反光杯卤钨灯结构

用真空镀膜技术涂介质反射膜。介质反射膜可以反射90%以上的可见光，而滤除65%以上的红外线，因此灯的前方光强高而温度低，故称冷反光杯卤钨灯。普通照明用冷反光杯灯的直径分为φ50 mm（MR-16灯泡）和φ35 mm（MR-11灯泡）两种，广泛用于商业照明、艺术画廊照明、博物馆照明等。为了防止紫外射线对被照物品的损伤（褪色或老化），MR-16、MR-11灯泡的内胆采用防紫外线石英管制造，并且还可以在反光杯前面增加玻璃盖进一步滤除残留的紫外射线。

（二）气体放电光源

1. 荧光灯

荧光灯是在室内照明中应用最广泛的气体放电光源。与白炽灯相比较，具有发光效率高（为白炽灯的4倍~5倍）、发光表面亮度低、光色好、显色性好、寿命较长（为白炽灯的3倍~8倍）、品种多、灯管表面温度低等明显的优点。所以，在大部分的室内照明工程中取代了白炽灯。荧光灯也存在不足，例如点燃迟、造价高、功率因数低、受环境温度的影响大等。

荧光灯属于一种低压汞蒸气放电灯，在其玻璃管内涂有荧光材料，将放电过程中的紫外线辐射转化为可见光（图2-42）。标准荧光灯不可缺少的重要配件是镇流器和启辉器，它们起着启动放电、限制和控制灯管电流的作用，避免灯管频闪（图2-43）。

(a) 直管型荧光灯结构

图2-42 荧光灯　　(b) 荧光灯分类

图2-43 镇流器和启辉器

荧光灯按其形状分为直管形和异形两种。根据灯管的直径不同，直管荧光灯有φ38 mm（T12）、φ26 mm（T8）、φ16 mm（T5）等几种（图2-44）。荧光灯可以有多种色温的选择，从暖白色（2900 K）到日光色（6500 K），光效可以达到70 lm/W～104 lm/W，显色性在51～98之间。

紧凑型荧光灯是灯管使用10 mm～16 mm的细玻璃管弯曲成非常紧凑的形状，俗称节能灯（图2-45）。由于它具有光效高（是普通白炽灯泡的5倍）、节能效果明显（比白炽灯节电80%）（表2-8）、寿命长（>8000 h，是白炽灯的3～10倍）、体积小、使用方便等优点，可广泛替代过去沿袭多年使用的传统白炽灯。紧凑型荧光灯的显色指数都普遍较高，在82左右。色温有2700 K、3000 K、3500 K、4100 K和5000 K等几种。频繁开关对其寿命的影响较大，环境温度和点灯位置对它的光输出会有一定的影响，达到最大光输出的最佳环境温度为25℃。

2. 金卤灯

金属卤化物灯（简称金卤灯）是气体放电灯中广泛使用的一类光源。其灯泡构造（图2-46）是由一个透明的玻璃外壳和一根耐高温的石英玻璃放电内管组成。在汞蒸气放电管中加入一些金属卤化物，放电时除了高压汞蒸气谱线外，还能产生其他各种颜色的光谱，其外观的光色呈白色，色温在2900 K～5200 K，从而改善了光的显色性和光效。

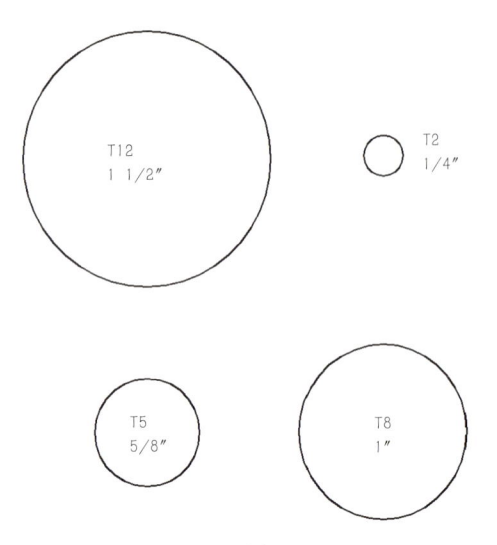

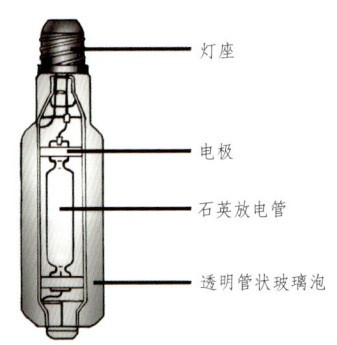

图2-44 不同管径的荧光灯

图2-45 紧凑型荧光灯

（a）金卤灯结构

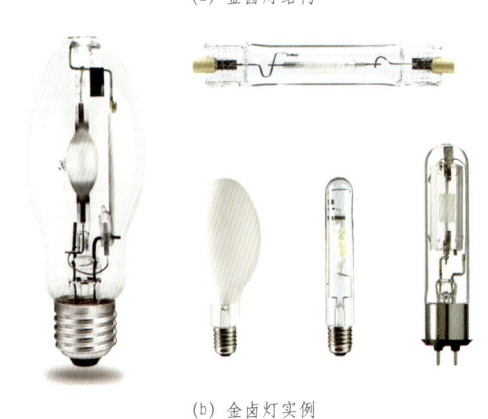

（b）金卤灯实例

图2-46 金卤灯

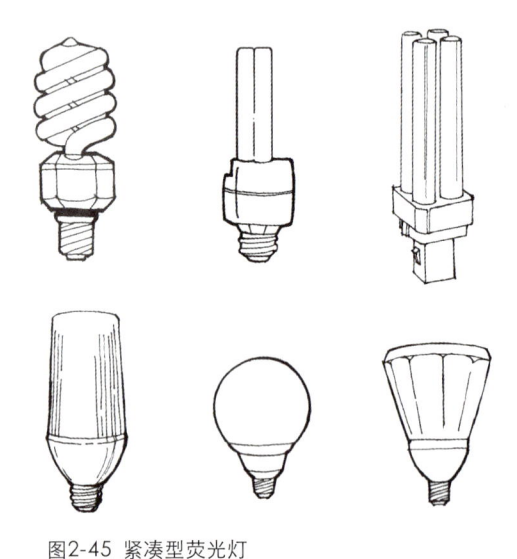

表2-8 紧凑型荧光灯代替白炽灯关系

紧凑型荧光灯功率（W）	替代白炽灯功率（W）
6	25
9	40
11	60
13	60
15	75
18	75
20	100
23	120

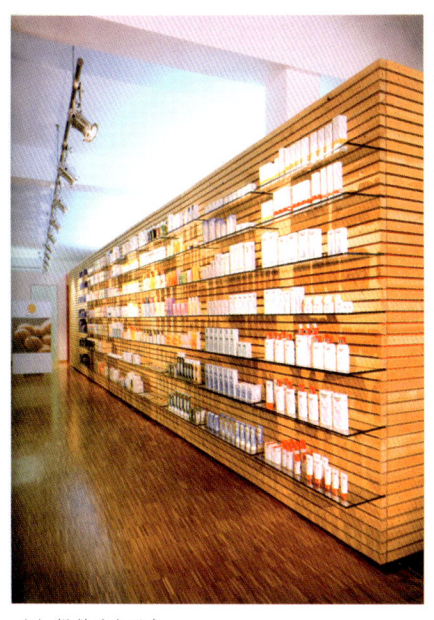

(a) 提供垂直照度　　　　　　　　(b) 提供水平照度　　　　　　　　(c) 提供结构柱的垂直照度

图2-47 金卤灯的应用

金卤灯可分为紧凑型金卤灯、陶瓷金卤灯和大中功率金卤灯。根据结构的封装，光源外形可以有管型、椭球型及紧凑型；插头可以是单端或双端；其使用寿命可达12000 h～20000 h。通常来讲，金卤灯的光效较高，其范围在56 lm/W～110 lm/W。大多数这种光源启动后4 min～6 min才能达到正常光通。金卤灯显色性能优良，但光色的一致性和稳定性较差。陶瓷金卤灯显色性和色差都有了很大改进，广泛用于运动场所照明、建筑物与纪念碑的外观照明及其他大面积的照明，如港口、码头等。由于现代室内商业照明需要高质量，真实地展示商品颜色、质地等特性，小功率陶瓷金卤灯成为一种较为理想的室内商业照明光源，并可替代节能灯或荧光灯（图2-47）。

金卤灯与荧光灯一样，必须配备有镇流器才能启动和使用。金卤灯启动后4 min～6 min才能达到光电参数基本稳定，而完全达到稳定则需要15min左右。在关闭或熄灭后，须等待10 min左右才能再次启动，这是由于灯工作时温度很高，放电管压力很高，启动电压升高，只有待灯冷却到一定程度后才能再启动。因此金卤灯不适合在应急照明和频繁"开启——关闭"的场合使用，并且频繁启动将明显缩短灯泡寿命。

3. 钠灯

钠灯是利用钠蒸气放电的气体放电灯的总称。该类光源光线柔和，发光效率高，主要包括低压钠灯和高压钠灯两大类（图2-48）。

(a) 高压钠灯　　(b) 低压钠灯

图2-48 钠灯

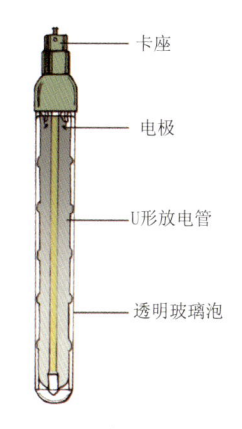

图2-49 低压钠灯结构（卡座、电极、U形放电管、透明玻璃泡）

低压钠灯：光色呈现橙黄色。其光视效能极高，一般光效可达75 lm/W，先进水平可达100 lm/W～150 lm/W。一个90 W的钠灯光通量为12500 lm，相当于4个40 W的日光灯，或一个750 W的白炽灯，或一个250W高压汞灯的效果（图2-49）。

低压钠灯色温很低，显色性非常差，因此只能用在辨色要求不高的地方。但是正因为低压钠灯所发光的单色性，在潮湿多雾情况下的色散现象很少，透视性能良好，能够比较清晰分辨潮湿地区被照物体的轮廓。低压钠灯的启动电压高，从启动到稳定需要10 min～13 min，即可达到光通量最大值。低压钠灯一般应水平安装，这样钠分布均匀，光视效能高。

高压钠灯：虽然都是由钠蒸气放电而产生发光现象，但与低压钠灯相比，高压钠灯工作时所需的温度和压力都很高。光源启动到达完全光通量需要10 min左右（图2-50）。

高压钠灯是目前使用最广泛的光源之一。根据其金黄的光色外观，很容易与其他气体放电灯区别开来。标准型高压钠灯显色性并不好，通常只有20～30，色温在1900 K～2100 K，光效为110 lm/W～150 lm/W，平均寿命在16000 h～30000 h。由于其光效高、寿命长，广泛地用于街道、公路、车站、码头、机场、工厂、仓库照明及建筑物景观照明，是一种非常重要的节能光源（图2-51）。

4. 汞灯

汞灯是上世纪发展最早的气体放电灯。它是由带有荧光涂层的椭圆形充气玻璃泡壳与充有汞蒸气的石英放电管组成，属高压汞蒸气放电灯（图2-52）。

它的特点是光效不高（37 lm/W～56 lm/W），寿命长（有效寿命在8000 h～10000 h）。汞灯的主要辐射光谱在紫外光、蓝光、绿光、黄光区域，导致了此光源较差的显色性能，呈现的颜色外观为冷蓝白色光。该灯可用于街道、广场、码头等户外照明，但现在实际使用的越来越少。特殊类型的高压汞灯如用紫黑玻璃滤除可见光，用于夜总会的舞厅照明中。

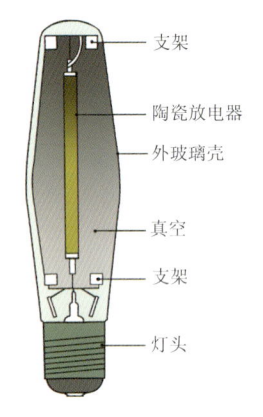

图2-50 高压钠灯结构

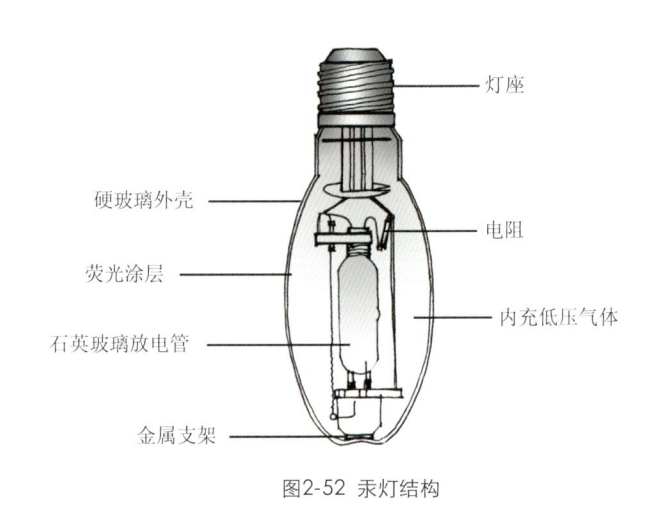

图2-52 汞灯结构

(a) 道路照明　　(b) 隧道照明

图2-51 高压钠灯的应用

5. 霓虹灯

霓虹灯是一种冷阴极辉光放电管，其辐射光谱具有极强的穿透大气的能力，色彩鲜艳、绚丽多姿，发光效率明显优于普通白炽灯，其寿命可达20000 h～30000 h。

霓虹灯工作时必须配以霓虹灯变压器，将220 V交流市电升高至15000 V，使气体放电而发出艳丽的光辉，有红、黄、绿、橙、蓝、白、粉红等多达十几种颜色可供选择。霓虹灯由于亮度高、颜色鲜艳，且线条结构表现力丰富，可以加工弯制成任何几何形状，满足设计要求，是户外招牌、广告使用最多的电光源（图2-53、图2-54），同时也大量用于酒店、餐厅、歌舞厅作为室内装饰灯具。

6. 激光

激光是一种特种光源，具有单色性好、相干性好、方向性强和光强大等特点。能产生激光的器件称为激光器，又称为激光灯或镭射灯，它能产生细窄、艳丽及平行直进的光束。激光束在充入特殊气体的玻璃管中产生，通常低功率激光器充入氯气和氖气（发红光），高功率激光器充入氩气（发绿光）或氪气（发蓝绿光），新型的双气体激光器可以转换发出不同的光色。利用不同的反射镜，可使激光束在空中转折反射而汇合成一片交织的立体光网；或在空中扫成片状的光板、立体的光锥、隧道等，再加上计算机及其他光学系统，可以使激光点在银幕、烟幕、水幕或云层中显现文字、商标和彩色图案等。大型歌舞晚会、舞会、节日庆典及商业宣传等都可应用激光、配合音乐节拍来制造特殊视觉效果，但价格比较昂贵（图2-55）。

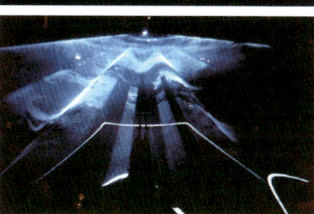

图2-55 激光照明艺术

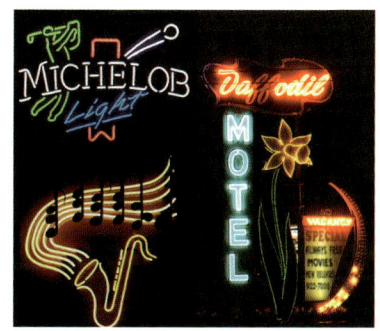

图2-53 霓虹灯招牌与广告

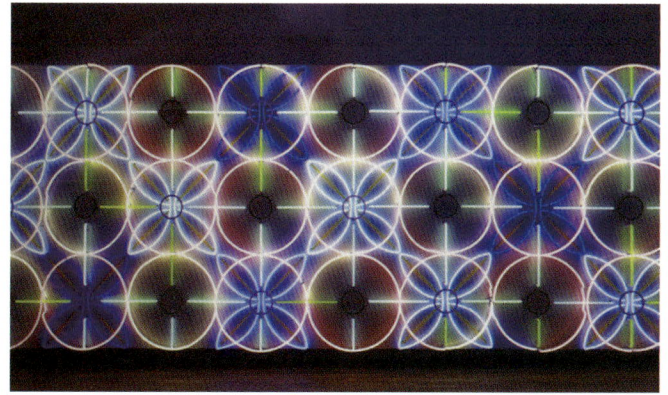

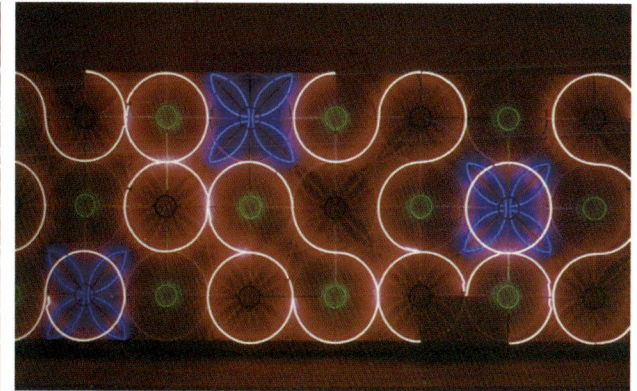

图2-54 丹麦设计师奥斯特丽德·克罗格2004年为丹麦国会设计的霓虹墙纸，由256个霓虹灯管组成十种不同的图案，每隔45秒就会如万花筒般变换色彩和图案

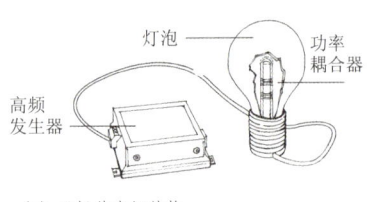

(a) 无极荧光灯结构 （标注：高频发生器、灯泡、功率耦合器）

(b) 无极荧光灯实例

图2-56 无极荧光灯

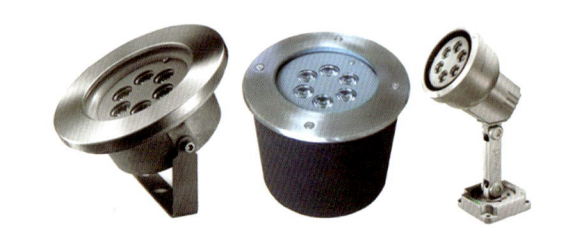

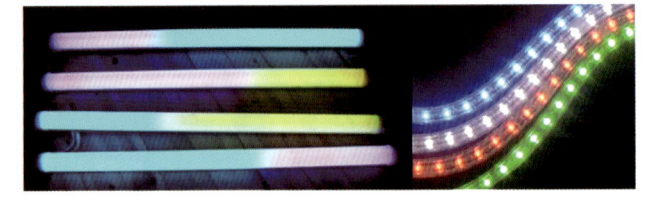

图2-57 LED灯具

图2-58 LED在景观照明中的应用

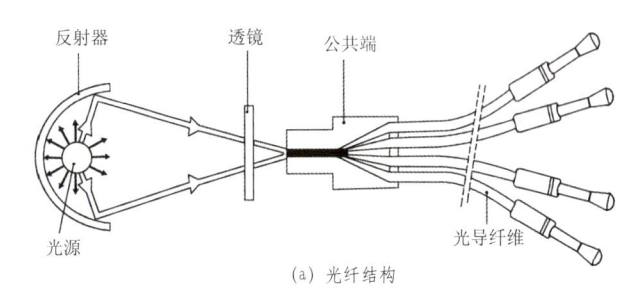

(a) 光纤结构 （标注：反射器、透镜、公共端、光源、光导纤维）

(b) 光纤实例

图2-59 光纤

（三）其他光源

1. 无极荧光灯

无极荧光灯利用高频电磁场激发放电腔内的低气压汞蒸气和惰性气体放电产生紫外线，紫外线再激发放电腔内壁上的荧光粉而发出可见光（图2-56）。无极灯可以瞬时启动，关灯后可以立即重新启动。

由于无极灯的放电腔内不需要电极，其寿命主要取决于高频电路的寿命，因此无极荧光灯寿命非常长。其显色指数大于80，光色柔和，呈现被照物体的自然色泽。此外无极荧光灯工作频率很高，不会产生频闪现象，不会造成眼睛疲劳，保护眼睛健康。无极灯与白炽灯相比，节能达75%左右，85 W的高频无极灯的光通量与450 W白炽灯光通量大致相当。

无极荧光灯主要用于工厂车间、很高的厂房、运动场、隧道、交通复杂地带、城市泛光照明和景观绿化照明等，特别适用于高危和换灯困难且维护费用昂贵的场所，如桥梁、塔、高层建筑屋顶、广告及标识。

2. 微波硫灯

微波硫灯使用2450 MHz微波来激发石英泡壳内的发光物质硫，从而产生连续光谱可见光。它是一种高效节能、长寿命、光色好、污染小的全新发光机理的新型节能光源。硫灯的优点在于接近电光源的小发光体，高光通量维持率，易于配光，尤其便于使用导光管，使光线分布更均匀，传输距离更远。由于没有灯丝与电极，保证了更长的寿命，降低了维护成本。其光色可与太阳光媲美。由于极少的紫外线与红外线污染，促使了照明技术的再次飞跃，对环保的贡献卓越，属绿色照明产品。

3. 发光二极管（LED）

发光二极管（LED）是一种半导体光源，具有光效高、低功耗、维护成本低、尺寸小、抗冲击和抗震能力强，点光源发光特性、无红外线和紫外线辐射、热量低等明显优势，因此在城市照明中发挥着越来越大的作用，广泛应用于广告、标识、建筑物轮廓勾边、装饰用变色发光等场合（图2-57、图2-58）。

4. 光纤

光纤照明是由光源、集光器、光导纤维和配光器四要素构成的组合照明系统（图2-59）。

（1）光源：光纤照明的光源应当是"点光源"，点光源的光易于光学控制，通过集光器可以最大限度地把

(a) 用于地面和顶棚，营造繁星点点的效果

(b) 用于展品的照明，有效保护藏品

(c) 用于大厅的装饰性吊灯照明，美观大方

图2-60 光纤照明艺术

光聚焦到光导纤维的端点。

（2）集光器：集光器将光源发出的光通过反射器、透镜聚焦至光导纤维的端头。

（3）光导纤维：光导纤维通常由光纤芯及内外保护层三部分构成，光线在芯中传送，内外保护层把光限定在光纤中，防止内外光干扰又保护了光纤。

（4）配光器：光导纤维末端的光线可以直接照射到被照物体，但是通常在光纤末端安装各种不同的反射器、透镜、散射体、滤光片而获得所需的照明效果。配光器相当于灯泡的灯具。

通过滤光装置，光纤照明可以获得所需要的各种颜色的光，且发出的光都是无红外线和紫外线的冷光，适合一些有特殊要求的物品照明，例如文物古迹等。因此广泛应用于建筑物外轮廓和立面照明、水下照明、娱乐场所照明和装饰照明。博物馆内对温湿度及紫外线、红外线有特殊控制要求的丝织品文物、绘画印刷品文物的局部照明，也采用光纤照明系统（图2-60）。

二、灯具

照明灯具对节约能源、保护环境和提高照明质量具有重要作用。根据CIE（国际照明委员会）的定义，灯具是透光、分配和改变光源光分布的器具，包括除光源外所有用于固定和保护光源所需的全部零部件以及与电源连接所必需的线路附件。

（一）灯具光学特性

1. 灯具主要部件

构成灯具的主要部件有灯体、控制装置、反射器和漫射器，它们分别起着各自不同的作用。了解灯具构造，对灯具的正确选型很有帮助。

（1）灯体

这是构成灯具的基本部分，主要是用于光源的安装，可以分为几种类型：①室内或室外区域；②表面或嵌入式安装；③悬挂式或轨道式；④墙面、支架或灯柱；⑤开启或封闭；⑥一般环境还是危险环境使用。

（2）控制装置

不同种类的光源应配合不同的控制装置，可以分为以下类型：①不带附件的常规白炽灯；②卤素灯或带变频装置的低压卤素灯；③荧光灯，配有镇流器、电容器和启辉器，或者电子整流器设备；④气体放电灯，配有镇流器、电容器和触发器，或电子触发控制设备。

（3）反射器

安装在灯具内的特殊表面装置，主要功能是将光通定向。根据发出光线的方式，光辐射可以是：①对称的（一个轴或两个轴）或非对称的；②宽光束或窄光束。

（4）漫射器

这里主要是指灯具发光的表面覆盖材料。常见的类型有：①乳白玻璃（白色）或棱镜玻璃（透明的）；②薄片或网状的（直接影响到遮光角的大小）；③镜面或非镜面的。

2. 配光曲线

任何光源或灯具一旦处于工作状态，就必然向周围空间透射光通量，把灯具各方向的发光强度在三维空间里用矢量表示出来，把矢量的终端连接起来，则构成一封闭的光强体。当光强体被通过轴线的平面切割时，在平面上获得一封闭的交线。此交线以极坐标的形式绘制在平面图上，就是灯具的配光曲线（图2-61）。

3. 灯具表面亮度和遮光角

灯具的表面亮度是进行照明质量评价的一项重要指标，灯具在某个特定方向的亮度可以从灯具光强分布中得到。过高的灯具表面亮度会使人们感到强烈的眩光，令视觉不舒适。

遮光角是指灯罩边沿和发光体边沿的连线与水平线所成的夹角γ（图2-62）。当人眼水平观看目标时，如果灯具与人眼的连线和水平线的夹角小于遮光角时，则看不见高亮度的光源；如果灯具位置提高，与视线所形成的夹角大于遮光角时，虽可见光源，但眩光作用已经减小。

遮光角越大，虽防眩光效果好，但光的出射率变小，即灯具的效率随之降低，造成能源效率的降低；反之，则可节约能源。

4. 灯具效率

灯具的效率也称光输出比例。灯具内光源所发出的光，有一部分会被灯具本身所吸收，影响光的整体输出。为此，我们以灯具实际发出的光通量占其光源所发出的光通量之比，表示灯具效率（%）。表2-9给出了一些灯具的灯具效率。

5. 利用系数

灯具的利用系数是指投射到参考平面上的光通量与照明装置中的光源的额定光通量之比。一般情况下，灯具固有利用系数（达到工作面或规定的参考平面上的光通量与灯具发出的光通量之比）与灯具效率的乘积，称为灯具的利用系数。与灯具效率相比，灯具的利用系数反映的是光源光通量最终在工作面上的利用程度。

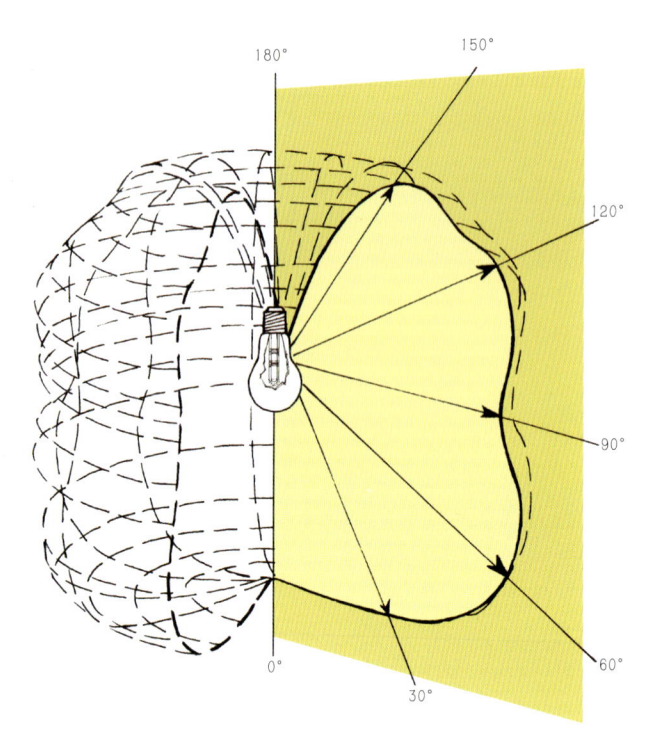

图2-61 配光曲线

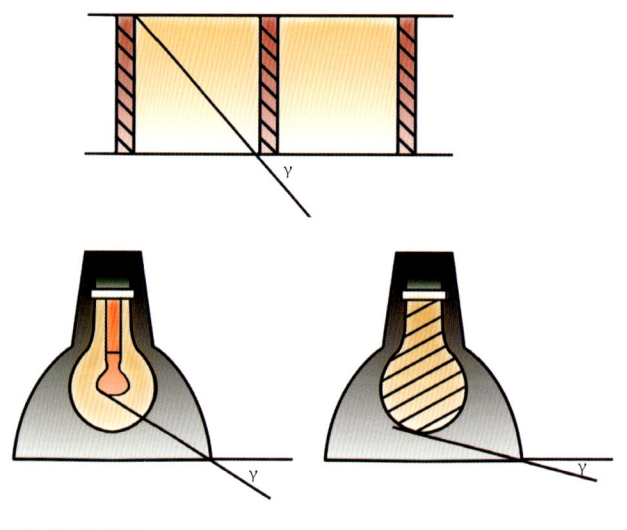

图2-62 遮光角

表2-9 灯具效率

灯具出光口形式	荧光灯灯具				高强度气体放电灯灯具	
	开敞式	保护罩（玻璃或塑料）		格栅	开敞式	格栅或透光罩
		透明	磨砂、棱镜			
灯具效率（%）	75	65	55	60	75	60

6. 最大允许距高比

灯具的距高比是指灯具布置的间距（d）与灯具悬挂高度（指灯具与工作面之间的垂直距离h）之比（图2-63），该比值越小，则照度均匀度越好，但会导致灯具数量、耗电量和投资增加；该比值越大，照度均匀度有可能得不到保证。在均匀布置灯具的条件下，保证室内工作面上有一定均匀度的照明时，灯具间的最大安装距离与灯具安装高度之比，称为最大允许距高比。

（二）灯具分类

1. 根据使用的光源分类

按灯具所使用的光源分类有白炽灯灯具、荧光灯灯具、高强度气体放电灯灯具等，其分类和选型列表见表2-10。

2. 根据灯具的配光性能分类

根据CIE（国际照明委员会）的分类，按灯具在上下半球空间的光通量的比例分为五类：直接型、半直接型、全漫射（直接-间接型）、半间接型和间接型（图2-64）。五类灯具的光通量分配比例见表2-11。

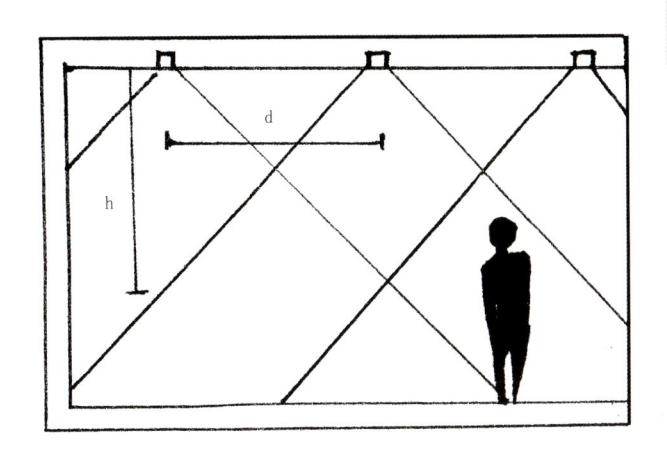

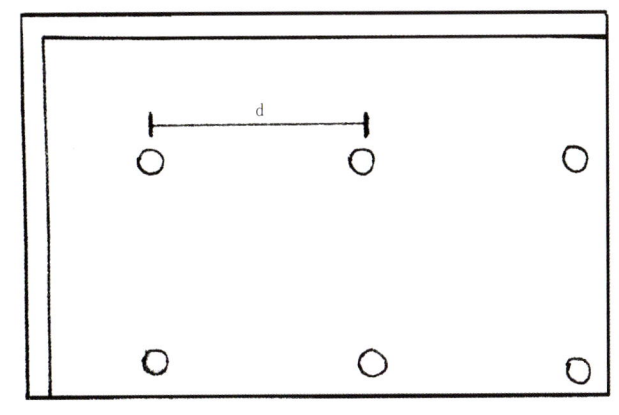

图2-63 距高比

表2-10 按灯具使用的光源分类和选型

分类 性能	白炽灯	荧光灯	高强气体放电灯
配光控制	容易	难	较易
眩光控制	较易	易	较难
显色性	优	良	差（金卤灯、显改钠灯除外）
调光	容易	较难	难
适用场所	因光效低和发热量大，不适用于要求高照度的场所，适用于局部照明、照度要求低的场所、开关频繁场所、要求暖色调的场所以及装饰照明	用于顶棚高度5m~6m以下的低顶棚公共建筑场所，如商店、办公楼、学校教室	用于顶棚高度大于5m~6m的公共和工业建筑

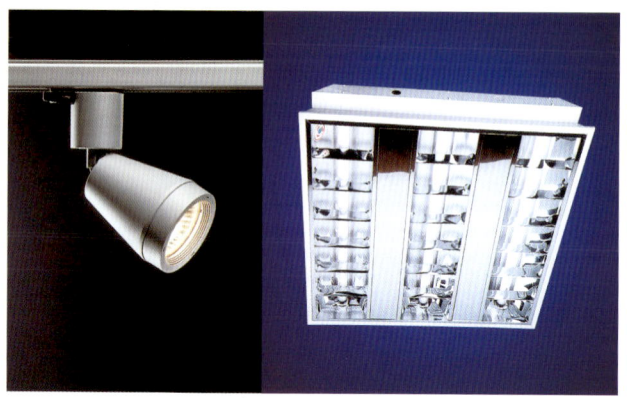

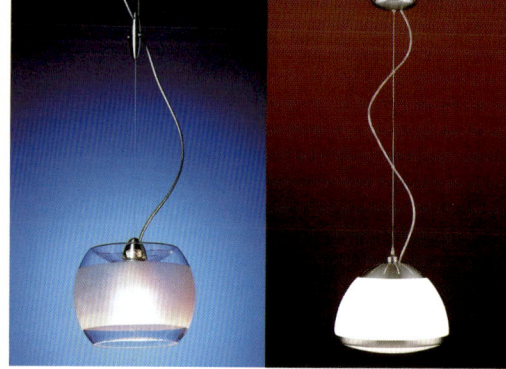

(a) 直接型灯具

(b) 半直接型灯具

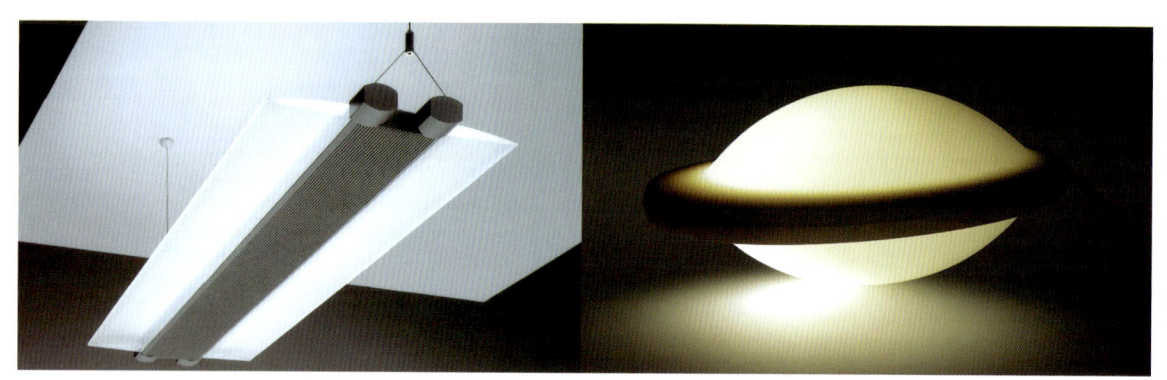

(c) 直接—间接型灯具

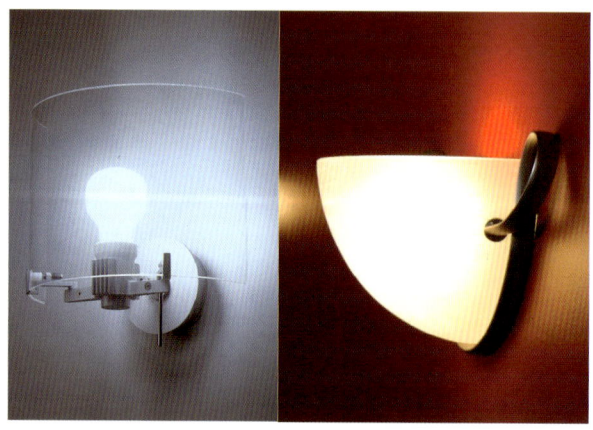

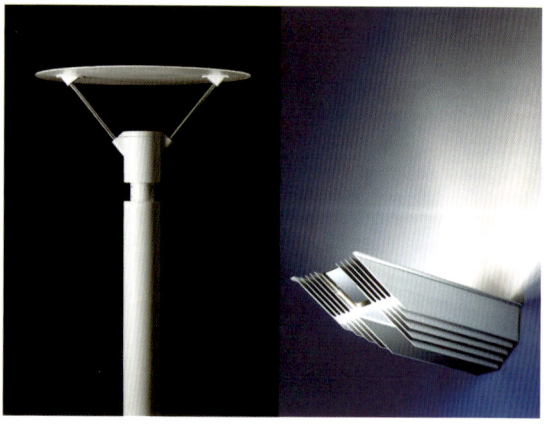

(d) 半间接型灯具

(e) 间接型灯具

图2-64 灯具按配光性能分类

表2-11 按灯具的配光分类和选型

光通量分布	直接型	半直接型	全漫射型	半间接型	间接型
上半球光通量（%）	0~10	10~40	40~60	60~90	90~100
下半球光通量（%）	100~90	90~60	60~40	40~10	10~0
典型配光曲线					
光照特性	• 有窄、中、宽多种配光 • 光通量集中在下半球 • 光通量利用率高 • 易获得局部高照度 • 灯具投资少 • 维护费用少 • 室内表面反射比对照度影响小 • 顶棚暗 • 室内表面亮度对比大 • 窄配光时，垂直照度低 • 立体感效果差	• 下半球光通量多于上半球光，有直接照明特点 • 顶棚较暗 • 直接照明时稍亮，改善明暗对比，眩光少 • 空间光线柔和 • 无明显阴影	• 上下半球的光通量大致相同，具有直接照明或间接照明的特点 • 空间的明亮效果好 • 直接眩光少 • 无阴影 • 光线柔和 光通量利用率中等 投资和维护费用中等	• 向下光少，光通量利用率较低 • 照明光线均匀柔和 • 无明显阴影 • 光通量利用率低 • 设备投资高 • 不便于维护	• 绝大部分光射向上半球，通过顶棚将光反射到室空间
适用场所	• 适用于房间的一般照明 • 窄配光适用于高大（大于6m）的工业厂房 • 局部照明	• 因大部分光供下面的作业照明，同时上射少量的光，从而减轻了眩光，是最实用的均匀作业照明灯具，广泛用于高级会议室，办公室 • 适用于有一定环境气氛的公共建筑照明	• 适用于非工作场所非均匀环境照明，灯具安装在工作区附近，照亮墙的最上部，适合厨房同局部作业照明结合使用	• 适用于不太注重经济效果和照度要求不高，以环境气氛照明为主的场所，如某些居住和公共建筑	• 目的在于显示顶棚图案、高度为2.8m~5m非工作场所的照明，或者用于高度为2.8m~3.6m，视觉作业涉及反光纸张、反光墨水的精细作业场所的照明

图2-65 灯具安装方式分类

表2-12 灯具的安装方式分类、特征及适用场所

安装方式	吸顶式灯具	嵌入式灯具	悬吊式灯具	壁式灯具
特征	• 顶棚较亮 • 房间明亮 • 眩光可控制 • 光利用率高 • 易于安装和维护 • 费用低	• 与吊顶系统组合在一起 • 眩光可控制 • 光利用率较吸顶式低 • 顶棚与灯具的亮度对比大 • 顶棚暗 • 费用高	• 光利用率高 • 易于安装和维护 • 费用低 • 顶棚有时出现暗区	• 照亮壁面 • 易于安装和维护 • 安装高度低 • 易形成眩光
适用场所	适用于低顶棚照明场所	适用于低顶棚但要求眩光小的照明场所	适用于顶棚较高的照明场所	适用于装饰照明兼作加强照明和辅助照明用

3. 根据灯具的安装方式分类

主要有吊灯、吸顶灯、壁灯、嵌入式灯具、暗槽灯、台灯、落地灯、发光顶棚、高杆灯、草坪灯等（图2-65），其分类、特征及适用场所见表2-12。

三、作业任务

灯具市场调研分析

1.目的：直观了解并熟悉各种光源的种类、外形、特性、优缺点、主要适用场所及价格、销量等相关信息。将理论讲解与直观感受相结合，进入市场了解照明设计基本材料情况，进行照明设计的知识储备。

2.方法：通过调查、记录、比较和分析，认识和了解各种光源和灯具，分析和总结室内设计中广泛采用的照明器具的相关信息。

3.内容：调查室内设计中常用的几种光源（包括白炽灯、荧光灯、卤钨灯、金卤灯、LED、光纤等）；了解各种光源的参数及其含义（如显色指数、色温、色表、额定电压、光通量等）；了解光源的规格及其含义（如T5荧光灯、T8荧光灯等）；了解灯具种类及使用材质；了解各类光源、灯具及附件的价格等，制作一份详细的调查报告。

第三节 天然光应用设计

阳光是万物生长之源泉。人们喜爱自然光，习惯在天然光下工作、休息和生活，获得心理和生理上的舒适感。同时，对工作的人来说，天然光比人工光照明具有更高的视觉功效。由于天然光是取之不尽、用之不竭、无污染的巨大洁净能源，因此在室内充分利用天然光，还可以起到节约资源和保护环境的作用。

早在20世纪下半叶荧光灯照明和廉价的电力资源成为现实之前，整个建筑史就是一部利用天然光照明的历史。从古罗马的两筒正交相贯穹顶，到19世纪的水晶宫，建筑结构的主要变化，都是反映在更多地获取自然光这一目的上。如古罗马的万神庙（图2-66），在巨大穹顶上设计直径9m的圆洞采光，柯布西耶设计的朗香教堂（图2-67），厚墙上大小不等的八字形窗户。

多变的天然光，特别是直射阳光的光与影，加上阳光的丰富色彩，使之成为建筑艺术造型，表现材料质感，改善室内环境气氛的主要手段。古今不少建筑杰作，如德国议会大厅圆穹采光顶以及现代公共建筑的中庭采光等，在采光功效及光影艺术的创造上都获得巨大成功，并显示出天然光的艺术魅力及采光的优越性（图2-68）。

一、被动式天然采光

被动式天然采光法是通过或利用不同类型的建筑窗户进行采光的方法。这种采光方式的采光量，光的分布及效能主要取决于采光窗的类型，使用这一采光方法的人则处于被动地位，故称被动采光法。

（一）侧窗采光

侧窗采光就是在房间一侧或两侧的墙上开窗采光（图2-69）。

在房屋进深不大或内走廊建筑，仅有一面外墙的房间，一般都是利用单侧窗采光。这种采光方法的特点是窗户构造简单、布置方便、造价较低、采光光线的方向性强，照射立体物件或人貌时可获得良好的光影造型效果。

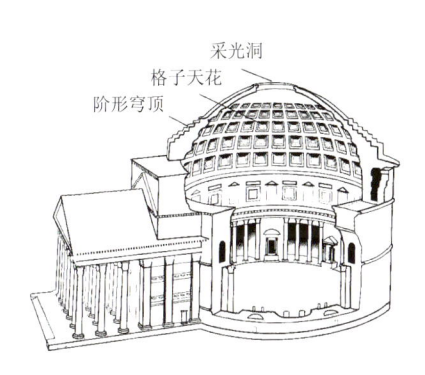

图2-66 罗马万神庙

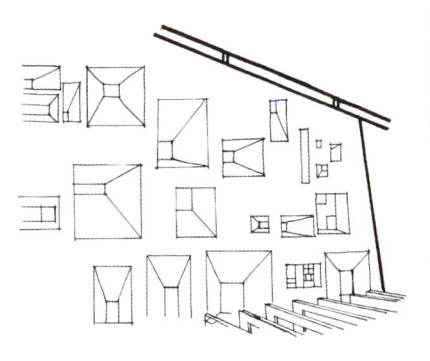

图2-67 朗香教堂

(a) 德国国会大厦采光顶

(b) 纽约古根汉姆博物馆的采光窗

图2-68 现代公共建筑的天然采光

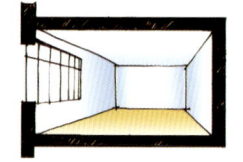

图2-69 侧窗的形式

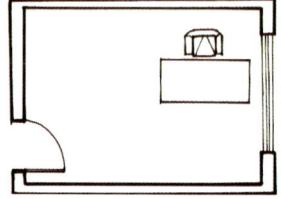

图2-70 单侧窗与工作台的关系

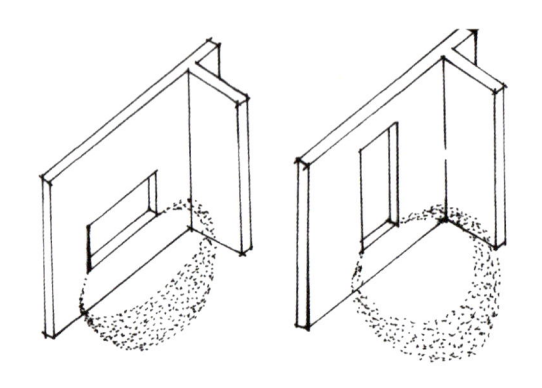

图2-71 不同形状侧窗的光线分布

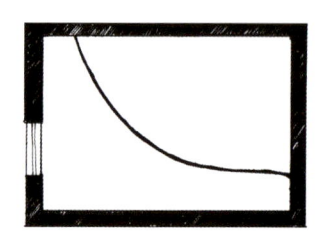

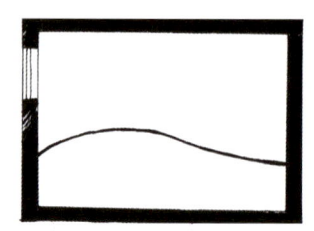

图2-72 侧窗位置对室内采光影响

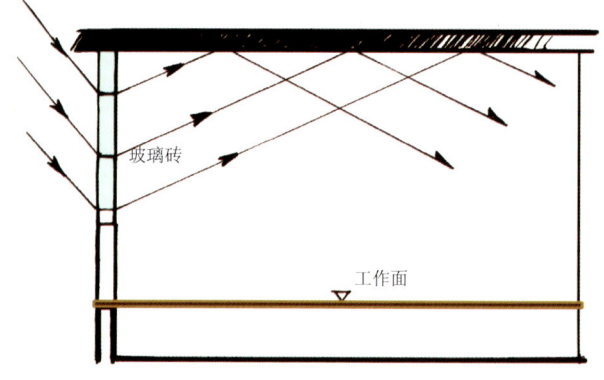

图2-73 利用玻璃砖折射光线增加采光量

当单侧采光房间的工作台与窗面垂直布置时（图2-70），采光可有效地避免光幕反射引起的不舒适眩光，而且工作人员还可通过侧窗直接观赏室外景物，从而扩大视野，调节视力，减轻视觉疲劳。

单侧窗采光的主要问题是采光的纵向均匀度较差，进深大，离窗远的区域往往达不到采光标准的要求。影响纵向采光均匀度的因素，一是窗的形状，高而窄的采光窗比低而宽的采光窗的纵向均匀度好（图2-71）；二是窗位的高低，高侧窗的纵向采光均匀度明显优于低侧窗的采光均匀度（图2-72）。为了使单侧采光具有良好的采光均匀性，房间进深一般不宜超过窗的上框高度的2倍~2.5倍。

改善单侧窗采光纵向均匀度的方法很多，可以利用透光材料本身的反射、扩散和折射性能将光线通过顶棚反射到深大的工作区（图2-73），还可以在窗上设置水平搁板式遮阳板，降低近窗工作区的照度，同时利用遮阳板的上表面及房间顶棚面将光线反射到进深大的工作区（图2-74）。

（二）天窗采光

天窗采光，又称顶部采光。它是在房间或大厅的顶部开窗，将天然光引入室内。由于应用场所不同，天窗的形式也千变万化。

1. 矩形天窗

矩形天窗采光其实质相当于提高窗位的高侧窗采光，见图2-75(a)所示。与其他窗相比，它的采光效能（进光量与窗洞面积比）最低，但不易形成眩光。

影响天窗采光的主要因素：一是天窗的跨度，在一定范围内加大跨度，可提高采光的水平照度及照明的均匀度；二是天窗位置的高低和天窗间距，一般窗越高，

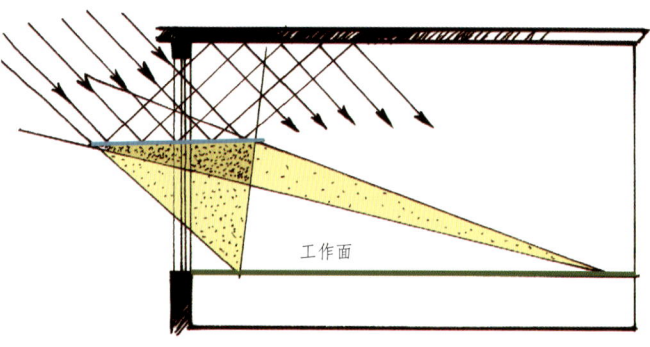

图2-74 水平搁板反光窗

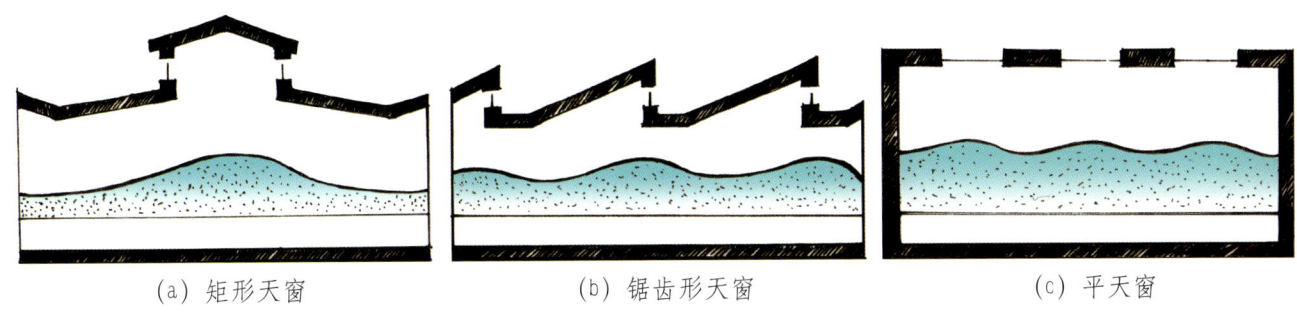

(a) 矩形天窗	(b) 锯齿形天窗	(c) 平天窗

图2-75 天窗

采光的照度越低，但均匀度更好；三是窗子的倾斜度，倾斜角度越大，采光量越多，比如60°倾角的天窗与等面积的垂直矩形天窗的光相比，可提高工作照度40%～60%。但是倾斜天窗构造复杂，容易积尘、积雪，而且直射阳光也较为容易照进室内造成过热或眩光，因此应根据具体情况，合理选择矩形天窗类型。

2. 锯齿形天窗

锯齿形天窗的特征是屋顶倾斜，可充分利用顶棚的反射光，采光效能比一般矩形天窗高，见图2-75(b)所示。当锯齿形天窗的窗口朝向北面天空时，可避免直射阳光射入室内，有利于室内温度的调节；天窗向南时，在窗口应有防止直射眩光的措施，如在窗口加格栅或柔光的窗玻璃等。

这类天窗具有高侧窗的采光效果，加上倾斜面的反光，以致采光的均匀度比高侧窗还要好。为保证室内采光的均匀度，天窗间距应不超过天窗下沿高度的2倍。当天窗口向北时，室内采光均匀稳定，适合在博物馆、展览馆，特别是在美术馆中使用。图2-76是美国北卡罗来纳州艾瑞山市艾瑞山公众图书馆的轴测图，这栋建筑大量采用锯齿形天窗采光。

3. 平天窗

平天窗是在建筑屋面直接开洞，再利用透光材料，如钢化玻璃、透明玻璃钢和塑料透光板等将窗洞封闭起来，见图2-75(c)所示。平天窗的采光效率很高，适合于建筑中庭采光，体育馆、温室和博物馆中使用。需要注意的是，由于天窗的采光口位于屋顶水平面或接近水平面，当使用透明玻璃时，直射阳光很容易射入室内，不仅会产生眩光，而且夏季强烈的太阳热辐射会造成室内过热，因此使用平天

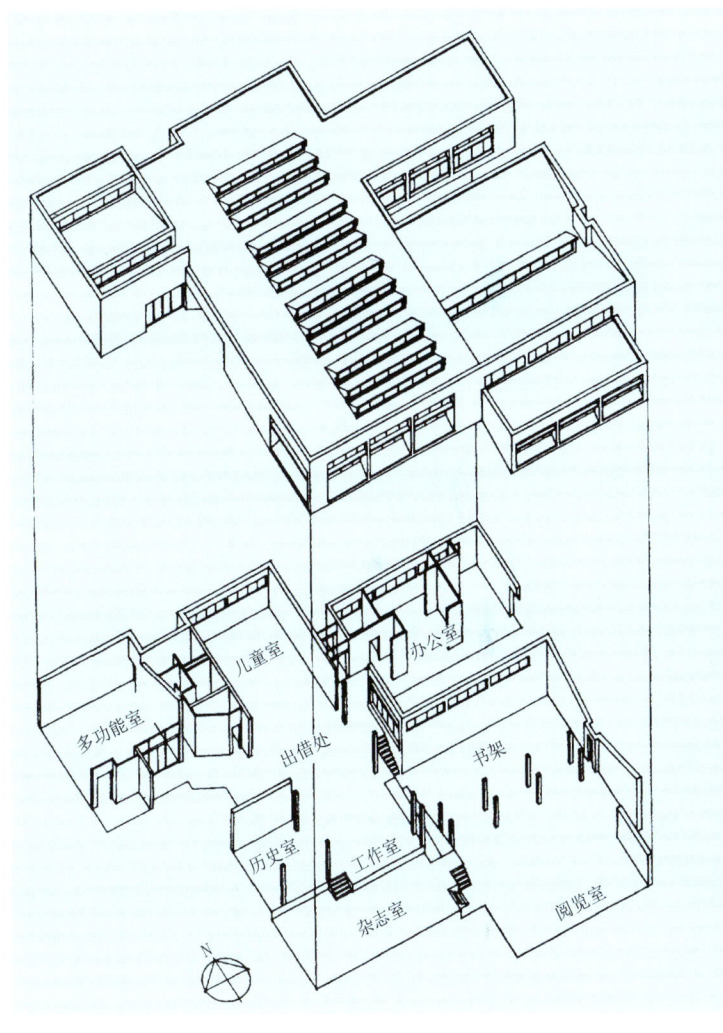

图2-76 艾瑞山公众图书馆轴测图

窗时，应特别注意采取措施，遮蔽直射阳光进入室内。

平天窗中还有一种被称之为屋面采光罩的天窗（图2-77），是用成形的采光罩将屋顶采光口封闭形成的天窗。这种天窗重量轻，采光效率高，在民用建筑中应用较为广泛。

除此之外，还有横向天窗、井式天窗，以及由基本形式派生出来的大量其他的天窗形式，如横向矩形天窗、斜顶天窗、拱形天窗、三角形天窗等（图2-78），这些天窗都大量的运用在工业建筑（如厂房、车间等）和公共建筑（如博展建筑、商业建筑中庭）中（图2-79）。

二、主动式天然采光

这种采光方法特别适用于无窗或地下建筑、建筑朝北房间以及识别有色物体或有防爆要求的房间。它的优越性，一是改善室内光照环境质量，在无天然光的房间也能享受到阳光照明；二是可减少人工照明用电，节约能源。

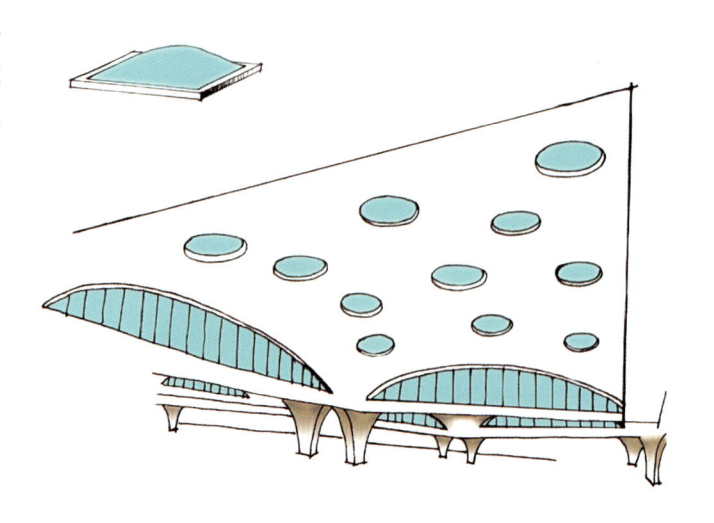

图2-77 屋面采光罩

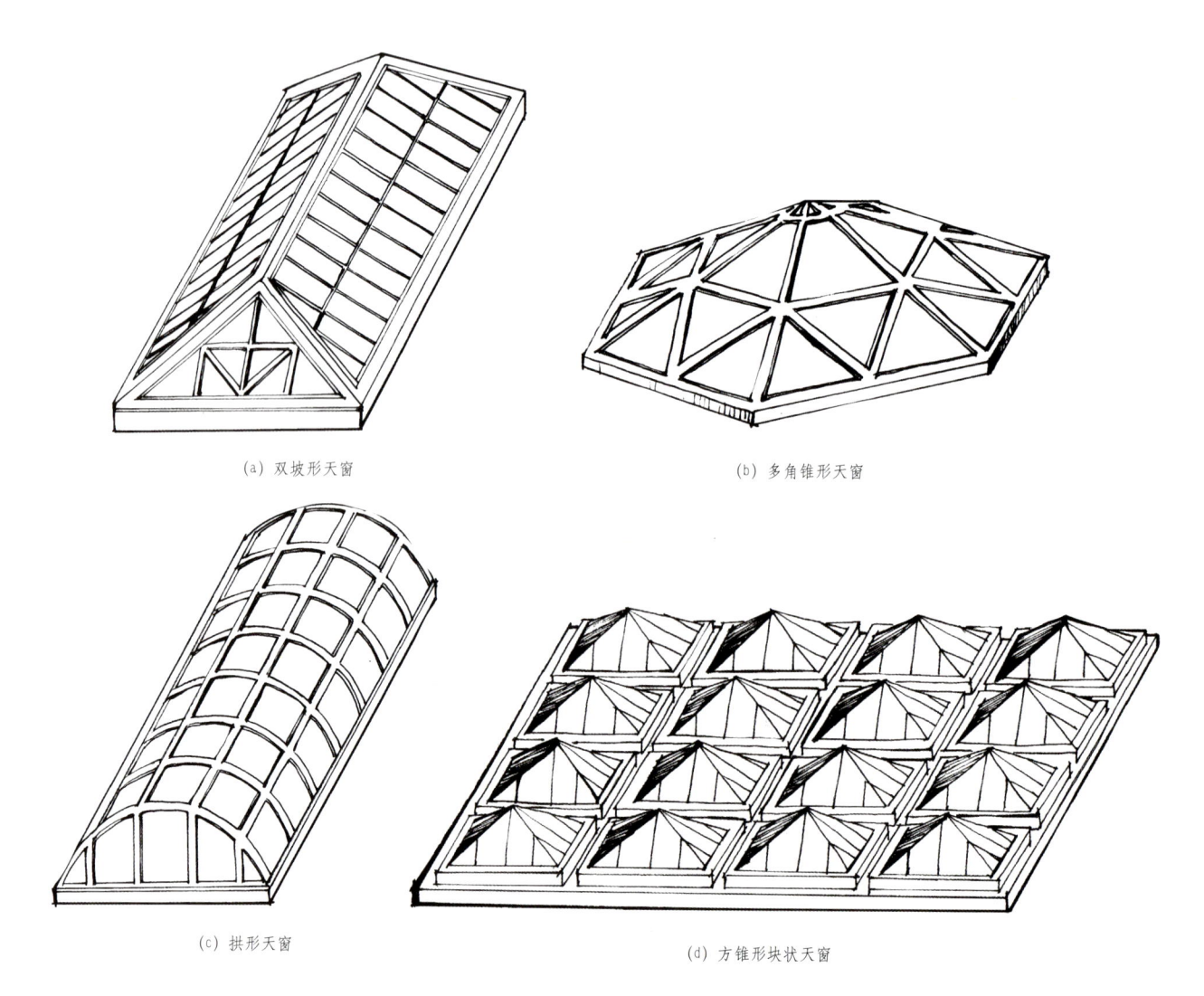

(a) 双坡形天窗

(b) 多角锥形天窗

(c) 拱形天窗

(d) 方锥形块状天窗

图2-78 各种派生天窗

图2-79 各种形式的天窗采光

（一）镜面反射系统

镜面反射采光法是利用平面或曲面镜的反射面，将阳光经一次或多次反射，最终将光线送到室内需要照明的部位，可以在窗户的顶部安装玻璃或者塑料的棱镜，把光线折射到顶棚上（图2-80）。

（二）采光井或采光通道

采光井深度和宽度之间的比值越大，采光的效率就越低，因为随着光线反射次数的增加，许多光线都被吸收掉了。如果采光井的内壁反光性非常好，就可以采集到更多的光线，或者使较小的采光井采集到数量更多的光线。现代的采光井反光性非常好并且是镜面反射，使每次反射吸收的光线低于5%，即使相当小的采光井也可能成功地把光线传递到下一层楼。图2-81是加拿大国家美术馆，设计师采用了表面反射性极好的采光

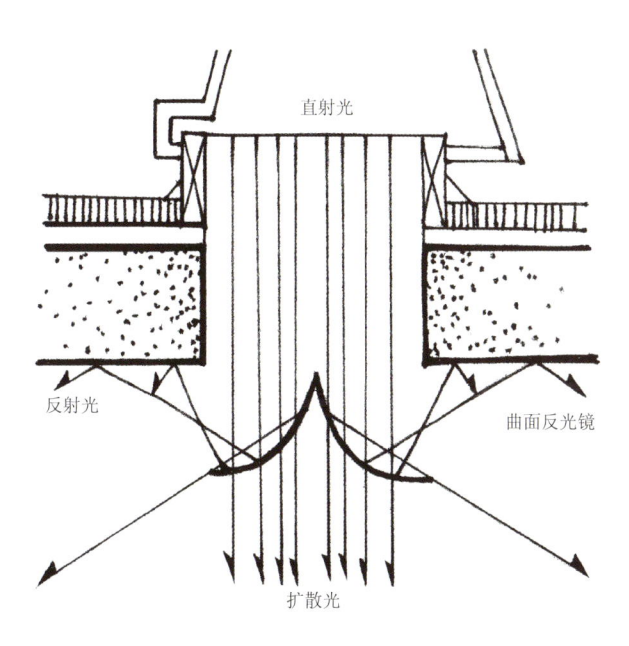

图2-80 镜面反射系统

通道，使昼光可以穿过第二层楼传递到底层的画廊里面。

（三）管状天窗

管状天窗具有反光性好、像镜子一样的内壁，通过光反射，可以把采集到的50%的室外光线，穿过顶楼往下传播。采集光线的数量取决于其直径的大小，如果把顶棚做成八字形，还可以降低来自管状天窗的眩光（图2-82）。

（四）导引昼光照明技术

在定日镜上安装一面可以随着太阳照射角的变化而转动的镜子（图2-83），使光束穿过屋顶竖直往下反射。由于阳光反射到建筑物内的角度恒定不变，因此对它的控制也简单有效。使用定日镜上安装的巨大反光镜，来给整栋建筑的剖面提供照明，这样的技术称为导引昼光照明。明尼苏达州立大学的土木/采矿工程大楼，是运用这一技术的范例之一（图2-84）。反光镜和透镜被用来把阳光贯穿到整个大楼，在需要光线的地方，用一个漫射装置拦截光束，把光线发送过去。

（五）光纤和导光管

光纤和导光管是利用内部整体反射现象来导光。这些光导向装置，其一端被昼光或者电光源照亮，可以

图2-81 采光通道

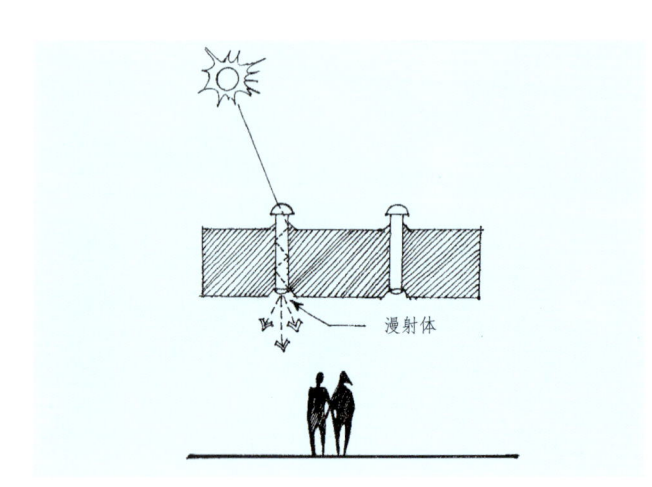

图2-82 管状天窗

图2-83 定日镜

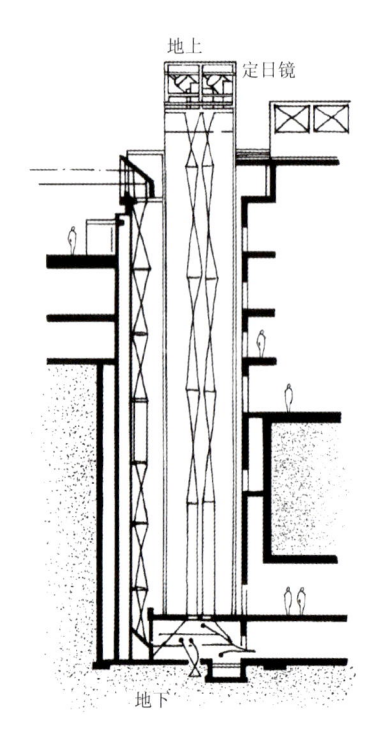

图2-84 导引昼光照明

用它们来把光线传播到同一方向的末端。导光管是中空、管道状的光导向装置，它由棱镜和塑料薄膜制成，通过内部整体反射来传播光线。由于导光管本身是直的，需要用反光镜来改变光线传播的方向；与导光管不同，光纤是由一些很容易弯曲的塑料和玻璃细丝构成，因此光线可以顺着这些弯曲的塑料或玻璃细丝传播到房间深处。

三、作业任务

考察建筑内部的自然采光

1. 目的：熟悉建筑内部的采光方式，了解采光材料的性能。

2. 方法：选择一公共建筑进行深入调研。分小组，采用问卷调查、主观评价、实地测量、设备能耗记录、拍照、手绘等方式，客观数据结合主观感受，分析现存问题、产生原因、解决方案等；查阅相关资料、文献，咨询相关学者或专家；调研成果采用多媒体形式进行报告。

3. 内容：调查内容包括采光方式（主动/被动）及其优缺点、开窗类型、采光材料及其性能、节点构造图、手绘草图、主观感受、能耗状况等。

4. 要求：调研、分析具有一定深度，论据充分，第一手资料丰富，能有自己的观点和结论。

第四节 人工照明设计

照明设计主要是根据人们工作、学习和生活的要求，设计出一个照明质量好、照度充足、使用安全和方便的照明环境。现代照明设计主张无论对进行视觉作业的灯光环境，还是用于休闲、社交、娱乐的灯光环境，都要从深入分析设计对象着手，全面考虑对照明有影响的功能、形式、心理和经济等因素，在此基础上再制定设计方案，进行计算和评价。除此之外，照明设计还应充分发挥照明设施的装饰作用，通过照明灯具与室内装修、构造等的有机结合，以及不同的照明构图和光的空间分布，形成和谐的艺术氛围，对人们的情绪产生影响。

一、室内照明设计基础

（一）照明设计目的

照明的目的，一方面是给周围的各种对象以适宜的光分布，通过视觉能够正确识别被视对象，确切了解人们所处的环境状况；另一方面可以创造满足生理和心理要求的室内空间环境，使人获得精神上的愉悦和满足。根据照明目的的不同，照明分为明视照明和环境照明。

1. 明视照明

以工作面上的视看物为照明对象的照明技术称为明视照明。例如生产车间、办公室、教室、商场营业厅等室内空间的照明均是以明视照明为主。

2. 环境照明

以周围环境为照明对象，并以舒适感为主的照明称为环境照明。例如剧场休息厅、门厅、宾馆客房的照明是以环境照明为主。

由于明视照明和环境照明研究对象不同，分别涉及照明生理学和照明心理学两类不同学科，因此在照明设计要求方面也不尽相同（表2-13）。

（二）照明设计要求

不同照明目的的实现具体表现为明视照明和环境照明对照明设计的数量及质量方面的要求。在进行照明设计时应全面考虑和恰当处理照度、亮度分布、照度的均匀性、阴影、眩光、光色等照明质量指标。

表2-13 明视照明和环境照明的照明质量要求

照明目的 照明质量	明视照明	环境照明
亮度分布	亮度变化不能太大	适当的变化，体现中心感
照度的均匀性	照度分布均匀	照度差别，造成不同的感觉
眩光	不能有眩光	适当的眩光，显现魅力感
阴影	阴影适当	夸大阴影，突出立体感
显色性	显色性好	特殊的光色，营造环境气氛
经济性	经济、节能	局部奢华、整体节能

表2-14 作业面邻近周围照度

作业面照度 (lx)	作业面邻近周围照度值 (lx)
≥750	500
500	300
300	200
≤200	与作业面照度相同

注：邻近周围指作业面外0.5m范围之内

表2-15 工作房间的表面反射比与照度比

工作房间的表面	反射比	照度比
顶棚	0.60~0.90	0.20~0.90
墙	0.30~0.80	0.40~0.80
地面	0.10~0.50	0.70~1.00
工作面	0.20~0.60	1.00

注：照度比是给定表面照度与工作面照度之比

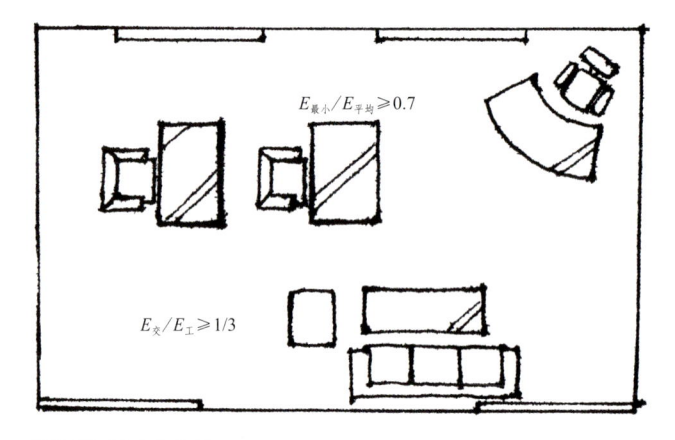

图2-85 照度均匀性

1. 合理的照度水平

不同的照度给人产生不同的感受，照度太低容易造成疲劳和精神不振；照度太高往往因刺激太强，使人过分兴奋。合适的照度可以减少视疲劳，从而减少事故的发生，提高劳动生产率。500 lx~1000 lx的照度范围是大多数连续工作的室内作业场所的合适照度。

2. 照度的均匀性

室内照度分布均匀，可以减轻人眼对照度变化而产生的频繁适应所造成的视觉疲劳。照度均匀度通常以一般照明系统在工作面上产生的最小照度与平均照度之比表示，公共建筑的工作房间和工业建筑作业区域内的一般照明照度均匀度不应小于0.7 m，作业面邻近周围的照度均匀度不应小于0.5 m（表2-14）。房间或场所内的通道和其他非作业区域的一般照明的照度值不宜低于作业区域一般照明照度值的1/3。直接连通的两个相邻的工作房间的平均照度差别也不应大于5:1（图2-85）。

3. 适宜的亮度分布

视野内适宜的亮度分布是舒适视觉的重要条件。与作业区毗邻的环境亮度可以低于作业区亮度，但不应低于作业区亮度的2/3。此外，为作业区提供良好的颜色对比也有助于改善视觉功效，但应避免作业区的反射眩光。在照明设计中，为了使室内能获得适当的亮度分布，同时又避免繁琐的计算工作，通常采用照度对比和顶棚、墙、地面、工作面的反射比作为设计应达到的要求（表2-15）。

4. 限制眩光

如果光源、灯具、窗子或者其他区域的亮度比室内一般环境的亮度高很多，人们就会感受到眩光。眩光效应的严重程度取决于光源的亮度和大小、光源在视野内的位置、观察者的视线方向、照度水平和房间表面的反射比等诸多因素，其中光源（灯或窗子）的亮度是最主要的。控制直接眩光主要是采取措施控制光源在γ角为45°~90°范围内的亮度（图2-86）。

（1）选择适当的透光材料，可以采用漫射材料或表面做成一定几何形状的不透光材料制成的灯罩，将高亮度光源遮蔽，尤其要严格控制γ角上边45°~85°部分的亮度。

（2）控制遮光角，使90°-γ部分的角度小于规定的遮光角。

反射眩光和光幕反射都是由光泽表面镜反射的高亮度造成的，其中呈现在作业区以外的称为反射眩光，它对视觉造成干扰；在作业本身呈现的镜反射与漫反射重叠的现象称为光幕反射，它使作业固有的亮度对比减弱，视觉功效降低。避免反射眩光和光幕反射的有效措施是：

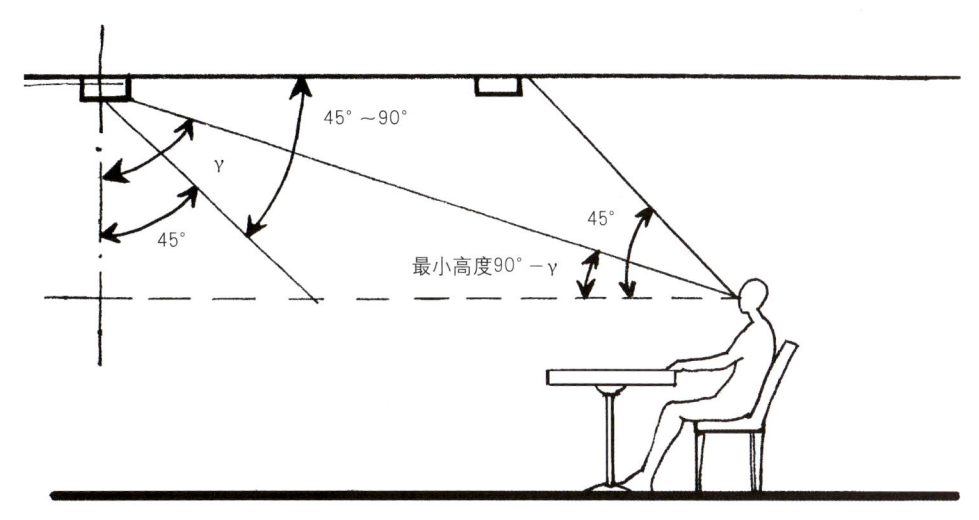

图2-86 限制灯具亮度的眩光区

① 正确安排照明光源和工作人员的相对位置，使视觉作业的每一部分都不处于、也不靠近任何光源同眼睛形成的镜面反射角内；

② 加强从侧面投射到视觉作业上的光线；

③ 选用发光面大、亮度低、宽配光，但在临界方向亮度锐减的灯具；

④ 顶棚、墙和工作面尽量选用无光泽的浅色饰面，以减小反射的影响。

5. 适宜的光色和显色性

不同的光源色，在不同的场所，能营造不同的室内氛围。如含红光成分多的暖色灯光（低色温）接近日暮黄昏的情调，能在室内形成亲切轻松的气氛，适于休息和娱乐场所的照明；高色温的冷色灯光则适宜用在紧张有序、需要振奋精神进行工作的房间（表2-16）。人对光色的爱好还同照度水平有相应的关系，（表2-17）给出各种照度水平下，不同色表的荧光灯照明所产生的一般印象。

在对辨别物体颜色有要求的场所，必须让人看出物体的本来颜色，即不能使物体颜色失真，因此物体在光源色照射下有显色性的问题。长期工作或停留的房间或场所，照明光源的显色指数（Ra）不宜小于80。

6. 阴影和造型立体感

在照明光环境中，除了一些平面（如墙面、地面等）以外，大部分的客体都是立体的，如何表现这些客体的立体效果，也是照明光环境的一项重要任务。采用略带方向性的光照明客体可以形成适当的阴影，从而给观察者以舒适的立体感。显然，光的方向性不能太强，否则形成的阴影太生硬，反而给人以不舒服的感觉，见图2-87(a)所示。但光又不能太扩散，完全的漫射光不能形成阴影，会使客体看起来十分平淡，见图2-87(b)所示。

表2-16 光源的色表类别

色表类别	色标	相关色温(K)	应用场所举例
I	暖	<3300	客房、卧室、病房、酒吧、餐厅
II	中间	3300～5300	办公室、阅览室、教室、诊所、机加工车间、仪表装配
III	冷	>5300	高照度场所、热加工车间，或白天需补充自然光的房间

表2-17 各种照度下灯光色表给人的不同印象

照度(lx)	灯光色表		
	暖	中间	冷
<500	舒适	中性	冷
500～1000	↑	↑	↑
1000～2000	刺激	舒适	中性
2000～3000	↑	↑	↑
>3000	不自然	刺激	舒适

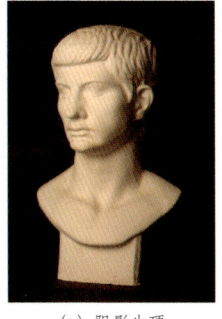

图2-87 光的方向性与阴影
(a) 阴影生硬　　(b) 过于平淡

例如，在室内照明中，如果采用直射的下照光，就会在人脸部形成很深的眉毛的阴影，而在作业面上则会由于形成多重阴影而造成失真，但如果采用完全漫射光，如发光天棚或间接照明，就会使立体效果鲜明。因此，为了形成舒适的立体效果，必须很好地控制定向光和漫射光的比例。

（三）照明设计程序

1. 明确照明设施的用途和目的

确定室内空间的使用目的和用途，具体工作地点的分布，在室内进行的作业与其频繁程度、重要性等。了解室内空间的大小、形状、风格，室内各界面的质地与反射比，照明与家具陈设的关系等问题。确定需要通过照明设施所达到的目的，如各种功能要求及气氛要求等。

2. 明确适当的照度和色温

根据照明的目的选定适当的照度，根据活动性质、活动环境及视觉条件选定照度标准。照度还应该与色温组合得当，否则会给人造成不舒服的感觉，如果同一室内空间出现多种色温的照明，则易破坏该室内空间的整体感。

3. 保障照明质量

(1) 考虑视野内的亮度分布。
(2) 光的方向性和扩散性。
(3) 避免眩光。

4. 选择光源

5. 确定照明方式

6. 选择照明器

7. 照明器布置位置的确定

8. 电器设计

9. 经济及维修保护

10. 绘制施工图，编制概算或预算书

11. 施工现场管理

12. 照明调试

二、居住空间室内照明设计

居住空间是人们重要的生活环境，其照明设计直接关系到人们的日常生活。过去简单的照明方式已不能满足人们对于居住空间物质功能和精神功能的多层面要求，而是需要通过改变光源性质、位置、颜色和强度等技术手段，来满足空间的功能性照明要求，还需要利用灯具的造型、材质和色彩与家具及其他陈设相配合，来进一步提高居住环境的质量，创造丰富多样而又舒适和谐的照明环境。

（一）居住空间照明要求

1. 明亮环境的设计

居住空间不仅功能复杂，而且空间大小差别也较大。要创造一个舒适的光环境，住宅各处的亮度不宜均匀分布，否则会让人觉得单调乏味，空间缺乏层次变化。同时又要避免极端的过明和过暗的阴影出现。过道和走廊不需要过于明亮，要注意主要空间和附属空间的亮度平衡和主次关系。一般对较小的房间可采用均匀照度，而对于较大的房间，则需要创造照明中的重点，突出中心感。儿童和老年人房间的亮度可适当提高，因为儿童活动的随机性较强，需要较高的亮度来保障安全和健康，老年人的视力下降比较明显，反映能力较差，活动的灵活性欠佳。客厅可以有较高的亮度，能使人精神愉快，方便营造欢乐和谐的气氛。卧室的整体亮度可以偏低，通过床头灯、落地灯等来提高局部亮度，既可使人感觉宁静、舒适，又能保证诸如阅读、化妆等使用功能。为了休息，卧室中天花板的亮度可以比墙面略暗。

2. 照明标准

(1) 室内环境的亮度比

相对独立的视觉范围由三个区域组成（图2-88），第一区是工作面，第二区是紧围绕着工作面的区域，第三区是总的环境。三个区的亮度比不合适，将使人心烦、疲劳，甚至有观看困难的感觉。学习、阅读、缝纫或其他满足视觉要求（特别是持续时间较长）的视觉活动，其场所中的亮度比不应超过表2-18中规定的范围。

(2) 房间的表面反射

为了能够获得表2-18中推荐的亮度比，房间室内顶棚的反射比为0.6~0.9，墙壁的反射比为0.35~0.6，地面的反射比为0.15~0.35，对于墙面上的窗帘，在选择面料及色泽的时候，建议将反射比控制在0.45~0.85之间。

(3) 照度的确定

《建筑照明设计标准》(GB 50034-2004)给出了居住空间的照明标准值（表2-19）。

（二）居住空间照明设计中光源和灯具的选择

1. 光源的选择

居住空间照明设计中常采用白炽灯和荧光灯作为主要照明光源，在局部装饰照明中也会采用卤钨灯。选择光源时应该考虑照度的高低，点灯时间的长短，开关的频繁程度，光色和显色性要求，以及光源的形状、节能效果等。

(1) 白炽灯

白炽灯光线明亮，呈现暖色调，被照物逼真，观看物体时基本上没有色差，显色性最好，便于调光，允许频繁开关且不影响寿命，灯泡造型多样，价格低廉，安装和使用都比较简便（图2-89a）。但是白炽灯耗电量大，不节能，使用寿命较短。所以在居住空间照明设计中，从节能的角度出发，在点灯连续时间较长的场所，最好不用耗能高的白炽灯，而采用紧凑型荧光灯代替。白炽灯发出的光谱中含有丰富的黄红光成分，显色性优越，特别适合餐厅照明使用，使被照食物色泽鲜美，促进食欲。白炽灯发出暖色调光，可以真实还原人的肌肤色，常用于梳妆照明和浴室照明。

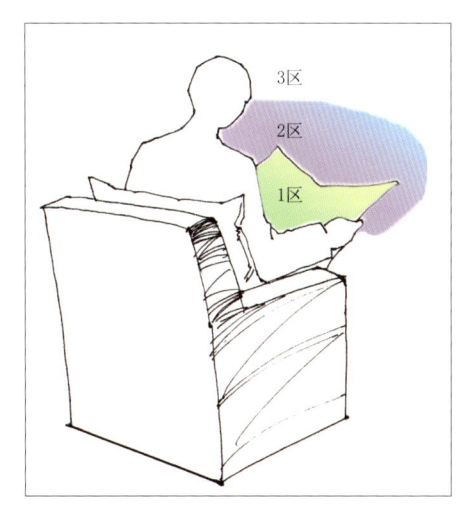

图2-88 视觉工作区域

表2-18 视觉工作区域亮度比

区域		亮度比
2区	(1) 理想比例 (2) 最小容许比例	1区工作面的1/3~1 1区工作面的1/5~1
3区	(1) 理想比例 (2) 最小容许比例	1区工作面的1/5~5 1区工作面的1/10~10

注：将典型工作面亮度设为1，其范围为40cd/m² ~ 120cd/m²

表2-19 居住空间照明标准值

房间或场所		参考平面及其高度	照度标准值 (lx)
起居室	一般活动	0.75m水平面	100
	书写、阅读	0.75m水平面	300
卧室	一般活动	0.75m水平面	75
	床头、阅读	0.75m水平面	150
餐厅		0.75m水平面	150
厨房	一般活动	0.75m水平面	100
	操作台	台面	150
卫生间		0.75m水平面	100

(a) 白炽灯

(b) 荧光灯

(c) 卤钨灯

图2-89 光的方向性与阴影

(a) 造型优美的吊灯使客厅看上去充满动感

(b) 吊顶内嵌入式下射灯整齐排列，客厅显得简洁大方

(c) 荧光灯很好地被隐藏，光线溢出，见光不见灯

(d) 壁炉墙体被下射灯照亮，体现质感

图2-90 客厅照明

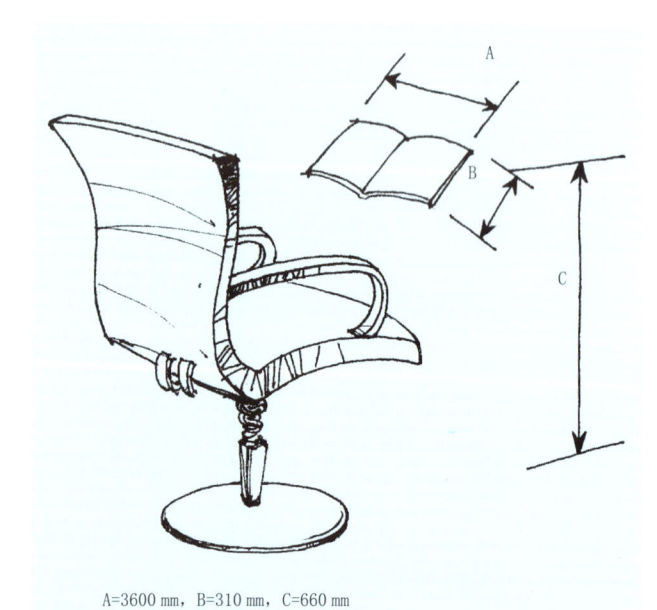

A=3600 mm，B=310 mm，C=660 mm

坐下阅读时人眼视线距地97～107 mm。光源在阅读者侧面，灯具的底沿在人眼高度上下。
可选用台灯、落地灯和壁灯。顶棚吊灯安装在阅读者的侧面或后面。

图2-91 沙发上阅读照明示意图

(2) 荧光灯

荧光灯光线柔和，光色优越，显色性较好，使用寿命较长，特别适用于高照度要求的一般照明，视工作要求较高的局部照明，以及开关不频繁，连续点灯时间长的场所，如客厅的照明、家庭娱乐场所的照明（图2-89b）。

(3) 卤钨灯

卤钨灯光线鲜明，明亮，寿命较长，发光效率高，常用于重点照明、局部工作照明以及装饰用照明，如壁画、展示品等的照明，见图2-89(c)所示。

2. 灯具的选择

选择灯具时应符合居住空间的用途和格调，要与室内空间的体量和形状相协调。不同使用功能的房间，应安装不同款式、不同功能的灯具。

（三） 居住空间照明设计

1. 客厅

客厅是居家生活的中心，也是待人接物的场所，因为在其中的活动内容较为丰富，故功能较其他空间复杂。首先应考虑设置一般照明，或能够强调空间统一及中心感的照明方式，并使整个房间在一定程度上明亮起来。另外根据功能分区及要求设置局部照明和陈设照明（如台灯、地灯、陈设柜内照明、壁灯、照亮墙上画面的镜灯），以丰富空间内光环境的层次感，改善空间内的明暗关系，以适应不同的功能要求（图2-90）。

(1) 客厅中一般照明的布灯

一般照明的灯具通常安装在房间的天花板中央，用吸顶灯或吊灯，离地2 m以上。一般采用直接-间接型照明，以增加顶棚和空间的亮度，通常，它虽不作为工作或学习之用，但因其位置比较高，照明的空间又比较大，所以应选用功率大一些的灯泡。

(2) 客厅中局部照明的布灯

① 沙发阅读照明

在沙发上阅读书报时一般设置落地灯，照度一般为300 lx～500 lx，为了方便阅读，落地灯的高度应能自由调节，并且不低于读者的眼睛（图2-91、图2-92）。

② 台灯

台灯一般放置在低柜、小桌或茶几上。除了提供局部照明外还起到装饰陈设的作用，通过材质、造型、光色等与周边环境呼应，烘托客厅氛围（图2-93）。

图2-92 这两款落地灯既提供沙发阅读照明，同时又为顶棚提供环境照明

图2-93 造型简洁的台灯，暖色调的光线，不仅提供局部照明，还能烘托气氛

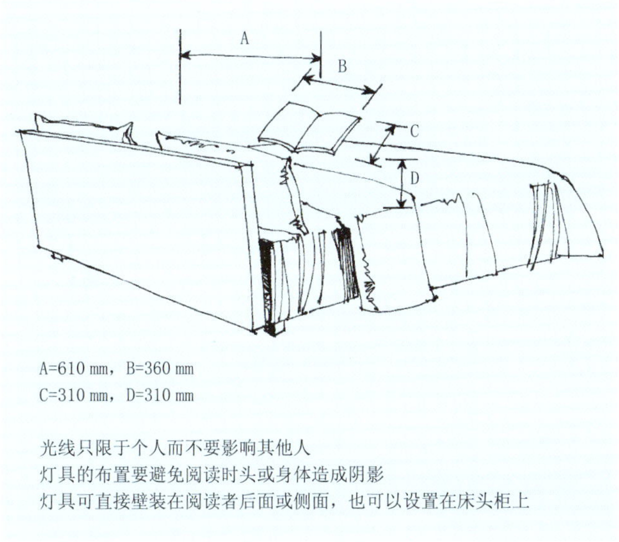

③ 局部照明灯

局部照明灯多起到装饰照明的作用，可以采用筒灯、射灯等照射客厅中的装饰挂画、装饰雕塑、艺术插花等陈设品。

2. 卧室

如果卧室不兼作其他功能使用，可以不设置顶部照明，以避免人在卧床时光源进入人的视野范围而产生眩光。如设置顶部照明，应选用眩光少的深罩型或乳白色半透明型灯具，并且不要设置在人卧床时头部的上方。在床头可设计台灯、壁灯或落地灯，便于人在卧床时进行阅读及对床周围环境的照明，也有助于营造出宁静、温柔的氛围。床头照明最好的高度是灯罩的底部与人的眼睛在一个水平上（图2-94、图2-95）。

A=610 mm，B=360 mm
C=310 mm，D=310 mm

光线只限于个人而不要影响其他人
灯具的布置要避免阅读时头或身体造成阴影
灯具可直接壁装在阅读者后面或侧面，也可以设置在床头柜上

图2-94 床上阅读照明示意图

(a) 暗槽灯光线柔和，提供环境照明

(b) 床头摇臂式壁灯，提供良好的阅读照明

(c) 多种照明方式结合，功能分区明确

图2-95 卧室照明

(a) 色泽鲜嫩，激起食欲　　(b) 色泽灰暗，影响食欲

图2-96 光源显色性对食物色泽的影响

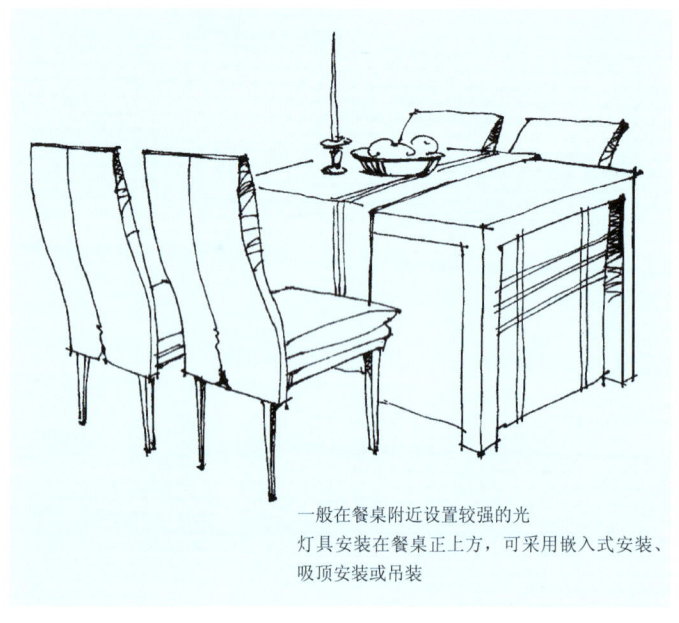

一般在餐桌附近设置较强的光
灯具安装在餐桌正上方，可采用嵌入式安装、吸顶安装或吊装

图2-97 餐桌照明示意图

图2-98 艺术化吊灯既能美化餐厅，又能营造良好环境氛围，提供足够就餐的照度。需要注意灯具底部距离餐桌面不小于0.9m

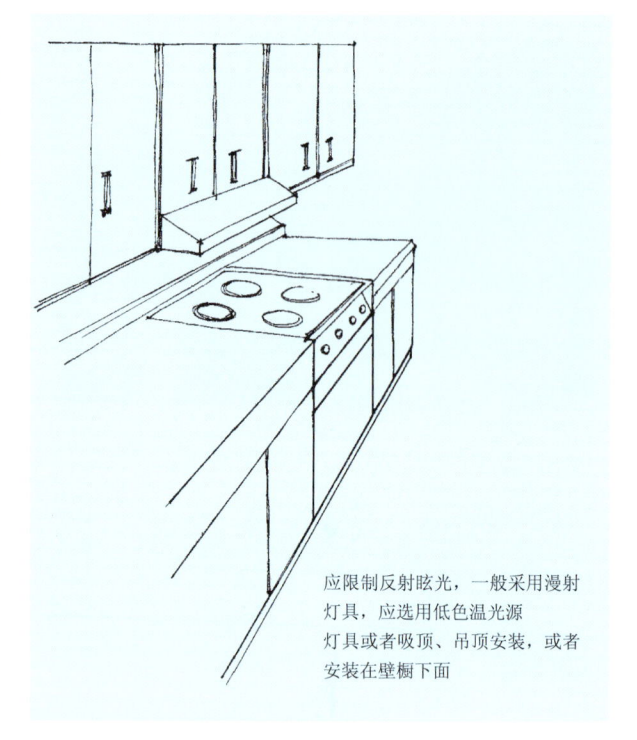

应限制反射眩光，一般采用漫射灯具，应选用低色温光源
灯具或者吸顶、吊顶安装，或者安装在壁橱下面

图2-99 厨房照明示意图

3. 餐厅与厨房

餐厅照明应采用局部照明和一般照明相结合的方式。局部照明宜采用直接照明灯具，并悬挂在餐桌上方，以突出餐桌表面为目的。这种照明有中心感。灯具距桌面常为0.8 m~1.2 m左右。光源多选用白炽灯，其显色性好，红光成分多，能使菜肴的色泽美观，增进人的食欲（图2-96）。一般照明的目的是使整个房间明亮起来，减少明暗对比。对于有吊顶的餐厅，应考虑安装一定数量的筒灯，作为辅助照明。较大的餐厅也可安装壁灯，以减少人的面部阴影。通常空间大、人多时照度宜高些，以增加热烈的气氛；空间小、人少时照度低些，以形成优雅、亲切的环境（图2-97、图2-98）。

厨房的一般照明，宜选用显色性较高的光源，以使操作者能对菜肴的色泽作出准确的判断。灯具应便于清洗，同时还应具有防尘、防水、耐腐蚀的性能，最好为吸顶式，以节省空间且有助于避免眩光的产生。厨房操作主要是切菜、烹调、洗碗等，宜采用局部照明，一般设在操作台上方、吊柜或抽油烟机的下方（图2-99、图2-100）。

4. 书房

书房是进行阅读、学习、写作等视觉工作的场所，环境要求高雅幽静，在布光时要协调一般照明和局部照明的关系。一般照明不应过亮，照度为100 lx左右即可，光线要柔和明亮，避免产生眩光，以便使人的注意力有效地集中到局部照明作用的环境中去。局部照明与一般照明的明暗对比不应过于强烈，以免使在长时间的视觉工作中的眼睛产生疲劳感。局部照明应根据人的活动方式及家具的布局

(a) 橱柜下方安装线性光源，为操作台提供重点照明

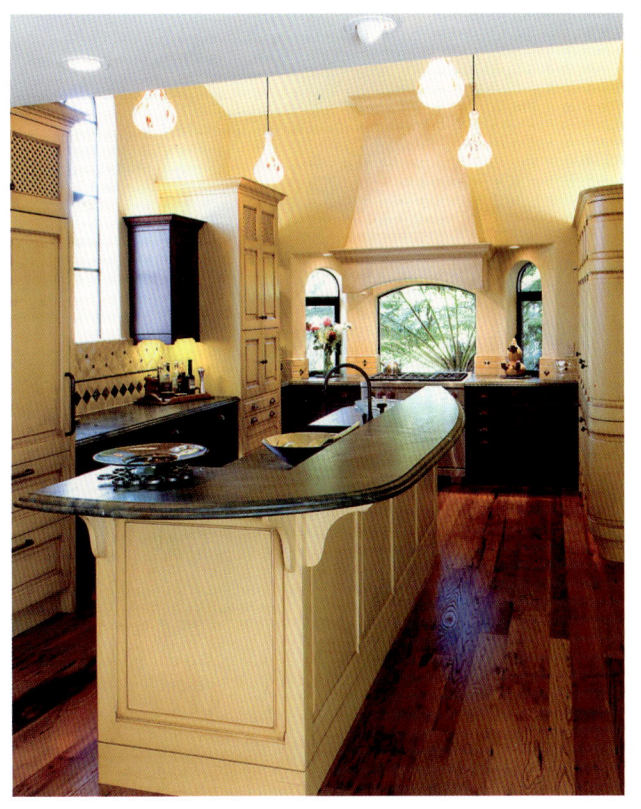

(b) 玻璃吊灯提供环境照明，隐藏在橱柜上方的上射式灯具使顶棚显得不那么黑暗

图2-100 厨房照明

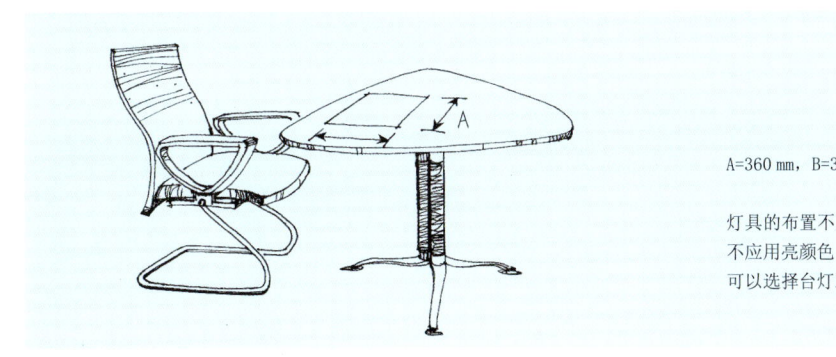

A=360 mm，B=310 mm

灯具的布置不应由使用者的手造成阴影。桌面不应发光，不应用亮颜色（反射比为30%~50%）
可以选择台灯或壁灯，也可选择吊灯或荧光灯管

图2-101 书桌照明示意图

来设置，并要考虑眩光的因素。局部照明一般用台灯或其他可任意调节方向的局部照明灯具，有时也可采用壁灯，安装的位置均为书桌的左上方，有利于阅读和写作等视觉工作。局部照明的照度为300 lx~500 lx。书房中的局部照明也包括用于照射墙面挂画等陈设品或书橱内书籍及摆件的筒灯或导轨式照明（图2-101）。

5. 卫生间与浴室

卫生间与浴室具有洗浴、梳妆等功能，是放松身心的场所。一般照明灯具的安装位置要考虑不应使人的前方有过大的自身阴影，应选用暖色光源，创造温暖的环境氛围。卫生间是开关频繁的场所，宜使用白炽灯，灯具玻璃可采用磨砂或乳白玻璃。根据功能要求，可在洗面盆与镜面附近设置局部照明灯具，使人的面部能有充足的照度，方便梳妆。梳妆照明灯具多安装在镜子上方，灯光多直接照到人的面部，而不应照向镜面，以免产生眩光。若在洗面盆上方装有镜子，可在镜子上方或一侧装设全封闭型防潮灯具（图2-102、图2-103）。

站立 距地1500 mm

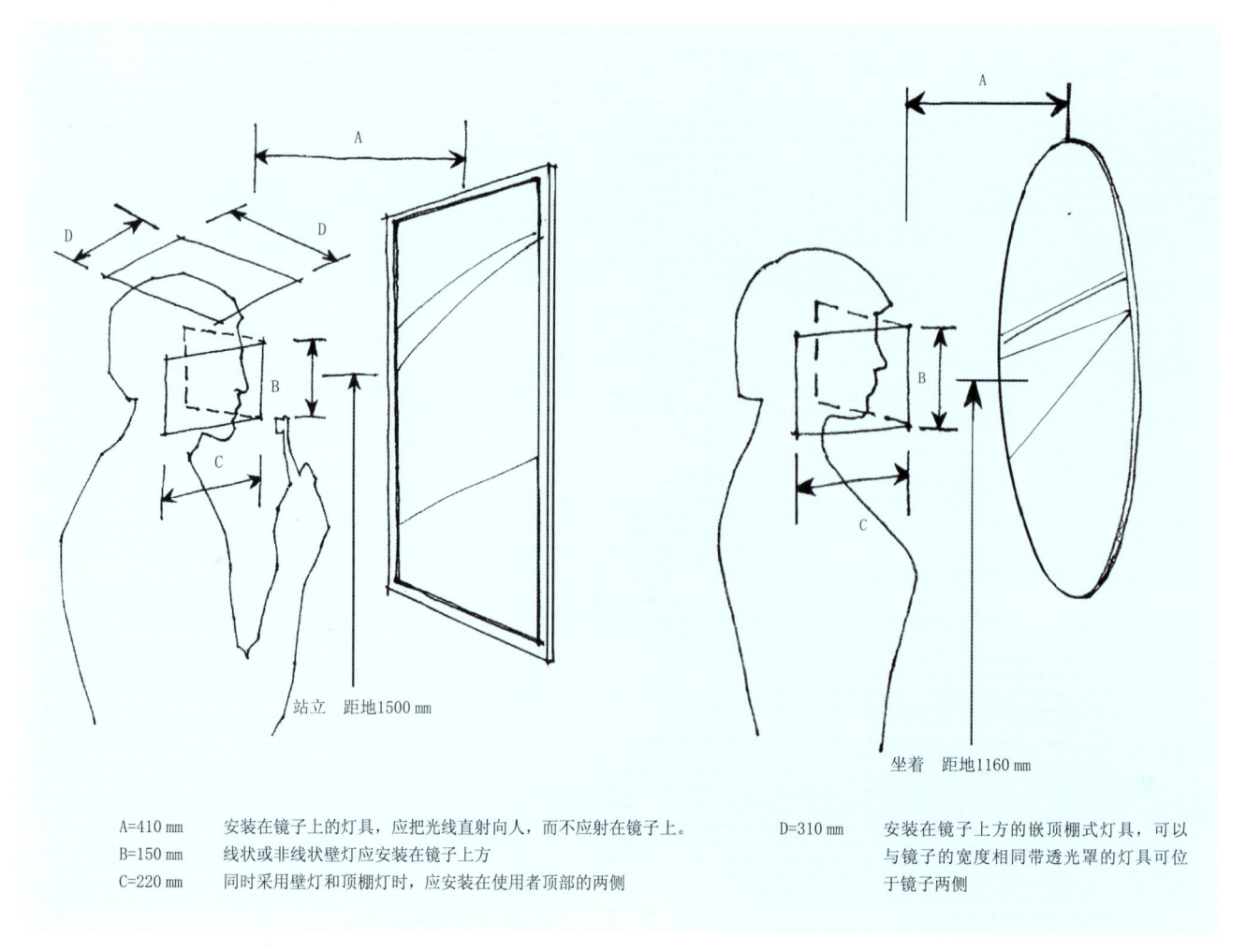

坐着 距地1160 mm

A=410 mm　安装在镜子上的灯具，应把光线直射向人，而不应射在镜子上。
B=150 mm　线状或非线状壁灯应安装在镜子上方
C=220 mm　同时采用壁灯和顶棚灯时，应安装在使用者顶部的两侧

D=310 mm　安装在镜子上方的嵌顶棚式灯具，可以与镜子的宽度相同带透光罩的灯具可位于镜子两侧

图2-102 个人修饰照明示意图

(a) 安装在镜子上方的半间接型灯具，为梳妆提供了良好的局部照明

(b) 线状光源将光线均匀投向下方，光色温暖柔和

(c) 带透光罩的灯具安装在镜子两侧

图2-103 卫生间照明

6. 其他

(1) 门厅照明

门厅往往面积不大，却是联系卧室、客厅、厨房、餐厅、卫生间的过渡空间，因此在设计上尽量做到简洁雅致，高雅大方。面积较小、层高较低的门厅，不宜选用吊灯，或在天棚上使用多个灯具，这样会使门厅空间显得更加混乱和狭小；面积较大的门厅，可采用小型吊灯提供环境照明，在墙上设置壁灯提供重点照明。壁灯的高度不能太低，否则易产生眩光，对视线产生干扰。同时，壁灯的亮度不宜超过顶棚主灯具的亮度，否则会在人的脸部形成不自然的阴影。

(2) 走廊和楼梯间照明

走廊和楼梯间照明应以满足最基本的功能要求为目的，需要有较均匀的照度和一定的亮度以保证安全性，同时，不要过于强调装饰性，以免破坏其他房间的照明效果。走廊的照明还应具有一定的导向性，灯具数量和安装位置要考虑走廊的长度和面积，以及房间出入口、壁橱、楼梯起止位置等因素。在使用筒灯和吸顶灯时，安装间距不能太小，否则会由于光斑的叠加，在墙面和地面上出现明暗不均的现象。灯具应安装在易于维修和更换的地方，注意避免眩光的产生。

三、商业空间室内照明设计

随着社会进步、生产发展、消费和文化水平的提高，商业已成为日常生活的重要组成部分。商店不再是单纯的买与卖的场地，而成为人们进行社会活动、交流、休息、观光的场所。因此，购物环境的形态特征能体现一个城市的文化素质和生活面貌，也是评价一座城市的重要标志。

为了提高市场竞争力，购物环境应设计得十分精妙，除店堂装饰舒适宜人外，室内的照明环境也应激起顾客的购买欲望，加深顾客对商场的印象。同时，商店的形象与自己所经营的产品密不可分，应凸显产品的特征，营造其特有的魅力和气质。

（一）商店分类及照明特点

1. 百货商场

百货商场销售的商品种类繁多，同时还集餐饮、娱乐等功能于一体，因此照明具有多样性（图2-104）。

图2-104 百货商场的照明由室内一般照明、展示照明和其他区域照明组成

图2-105 照明可以营造超市的总体气氛，还可以帮助区分出不同的产品类别

表2-20 欧洲超市照明要求

超市类型	一般照明照度(lx)	色温(K)	显色指数Ra
高档超市	100~300	2700~3000	
大众化超市	300~500	4000	>80
仓储式超市	500~1000	4000	

2. 超市

超市一般由百货区域、新鲜货物区域、水果蔬菜区域、仓储区域、办公区域、餐饮休息区域、室外和道路广告区域等组成。仓储超市运营的关键在于客流量，因此需要比较高的照明水平，以避免出现过度拥挤的现象（图2-105）。高档超市要求平均水平照度为500 lx，一般超市要求平均水平照度为300 lx，且需要照度达到一定的均匀度（表2-20）。

表2-21 欧洲专卖店照明要求

类型	一般照明照度（lx）	色温（K）	显色指数Ra
最高档	100~300	2700~3000	80~90
中高档	500~750	2500~3000	>80
廉价	750~1000	4000	>80

图2-106 店面照明

3. 专卖店

由于零售行业市场竞争日趋激烈，人们购买行为发生了很大的变化。在商品销售过程中，除了要注重商品的品质和价格等因素外，更应注意强调品牌的定位和形象，以帮助人们完成购买过程。因此作为辅助销售手段的照明，不再拘泥于单纯的静态灯光效果，动态灯光、色彩变化等方式都逐渐应用到专卖店照明设计中。灯光环境的创造，不仅需要考虑所推荐的量化指标，还需要考虑到建筑、心理和视觉等多方面的非量化因素，只有巧妙地将照明的技术和艺术相结合，才能获得出众的照明效果（表2-21）。

（二） 商业空间照明方式

1. 一般照明

一般照明是为照亮整个场所而设置的均匀照明。这种照明方式不管商品的位置如何，可以设置各种开关控制系统，以便灵活地利用空间并有效地用电。这是一种最基础的照明形式，提供最基础的功能照明。

一般照明要求有较好的照度均匀度、适当的色温和较高的光源显色性、应能满足商店功能变化的需求，同时货架上的垂直照度应适当。

2. 分区一般照明

在某些场所，根据整体空间内部的功能不同，产生了不同的照明需求，因此在一个大空间内，分割成不同的区间，每个区间具有不同的照明要求，这种方式即为分区一般照明。

3. 局部照明

局部照明也叫重点照明。在商业照明中，展示样品需要突出和美化，因此将商品从环境中突显出来是非常重要的。所以，重点照明在商业照明中的地位举足轻重。不同的照明水平与环境的差别可以营造不同的渲染效果。同时来自不同方向的光线也会对营造商业气氛起不同的作用。

局部照明的效果也与物体本身的反射特性及背景的特性密切相关，当在深色背景中展示浅色的物体时会产生较深刻的视觉效果，具有中度反射特性的物体在非常深色的背景下亦可产生很好的效果。一般来说，普通的商店需要均匀的、明亮的照明即可，这样可以让商店的布置较具灵活性。在高级的商店中对比强烈的照明可以塑造商品的高价值感，吸引顾客对商品的注意，引起购买欲。

4. 混合照明

任何一个商业空间的照明都不是独立的，都是两个或多个方式的混合体，因此实际的照明设计中，往往采用上述方式的混合。但混合绝不是简单的累加，而是根据实际需要进行的照明设计照度、照度均匀度、色温、显色性等照明指标，还要包括戏剧性、风格化等多方面艺术评测指标，因此最终的效果应该是艺术和技术的统一，而不是简单的数字。

（三） 商业空间照明设计

1. 店面照明

考虑店内照明与周围亮度的平衡，在商店入口处适当加大亮度，满足安全、吸引等多种要求，通常利用荧光灯等灯具所发出的均匀的、柔和的灯光作为整体照明，还可以利用闪光效果的照明或调光变化的照明方式照射店面，突出行业特色，吸引有目的消费者和无目的消费者。除此之外，招牌、标志、铭牌等重要位置的照明一定要醒目，让人一目了然，过目不忘（图2-106）。

2. 橱窗照明

橱窗照明主要由一般照明和重点照明组成（图2-107）。一般照明可以采用荧光灯、射灯、组合射灯、轨道灯等，提供橱窗的环境亮度；重点照明灯具可以是射灯、组合射灯、轨道灯等，从不同角度照亮商品的特征部位，还可以对橱窗内的商品使用定向照明，其效果如表2-22所示。光源通常采用陶瓷金卤灯、石英灯、荧光

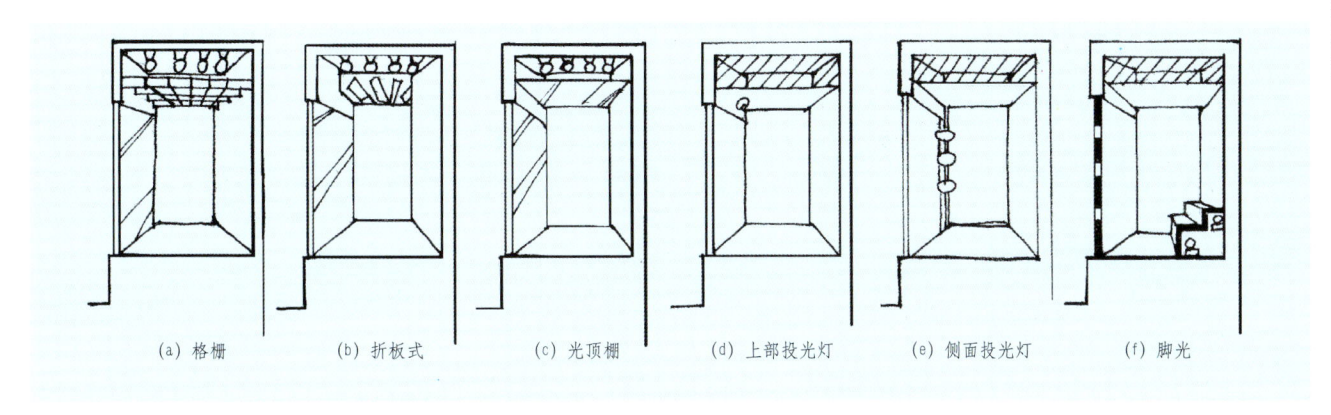

| (a) 格栅 | (b) 折板式 | (c) 光顶棚 | (d) 上部投光灯 | (e) 侧面投光灯 | (f) 脚光 |

图2-107 橱窗主要装饰照明方式

2-22 使用定向照明及效果

光线	功能描述
关键光线	主要照明，高照度会带来阴影、闪亮效果，突出重点
补充光线	补充照明，冲淡阴影，获得需要的对比度
来自背后的光线	从后上方照明，突出被照物的轮廓，使其与背景分离，可以用于透明物体的照明
向上的光线	突出靠近地面的物体，可以创造戏剧性的效果
背景光线	背景照明

灯等高显色性光源（图2-108）。

为了使橱窗情景更加真实感人，形成风格化的氛围，以致让人产生购买的冲动，橱窗照明一般采用如下方法：

（1）依靠强光突出商品，使商品非常显眼。

（2）强调商品的立体感、光泽感、材料质感和丰富的色彩。

（3）使用动态照明吸引顾客的注意力。

（4）利用彩色强调商品，使用与物体相同颜色的光照射物体，加深物体的颜色，使用颜色照射背景可以产生突出的气氛。

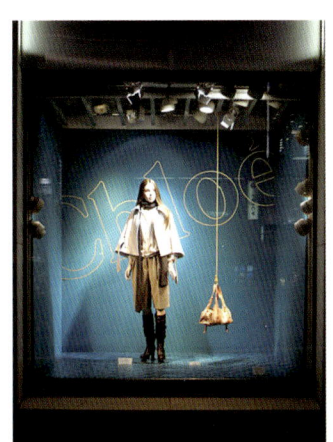

图2-108 橱窗照明

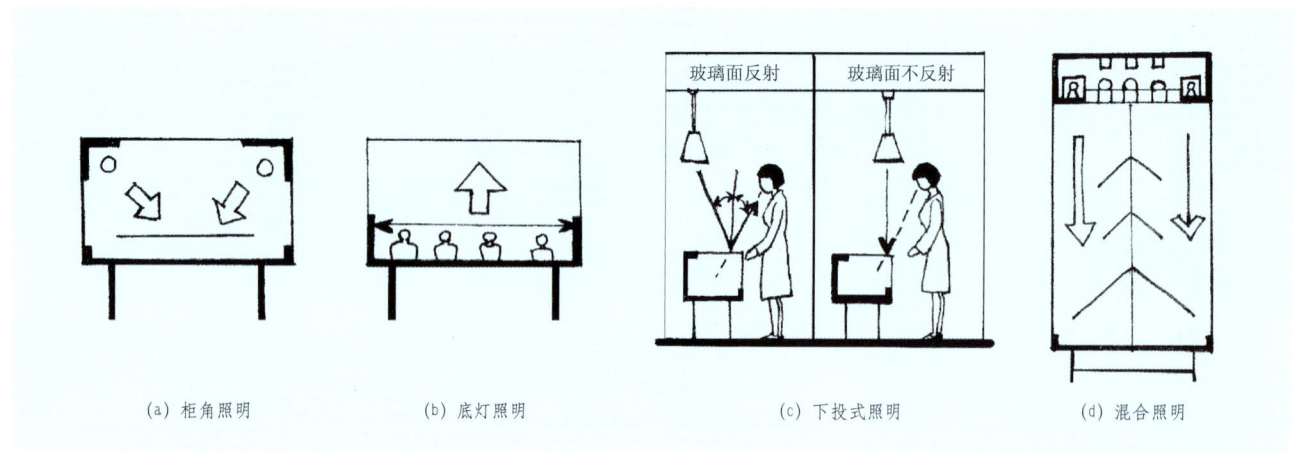

(a) 柜角照明　　(b) 底灯照明　　(c) 下投式照明　　(d) 混合照明

图2-109 展柜照明方式

3. 陈列展示照明

(1) 陈列柜照明

售货场地的陈列柜、陈列台、陈列架等均应增加局部照明，不仅要有水平照度而且必须考虑垂直照度。要想把商品的质感表现出来，垂直照度是十分重要的，同时也应注意避免眩光。

展柜(台)一般为多层的棚式。为了照亮商品并加强商品和展台的装饰美感，在每个棚下作系统照明，常常采用架子下的线状光源灯，如T5、T8荧光灯等，灯具可以按吸顶式或嵌入式安装，棚架下用线槽布线，并安装进线端子、带接地线的插头以及分支接头等。

商品陈列柜照明灯具原则上应装设在顾客不能直接看到的地方，手表、锻金首饰、珠宝等贵重商品需要装设重点光源。为了强调商品的光泽感而需要强光时，可利用定点照明或吊灯照明方式。照明灯光要求能照射到陈列柜的下部。对于较高的陈列柜，有时下部照度不够，可以在柜的中部装设荧光灯或聚光灯。商品陈列柜的基本照明手法有以下四种：

① 柜角的照明。在柜内拐角处安装照明灯具，为了避免灯光直接照射顾客，灯罩的大小尺寸要选配适当，见图2-109(a)所示。

② 底灯式照明。对于贵重工艺品和高级化妆品，可在陈列柜的底部装设荧光灯管，利用透射光有效地表现商品的形状和色彩，如果同时使用定点照明，更可增加照明效果，显示商品的价值，见图2-109(b)所示。

③ 下投式照明。当陈列柜不便装设照明灯具时，可在顶棚上装设定点照射的下投式照明灯具。为了不使强烈的反射光太过耀眼而给顾客带来不适，应该结合陈列柜高度、顶棚高度和顾客站立位置等因素，正确选定合适的下投式灯具的安装高度和照射方向，见图2-109(c)所示。

④ 混合式照明。对于较高的商品陈列柜，仅在上部用荧光灯照明的话，有时下部亮度不够，所以有必要增加聚光灯作为补充，使灯光直接照射底部，见图2-109(d)所示。

为了使店内陈列的商品看起来很美，必须考虑一般照明和重点照明亮度的比例，使之取得平衡。重点照明时，照射方向和角度的确定是要保证把垂直面照得明亮。陈列柜照明需要注意：

a. 为了增加商品的魅力，可采用筒灯或在商品柜台上方设外形良好的吊灯，或在商品柜台内设置灯具。

b. 商品照明的照度应为店内照度的3～4倍，采用细管荧光灯或光通量大的灯泡。

c. 在商品柜外设置灯具时，玻璃面上的反射光不应照到人眼，以防反射眩光。

d. 灯罩的深度应大些，以防止产生直接眩光 (图2-110、图2-111)。

(2) 陈列架照明

商品陈列架应根据架上陈列的商品，结合销售安排，采用不同照明方式装设不同层次的照明。为了使全部陈列商品亮度均匀，灯具应设置在陈列架的上部或中段，可采用荧光灯或聚光灯照明 (图2-112、图2-113)。

室内环境物理设计

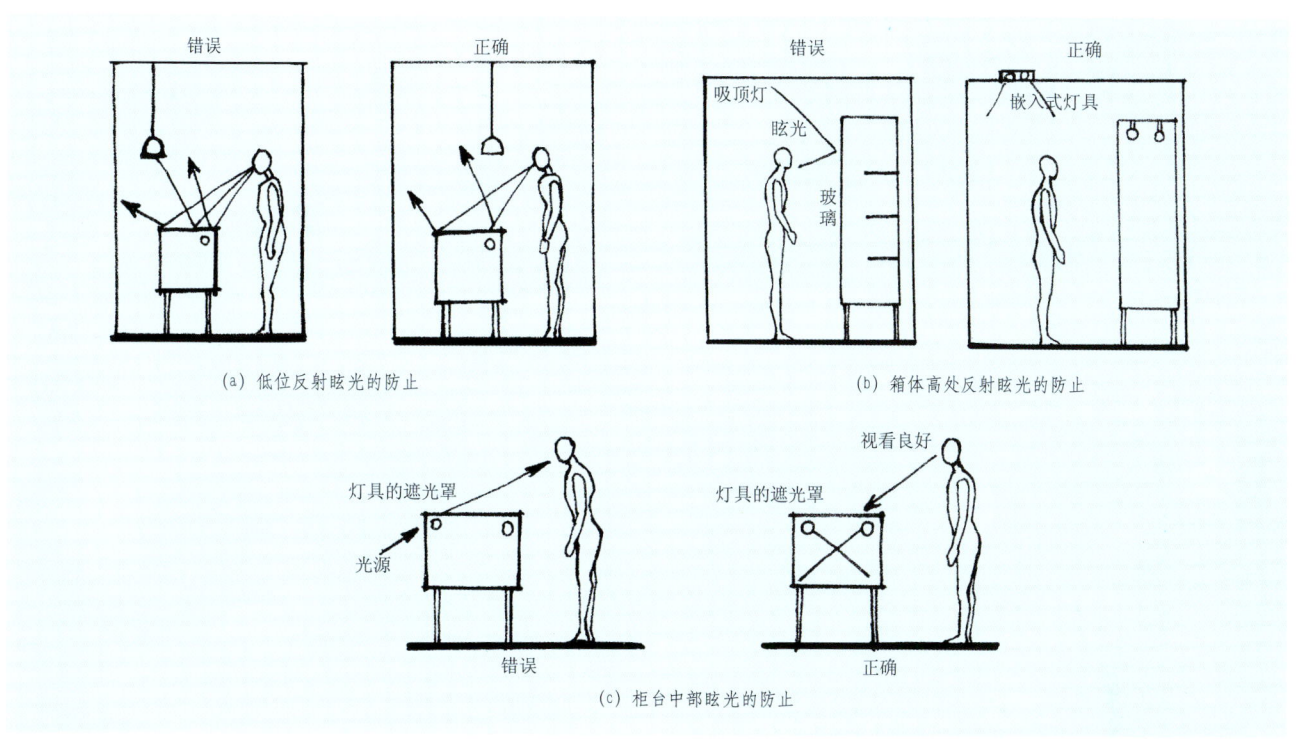

(a) 低位反射眩光的防止

(b) 箱体高处反射眩光的防止

(c) 柜台中部眩光的防止

图2-110 商品陈列柜照明中眩光的限制

图2-111 陈列柜照明

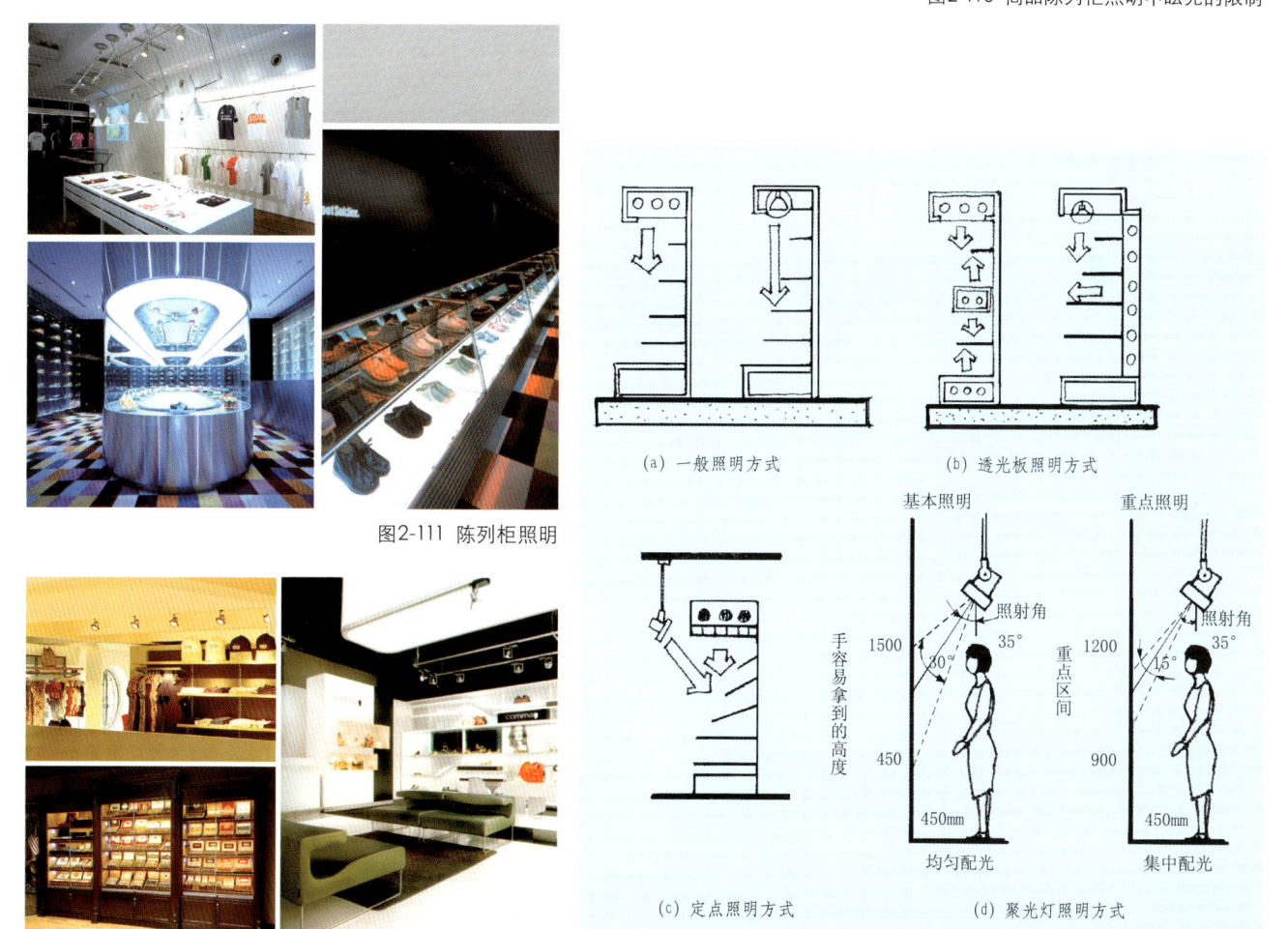

(a) 一般照明方式

(b) 透光板照明方式

(c) 定点照明方式

(d) 聚光灯照明方式

图2-113 陈列架照明

图2-112 陈列架照明方式

图2-114 百货区照明

图2-115 新鲜货物照明

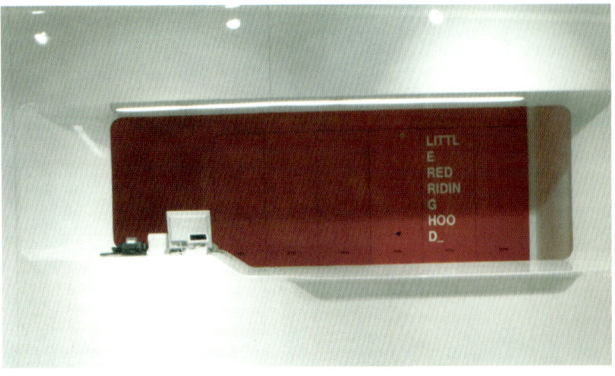

图2-116 收银区照明

(3) 销售区域照明

① 百货区

为了满足顾客节省时间的需要，在货架上陈列的商品应具有较高照度，同时应该能够帮助顾客辨别物品的品质和颜色，这样顾客就能以较快的速度浏览货架（图2-114）。

② 新鲜货物区

此类区域应该突出视觉的新鲜感，尤其是配餐食品，希望通过良好的照明来提高新鲜货品的诱惑力，成功的照明在于营造出一个新鲜的环境（图2-115）。

4. 入口区照明

入口处的照明一般应设计得比室内平均照度高一些，为1.5倍~2倍，光线也更聚集一些，色温的选择应与室内相协调，所选用的灯具可以是泛光灯、荧光灯、霓虹灯或LED等。

5. 收银区照明

收银区要强调视觉的引导性，要具有良好的照明水平。通常通过灯具布置的密度改变来产生相对加强的照明效果（图2-116）。

6. 仓储照明

仓储区照明无特殊的要求，保证员工可在短时间内进行简单操作即可。但要注意，发热量较高的光源应该远离物品，以免影响物品的质量，降低火灾风险。

四、办公空间室内照明设计

办公空间是进行视觉作业的场所，也是要在其中长时间停留的空间，要求在进行照明设计的时候，既要考虑相关工作面的照明，又要使整个室内空间的视觉环境美观、舒适。随着社会的发展，办公空间对照明技术的要求越来越高，照明质量的好坏，直接影响到办公人员的工作效率和身心健康。就办公空间的工作内容开说，可分为一般办公空间和特殊办公空间，因此办公空间照明设计要根据具体工作要求来考虑。

（一）一般办公空间室内照明

一般办公空间多指普通员工工作的办公室，主要进行书写、交谈、思考、计算机及其他办公设备操作的工作。办公室内应保证足够的照度水平，不仅可以让在其中工作的人员心情舒畅，同时还能增加空间的开敞感。

1. 照度

在办公空间中，照明设计要兼顾视觉作业性质及相应的环境氛围，通过照明来调动情绪使人保持状态和集中精力。由于工作性质的不同，办公空间室内照明的照度标准值也不相同（表2-23）。

2. 室内亮度分布

对于大中型办公空间，一般在顶棚有规律地安装固定样式的灯具，以便在工作面上得到均匀的照度，并且可以适应灵活的平面布局及办公空间的分隔，这称为一般照明方式。工作环境照明方式则是在一般照明的基础上，为工作区提供作业所要求的照度，同时，在其周围区域提供比工作区略低的照度。有时，也会采用其他照明方式（如间接照明），通过反射光来改善顶棚亮度过低的状况，并适当使大面积的顶棚产生亮度变化（图2-117）。

3. 室内照明与自然采光相结合

办公空间一般在白天的使用率最高，从光源质量到节能都要求大量采取自然光照明，因此办公空间的人工照明应考虑与自然采光的结合，根据自然光的变化情况，相应的进行室内人工照明调节。

4. 减少眩光现象

眩光限制对于办公空间的照明设计特别重要。为限制视野内过高的亮度比或对比引起的直接眩光，则在实际操作中规定了直接型灯具的遮光角（表2-24），适用于长时间有人工作的房间或场所内。除了遮光角控制眩光，还可以采用格栅、建筑构件等来对光源进行遮挡，适当限定灯具的最低悬挂高度，以及减少不合理的亮度分布等措施。

表2-23 办公空间照明标准值

房间或场所	参考平面及其高度	照度标准值(lx)
普通办公室	0.75m水平面	300
高档办公室	0.75m水平面	500
会议室	0.75m水平面	300
接待室、前台	0.75m水平面	300
营业厅	0.75m水平面	300
设计室	实际工作面	500
文件整理、复印、发行室	0.75m水平面	300
资料、档案室	0.75m水平面	200

表2-24 直接型灯具的遮光角

光源亮度（cd/m²）	最小遮光角（°）
1~20	10
20~50	15
50~500	20
≥500	30

(a) 格栅式吊顶很好地将光源遮蔽，在顶棚形成韵律的光斑

(b) 造型优美的间接型灯具，将光线射向顶棚

(c) 嵌入式荧光灯为办公空间提供均匀度环境亮度

(d) 吊线灯的一部分光将顶棚照亮，一分部光射向工作面

图2-117 办公空间照明

5. 灯具的设置

工作照明方式如图2-118、图2-119所示。

（二）特殊办公空间室内照明

1. 个人办公室照明

个人办公室是一个人占有的小空间，顶棚灯具亮度不那么重要，能够达到一般照明的要求即可，我们更多的则是希望它能够为烘托一定的艺术效果或气氛提供帮助。房间其余部分由辅助照明来解决，这样就会有充分的余地运用装饰照明来处理空间细节。个人办公室的工作照明围绕办公桌的具体位置而定，有明确的针对性，对于照明质量和灯具造型都有较高的要求。

2. 会议室照明

会议室内的家具布置没有办公室那么复杂，使用功能也较单一，主要是解决会议桌上的照度达标的问题，照度应均匀，同时，与会者的面部也要有足够的照明，保证与会者能够清晰地相互看清楚每位与会人员的表情，尤其应该保证在有窗的情况下防止靠窗的人显出轮廓而需要的面部照度。通常，只要使人们的面部具有足够的垂直照度就能够解决这种现象（图2-120）。

3. 绘图办公室照明

绘图办公室对照明质量要求较高，如果照明不好，绘图工具往往会造成阴影，影响工作效率。选择间接照明和半直接照明方式能减少阴影。采用直接照明方式也同样有效，但是必须在绘图桌侧面进行照明，以减少光幕反射，可采用安装在绘图桌上带摇臂的绘图灯来进行辅助照明，根据实际情况调整，以消除阴影。

4. 带视频终端显示器的办公室照明

现代办公空间中越来越多的运用到视频显示终端，由于其屏幕与垂直面成20°角左右摆放，屏幕上的背景

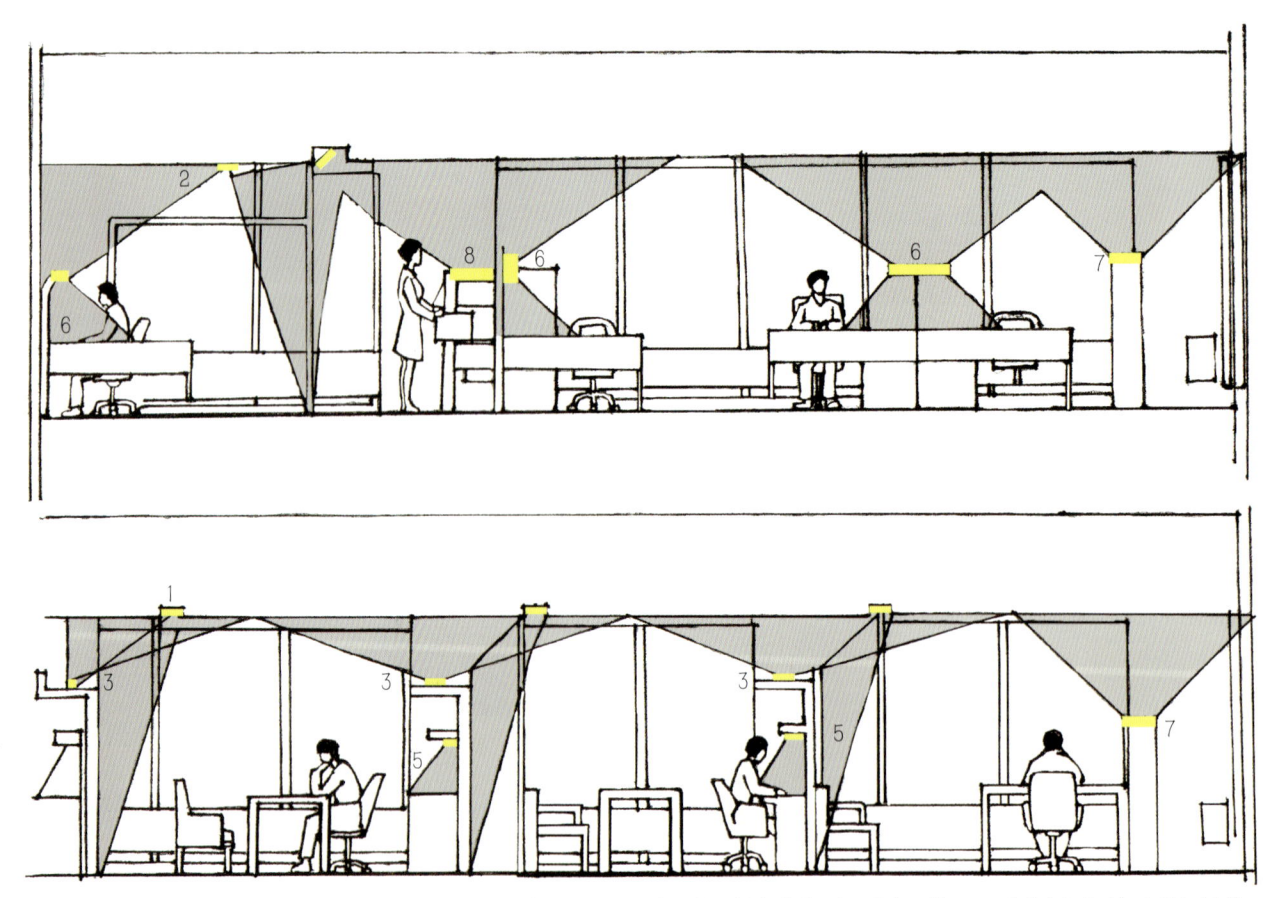

1—墙面照明用暗装式照明器（空间主要照明，重点照明）；2—墙面照明用吸顶式照明器（空间辅助照明，重点照明）；3—隐蔽光源的顶棚照明用照明器；4—墙面照明用顶棚暗装式照明器（空间主要照明）；5—个人房间用工作照明（可移动光源）；6—宽敞办公室用工作面照明（光源可移动，向上照明兼用）；7—顶棚照明用可移动照明器（稍暗的空间用）；8—档案柜用照明

图2-118 收银区照明

图2-119 工作照明

时常变化，周围物品的亮度（如键盘、纸张、操作者的衣服、灯具和窗户等）均会对屏幕产生影响。办公空间水平工作面的照度不宜超过500 lx。如果要求超过500 lx，可加局部照明来达到。纸面与视频显示终端屏幕之间的亮度比不超过3∶1。窗户应加窗帘，以克服室外过高的亮度，同时应注意灯具布置的合理性，使屏幕上的反射眩光达到最小。为使灯具能够获得舒适的亮度感，可安装有机玻璃板或格栅来控制。

5. 档案室照明

档案室应考虑水平、倾斜和垂直三个工作面的照明。档案室的均匀照明是为水平工作面服务的，同时在档案柜上可设置局部照明，并由附近的单独开关控制。

(a) 三个巨大的吊灯产生强烈的视觉冲击，提供会议桌的水平照度

(b) 灯具将方形吊顶凸显，正好与下方的方形会议桌呼应

图2-120 会议室照明

五、博物馆、美术馆室内照明设计

（一）博物馆、美术馆空间的展示照明设计

1. 展示空间的自然采光与人工照明

博物馆、美术馆的展示空间中的光环境需要结合建筑设计、室内设计及展示设计统一考虑，不仅要考虑是否被自然光照亮，还要考虑自然光和人工照明协调。自然光在构图和强度上可以不断变化，且显色性能最好，能体现出被照物品的造型和质感，但是在利用自然光时应注意对日光的控制，防止光线对展品的损坏，防止直射日光造成的展厅过热，防止眩光造成的视觉损伤和干扰。

2. 展示空间光环境设计的一般要求

（1）根据展品的感光性确定适宜的照度

展示空间一般照度达100 lx较宜，最低需要50 lx。不同类别的展品因其材质、色彩等的不同其感光度也不相同。因此，展示空间的一般照度应根据展品的类别来确定。为展品选择适宜的照度才能取得良好的展示效果。

（2）展示空间的光环境设计要以突出展品为主

在展示空间中，展品的照度宜大于展示空间的环境照度。展品与背景的照度比至少为2∶1时才容易显示出来。展柜的照明，因光线向上、向下、向侧反射，照度与展示空间照度之比要达到2∶1~3∶1左右。观众所在位置的照度宜为展品照度的1/5，观察时才较为明晰。

（3）展品的照度、展示空间的环境照度要均匀

一般画面最低照度和最高照度之比，不应小于0.7，特大画面不应小于0.3。

（4）防止光学辐射对展品的损害

藏品的蜕变与光学辐射有直接关系，由此引起的藏品损害可以划分为两个主要类型：热效应和化学效应。

光辐射的热效应是指由于获得入射的辐射能量而造成物体表面温度升高，超过环境温度，材料发生空间上的变形。破坏特别容易发生于吸湿材料（所有有机材料，如木材和皮毛）或表面由多层不同材料构成的物品（如由多层颜料绘制的作品）。控制辐射热效应最简单的办法，一是选择在红外线波段输出低的光源；二是使用红外线滤镜。

光辐射的化学效应是使物质分子发生化学变化的过程。四个因素决定了光化学作用的级别：辐射照度、辐射时间、入射辐射的光谱能量分布及接收材料的响应光谱。

造成藏品破坏的光学原因是化学效应和热效应。如果红外辐射对应光辐射的热效应，紫外线辐射对应光辐射的化学效应，展品保护问题将变得十分简单，只要消除UV（紫外线辐射）和IR（红外线辐射）即可。但是，可见光作为能量形式，同样能激发热效应和化学效应。因此，对于博物馆和美术馆藏品的保护，一是将其按对可见光的敏感度分类采取相应的照明设计（表2-25），二是控制可见光（表2-26）。

① 尽量避免产生眩光

眩光使人感到刺眼，引起眼睛不适，无法看清展品。为了保证展示效果，对展品、光源、观察者的相对位置的选择应该进行科学的计算。观赏陈列在不是从内部照明的展柜中的物体时，视觉经常会被外部光源、照亮的展品或其他物品的反射光所干扰，我们称之为反

表2-25　依照对于可见光敏感度的材料分类

种类	描述
不感光	物体完全由一种永久性的对光不敏感的材料组成。如多数金属、石头、多数玻璃、纯正陶瓷、珐琅和多数矿石
低感光度	物体由持久性的对光轻微敏感的材料组成。如油画、蛋彩画、壁画、未染色的皮革和木材、角、骨、象牙、漆器和部分塑料
中感光度	物体由对光中度敏感的易变材料组成。如服装、水彩画、蜡笔画、织锦、照片和素描、手稿、缩略图或模型、胶画颜料画、壁纸、树胶水彩画、染色的皮革和大多数自然史物品（包括植物标本、皮毛和羽毛）
高感光度	物品由高感光度材料组成。如丝绸、具有很高易变性的着色剂、报纸

表2-26 展品照度推荐值

展品类别	照度推荐值 (lx)
对光不敏感：金属制品、石质器物、陶瓷器、宝玉石器、岩矿标本、玻璃制品、搪瓷制品、珐琅器等	≤300 (色温≤6500)
对光较敏感：油画、蛋清画、不染色皮革、角制品、骨制品、象牙制品、竹木制品和漆器等	≤150 (色温≤4000)
对光特别敏感：纺织品、织绣品、绘画、纸质物品、彩绘、陶器、染色皮革、动物标本等	≤50 (色温≤2900)

射眩光。

一次反射眩光——光源通过画面，特别是带镜框的画面反射所产生。

二次反射眩光——由于观众自身或周围物品的亮度高于画面亮度，以致在玻璃面上反射影像而出现的眩光。

眩光不能和高光混淆，后者是由来自珠宝或金属物品之类的陈列品的光泽反射形成的高亮度的点或图案。高光对于视觉的影响很小，甚至有助于陈列品的展示。

② 阴影的调整

对雕刻、造型物等立体展品，照明阴影的状况对观赏价值有很大影响，应把主光源的照射方向和光照强度等予以调整，克服不良阴影的影响。

③ 合理安排光源投射角

合理安排灯光对展品的投射角，可以保障观众观看展品时达到良好的效果。视觉对不同灯光的投射角、灯光位置等有不同的要求（图2-121、图2-122）。

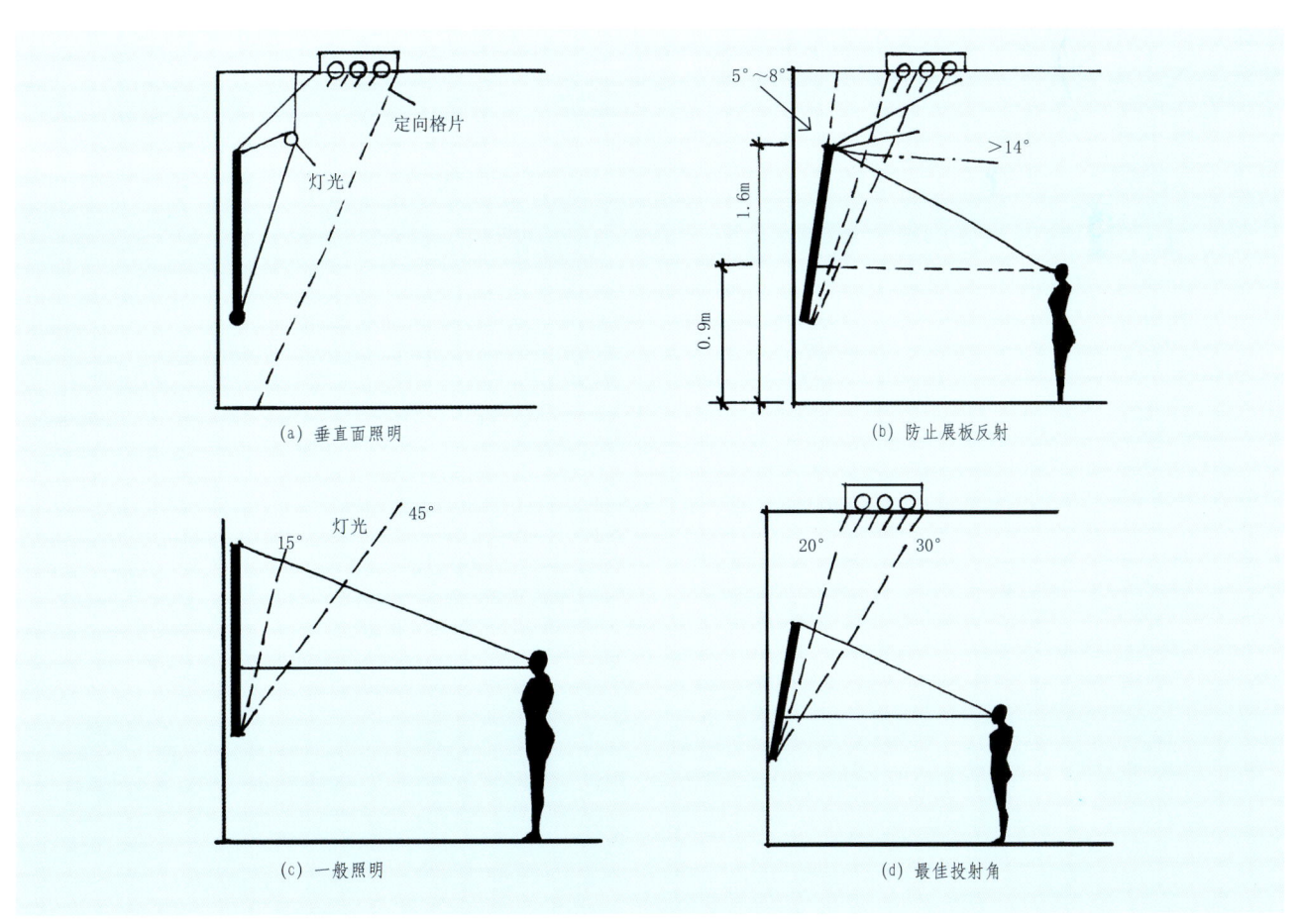

(a) 垂直面照明

(b) 防止展板反射

(c) 一般照明

(d) 最佳投射角

图2-121 灯光的最佳投射角

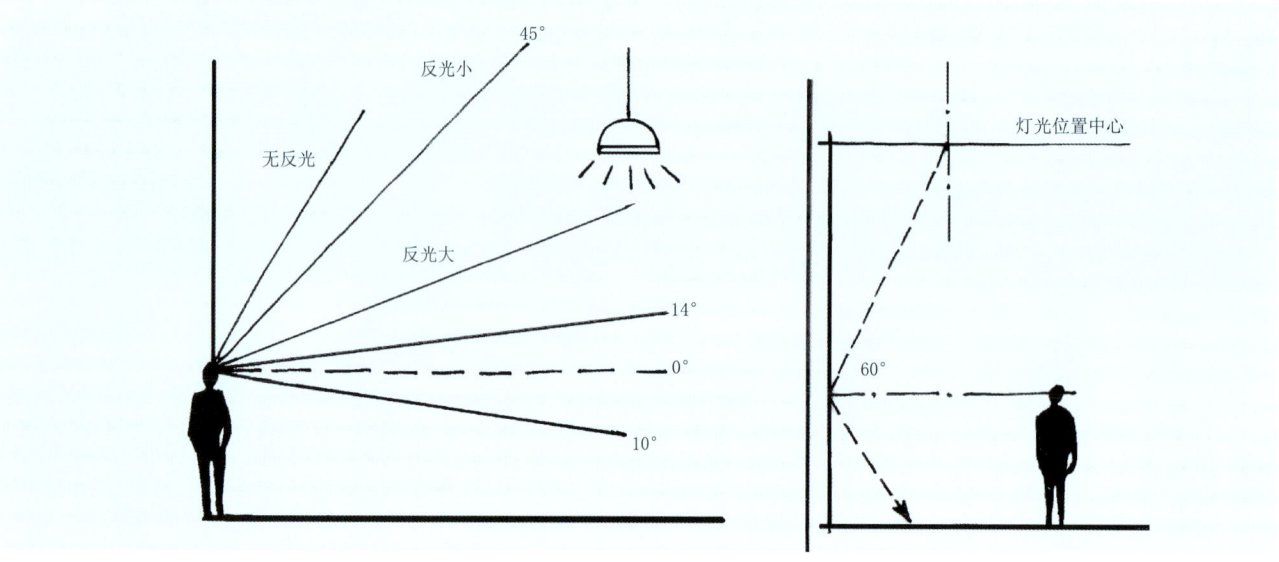

图2-122 灯光的最佳位置

3. 安保、维护照明

博物馆、美术馆因其房屋和展品的价值，在其建筑和室内设计的过程中非常重视安保系统的设计，安保照明则是安保系统中的重要组成部分。博物馆、美术馆中的展品通常对于光辐射比较敏感，因此开放时间以外的照明应该尽可能降低，用于安保和维护的照明应该尽量避免照射到展品，确保安保和维护照明不干扰展品保护和其他的视觉过程。

（二）常见的展示空间照明方式

1. 发光顶棚照明

通常由天然采光和人工照明结合使用（部分非顶层展厅由人工照明创造天然采光的效果），通过感光探头联动的控制系统实现两者的有机结合。其特点是光线柔和，适用于净空较高的博物馆。发光顶棚内部的人工照明通常由可调光的荧光灯管提供，其发光效率取决于灯具、灯具的反射状况和散射玻璃的透光能力。散射玻璃多采用磨砂玻璃、乳白玻璃、遮光玻璃等（图2-123）。

2. 格栅顶棚照明

与发光顶棚方案相比，透明板换成了金属或塑料格栅，其特点是亮度加强，灯具效率提高，但墙面和展品上照度不高，必须与展品的局部照明结合使用。在造价允许的情况下，格栅角度可调，通过与天空光的组合，以适应不同的展陈模式。

3. 嵌入式洗墙照明

可以灵活布置成光带，更可以将荧光灯具（部分卤钨灯也可）的反射罩根据项目特点进行定制加工，将光投射到墙面或展品上，增加其照度和均匀度，效果较好（图2-124）。

图2-123 博物馆的发光顶棚

图2-124 中国美术馆的嵌入式洗墙照明

4. 嵌入式重点照明

与嵌入式荧光灯结合使用，使照明形式多样，还可以通过特殊选择的反光罩达到局部加强照明的效果。此类方案对于灯具的要求相对严格，应具备尽可能大的灵活性，如光源在灯具内可旋转，光源能够精确锁定，能够根据项目需要更换不同功率的光源，反光罩可更换，可增设光学附件等（图2-125）。

5. 导轨投光照明

在天花顶部吸顶，或在上部空间吊装、架设导轨，灯具安装较方便，安装位置可任意调整。通常用作局部照明，起到突出重点的作用，是现代美术馆、博物馆常用的照明方法之一（图2-126）。

6. 反射式照明

通过特殊灯具或建筑构件将光源隐藏，使光线投射到反射面再照到画廊空间，光线柔和，形成舒适的视觉环境。需要注意的是，反射面为漫反射材质，反射面的面积不可过小，否则可能成为潜在的眩光光源。

六、工程实例

（一）美国自然历史博物馆海洋生物大厅

海洋生物大厅是一个非常特殊的环境，在近2700 m²的展厅里安置有14个精致的海洋生物立体模型，8处海洋生态系统展示，在展厅中央悬挂着一条长约27米的蓝鲸标本（图2-127）。

看似透明的天窗，实则已经被混凝土遮蔽，设计师希望创造一个类似大的发光盒子一样的漫射光照明效果，使之具有自然的感觉，让观众感觉光线是从玻璃表面外很远的地方照射过来的（图2-128）。

图2-125 嵌入式重点照明

图2-126 导轨投光照明

图2-127 照明设计力图强调蓝鲸标本和其他展品，同时彰显巨大天窗和建筑细部

图2-128 这是一个很特别的挑战，要选择一种漫射材料，可以令投射其上的水波效果实现，并从大厅的各个角度都能看到

图2-129 带有定制凸透镜的金卤投影灯

图2-130 天棚的间接照明系统

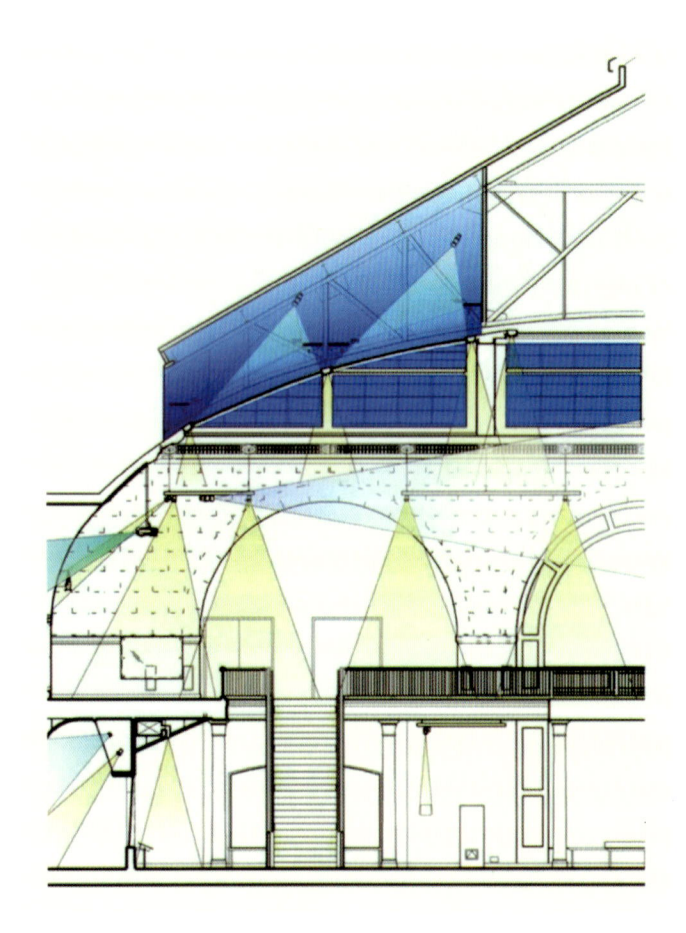

图2-131 大厅内一般照明由嵌入式石英筒灯、轨道式聚光灯和间接照明系统组成

图2-132 大面积玻璃幕墙使得整栋建筑显得温暖而有感染力

图2-133 人造天光顶棚上方安装有T16荧光灯提供散射光，环绕屋顶安装的格栅灯为桌椅提供直接照明

用于制造水波效果的照明系统包括金卤投影灯，它带有一个定制的凸透镜，用于在玻璃板上投射预先设置的图案，以产生水波效果（图2-129）。照明天棚采用了由两条双管荧光灯灯槽组成的间接照明系统（图2-130）。双管荧光灯分别发出蓝光和白光，对其进行调光，可以营造出不同的照明效果。

博物馆照明系统需要较低的运行费用，并且要便于维护。大厅的大部分环境照明使用了高光效的光源，配合调光系统使用后，这些光源仅需要很少的维护和更换（图2-131、图2-132）。

（二）德国基尔市州议会大厅

老州议会是一座令人肃然起敬的红砖大楼，在设计竞赛的任务书中要求通过一个玻璃构筑物将新议会大厅和原有的议会大楼连接起来，使扩建部分自成一体而又不穿透原有大楼的东侧立面（图2-133）。

议会大厅比门厅低1米，可以通过两个楼梯间进入。配有阶梯座位的议会旁听席层连接了新老建筑（图2-134）。

大面积的玻璃外墙使议会大厅在白天能获得充足的自然光，而随着昼光逐渐减暗，人造天光顶棚发出散射光提供环境照明，同时天花板将空间各处得到的直射光反射到整个空间中（图2-135）。

首层议员休息厅采用了卤钨下射灯，以网状形式紧密排列。从议员休息厅通往议会大厅的两条走廊中和议会大厅旁听席的下方都采用了下射灯（图2-136）。

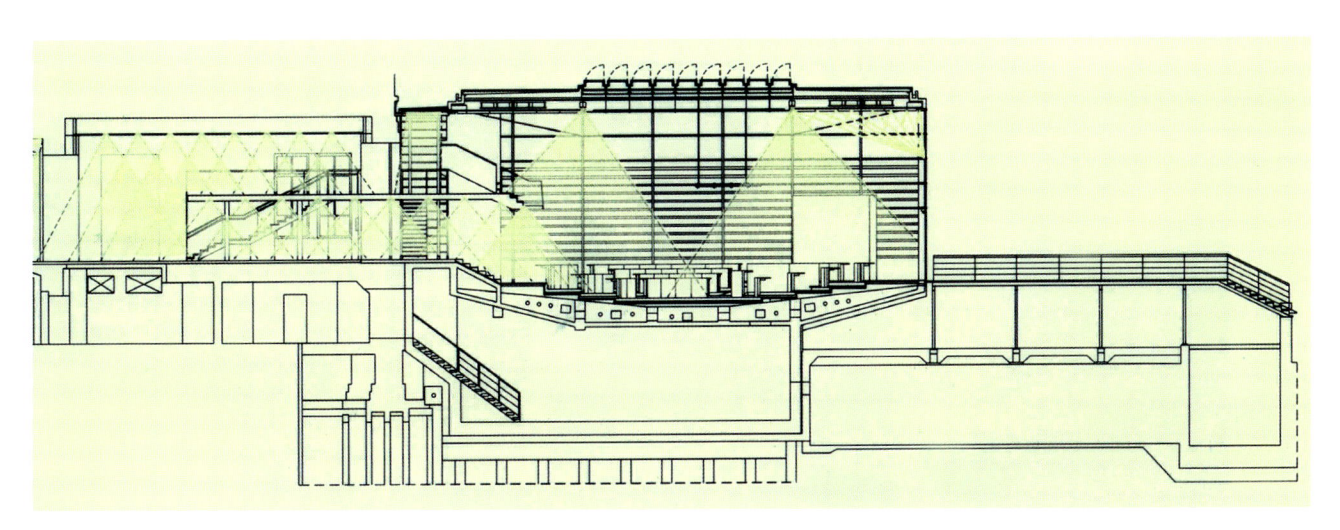

图2-134 议会大厅和入口大厅的剖面图

图2-135（b）天花构造的每一个凹槽内都设置了一个可灵活调控的灯具

图2-137 直接暴露在外面的水泥构件在这种照明方式下显得不再灰暗压抑

图2-135（a）独具特色的井字梁天花

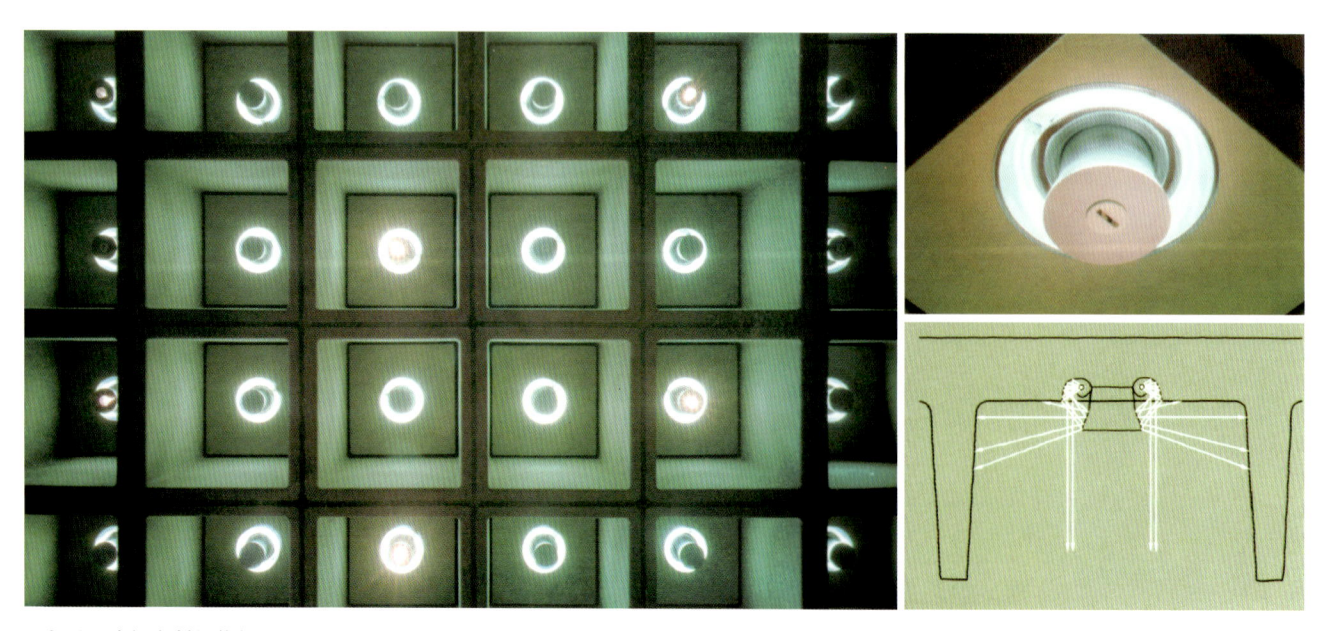

图2-136 专门定制的装备环形T5灯管的圆形灯具，并与扬声器组合在一起

室内环境物理设计

图2-138 大厅中央的中国园林,是建筑中古典与现代元素的结合

图2-139 地面部分以下照灯重点强调大厅的入口区域,以营造欢迎气氛

图2-140 使用洗墙灯照亮大厅的石材墙面,显出石材的光泽

(三) 德国慕尼黑加斯泰戈文化中心

加斯泰戈文化中心以砖和玻璃为主要外观材料,其最具特色的是横跨门厅与走廊的井字梁天花(图2-137)。

照明设计师的设计要点在于强调特征显著的天花结构,同时将照度水平提高到250 lx~300 lx。为了适应不同类型活动的需要,希望将照明系统与扬声器整合。最终设计出了一种使用环形T5荧光灯管的特殊装置,围绕光源的内外侧设置了反射曲面,使光线散射,为走廊和大厅提供均匀的照明(图2-138)。一个从照明装置中伸出的圆柱体起到了双重作用,它在容纳组件的同时,本身也是一个二次反射器,射到这个圆柱体上的光线被反射到周围天花结构表面上,使这些结构在将光线向下发射的同时,自身也成为装饰元素(图2-139)。

(四) 中国银行总行

中国银行总行大楼由贝聿铭家族设计,其儿子贝建中和贝礼中是这个项目的建筑设计师。贝氏将中庭设计为一个中式的庭院,同时这个庭院还提供通风采光之类的传统天井能够承担的一切功能,中庭成为这座建筑最为重要的公共空间,完美地将严肃性和现代性与中国传统的中轴线概念结合起来(图2-140)。

内外墙壁由暖色调石材构成,在暖色光照耀后尤其使人感觉柔和、舒适。建筑中使用的洗墙灯和下照灯都以卤钨灯作为光源,确保可以获得100%的显色性(图2-139、图2-140)。

七、作业任务

小型专卖店照明设计

1. 目的:掌握照明设计步骤,感受照明设计要领。

2. 方法:手绘构思草图、软件建模计算、查阅相关照明设计规范。

3. 内容:照明设计构思草图、橱窗草图、展台(展柜)草图、收银台草图、店面草图、布灯图、重点照明节点图、光源与灯具相关信息等。

4. 要求:通过手绘的形式表达设计理念,采用简单明了的表达方式将照明设计的方案体现出来。注意照明艺术与工程技术的结合,并符合相关规范。

第三章 声环境

第一节 声学基本知识

声音是人耳所能感觉到的"弹性"介质的振动，是压力迅速而微小的起伏变化传导进入人耳引起的感受。在陆地上，声音传播的介质为空气；在水下，声音传播的介质为水；在太空中的宇航员，因宇航服外真空的环境而缺少直接传声的介质，所以只能借助电波进行相互对话。

一、声音的产生、传播、频率、波长、速度

罗马建筑师Vitruvius在 De architectura ——他著名的《建筑十书》中说道："声音沿无穷循环的环传播，就像当一颗石子被扔进平静的水面时所产生的数不胜数的不断增加的环形波。不同的是，在水中圆是沿水平方向在一个平面上运动，而声波不但沿水平方向传播，同时在垂直方向上也有规律的阶段性的上升。"水面的波动见图3-1。

（一）声音的产生与传播

声音产生于物质的振动，例如工作的音箱、拨动的琴弦等。这些振动的物体称之为声源。对声波而言，当声源发声后，必须经过一定的介质才能向外传播。这种介质可以是气体，也可以是液体和固体。在受到声源振动的干扰后，介质的分子也随之发生振动，从而使能量向外传播。但必须指出，介质的分子只是在其未被扰动前的平衡位置附近作来回振动，并没有随声波一起向外移动。也就是说，声波传递的只是能量，不传递物质；而相对的，电磁波的传递既有能量又有物质。声音介质分子的振动传到人耳时，将引起人耳耳膜的振动，最终通过神经而产生声音的感觉。例如，扬声器的纸盆，当音圈通过交变电流时就会产生振动。这种振动引起邻近空气点疏密状态的变化，又随着介质依次传向较远的质点，最终到达接收者。

（二）频率

当声波通过弹性介质传播时，介质质点在其平衡位置附近作来回振动。质点完成一次完全振动所经历的时间称为周期，记为T，单位是秒（s）。质点在1 s内完成完全振动的次数称为频率，记为f，单位为赫兹（Hz），它是周期的倒数，即：

图3-1 水波

$$f=1/T$$

介质质点振动的频率即声源振动的频率。频率决定了声音的音调。高频声音是高音调,低频声音是低音调。人耳能够听到的声波的频率范围约在20 Hz~20000 Hz之间。低于20 Hz的声波称为次声波,高于20000 Hz的称为超声波。次声波与超声波都不能使人产生听觉。

（三）波长

在波动过程中质点的位移和方向总是相同的各点,它们的相位相同,在其传播途径上,相邻两个同相位质点之间的距离称为波长,记为λ,单位是米（m）；或者说,波长是声波在每一次完全振动周期中所传播的距离。

（四）速度

声波在弹性介质中传播的速度称为声速,记为C,单位是米每秒（m/s）。声速不是介质质点振动的速度,而是质点振动状态的传播速度。它的大小与质点振动的特性无关,而是与介质的状态、密度及温度有关。

当温度为0℃时,声波在不同介质中的传播速度为：

松木　3320 m/s　　软木　500 m/s
钢　5000 m/s　　　水　　1450 m/s

在空气中,声速与温度有如下关系：

$$c=331.4\sqrt{1+t/273}$$

式中　t——空气温度℃。

通常室温下（15℃）,空气中的声速为340 m/s。

声速、波长和频率之间有如下关系：

$$C=\lambda \cdot f$$

在房屋建筑中,频率为100 Hz~10000 Hz的声音很重要。它们的波长范围相当于3.4 m~0.034 m。这个波长范围与建筑内部的一些部件尺度相近。波动理论告诉我们,波在传播的过程中,遇到与波长相近的缺口或障碍物时,容易发生衍射,故在处理一些建筑声学问题时,对这一波段的声波尤其要引起重视。

（五）对声音的感受

人耳是声波最终的接收者。当声波的交变压力到达外耳时,可使鼓膜按入射声波的频率振动。这些振动经过几个听小骨放大,并通过内耳中的液体传递到神经末梢,最终传至大脑皮层,产生声音的感觉。人对声音的识别主要是依据音调的高低、声音的大小和音色（音品）的好坏,这三个基本性质称为声音的三要素。音调的高低主要取决于声音的频率,频率越高,音调就越高。同时,音调还与声压级和组成成分有关。声音的大小可用响度级表示。它与声音的频率和声压级有关。而音色则反映出复合声的一种特性,它主要是由复合声中各种频率成分及其强度,即频谱决定的。人耳可听闻的范围在频率、响度等方面均有一定的上、下限。

对于可听频率的上限,不同人之间可有相当大的差异,而且和声音的声压级也有关系。

一般青年人可听到20000 Hz左右的声音,而中年人只能听到12000 Hz~16000 Hz的声音。可听频率的下限,通常是20 Hz。

人耳可接受的声音的声压变化范围是很大的。人耳的最小可听声压极限与测试方法有关。在建筑声学中,通常用自由场最小可听阈表示。一般正常青年人在中频附近最小可听极限大致相当于基准声压,即2×10^{-5} Pa（声压级为0 dB）（dB为分贝）,当一个人最小可听极限提高时,可认为听觉灵敏度降低了。

人耳的最大可听极限可根据对由于极高声压级作用下致聋人员的调查来作出统计判断。在高声压级的作用下,人耳会感觉不舒服,甚至会产生疼痛的感觉。当声压级在120 dB左右时,人耳就会感觉不适；130 dB左右的声音会引起人耳发痒或产生痛感；150 dB左右的声音可能破坏人耳的鼓膜等听觉机构,引起永久性的损坏。当然,可容忍的最大声压级还与个人对声音暴露的经历有关。通常,经常处于强噪声环境中的人,可达到130 dB~140 dB；而无此经历的人,其极限约为125 dB。

（六）波阵面与声线

声波从声源出发,在同一介质中按一定方向传播,在某一时刻,波动所达到的各点的波迹面称为波阵面。波阵面为平面的波称为平面波,波阵面为球面的波称为球面波。由一点声源辐射的声波就是球面波,但在离声源足够远的局部范围可近似地把它看做平面波。当声源的尺度比它所辐射的声波波长小很多时,可看成是点声源。波阵面为同轴柱面的波，称为柱波面，它是由线声源发出的。如果把许多靠得很近的单个点声源沿一直线排列，就形成了线声源。波阵面为与传播方向垂直的平行平面的波称为平面波，它是由面声源发出的。在靠近一个大的振动表面处，声波接近于平面波。如果把许多距离很近的声源放置在一平面上，也类似于平面波声源。

我们常用声线来表示声波的传播方向。在各向同性的介质中，声线与波阵面互相垂直。

（七）声波的反射与绕射

1. 声波的镜像反射

声波在前进过程中，如果遇到尺寸大于波长的界面，则声波将被反射。图3-2所示的是光滑的表面对球面波反射的情况。图中虚线表示反射线，它像是从声源O的像——虚声源O'发出的，O'是O对于反射平面的对称点。如果用声源表示声波的传播方向，反射声线可以看作是从虚声源O'发出的。这一关系可以用镜像反射定律来说明：入射声线、反射声线和界面的法线在同一平面内，入射声线和反射声线分居法线两侧，入射角等于反射角。反射的声能与界面的吸声系数有关。

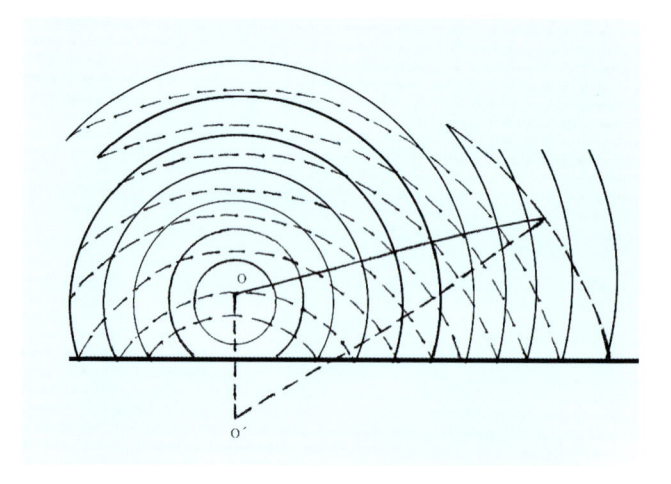

图3-2 声波的反射

2. 声波的扩散反射

声波在传播的过程中，如果遇到一些凸形界面，就会被分解成许多较小的反射声线，并且使传播的立体角扩大，这种现象称之为扩散反射。适当的声波扩散反射，可以促进声音分布均匀，并可防止一些声学缺陷的出现。但是，这些表面的凸出和粗糙不平处，最小需要达到声波波长的1/7时才能起到扩散作用。

扩散反射可分为完全扩散反射和部分扩散反射两种。前者是将入射的声线均匀地向四面八方反射，即反射的方向分布完全与入射方向无关，如图3-3所示；后者是指反射同时具有镜像和扩散两种性质，即部分镜像反射，部分作扩散反射，如图3-4所示。在室内声学中大多数的情况都是部分扩散反射，如方格天花板、有花纹的壁画、粗糙的墙画、观众区等。

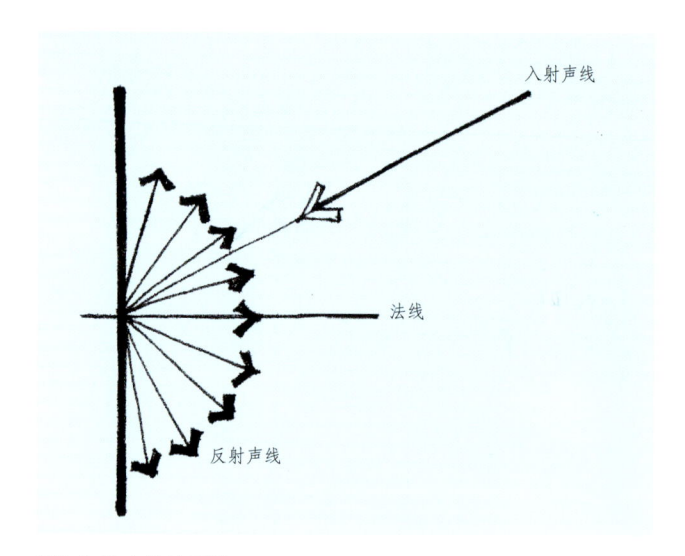

图3-3 完全扩散反射

3. 声波的聚焦反射

声波在传播的过程中，如果遇到一些凹形界面，凹面对声波形成集中反射，使反射声聚集于某个区域，就会造成声音在该区域特别响的现象。声聚焦现象会造成声能过分集中，使室内声压不均匀，使声能汇聚点的

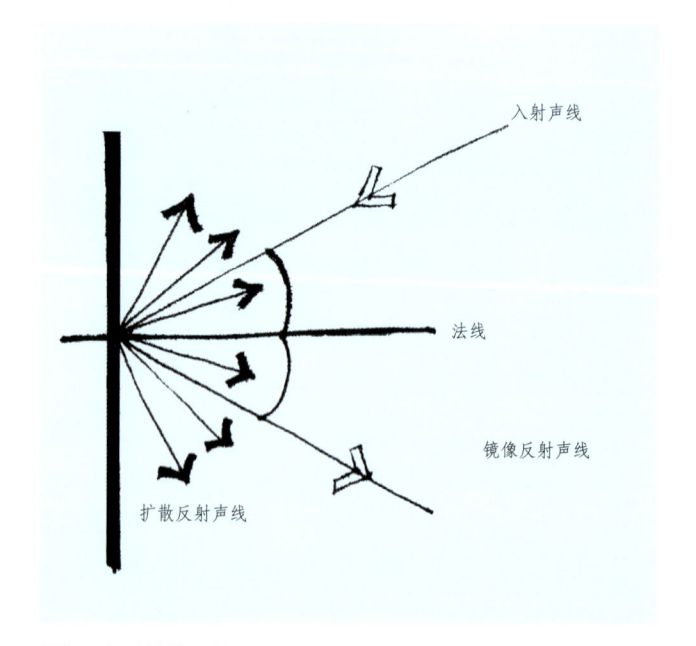

图3-4 部分扩散反射

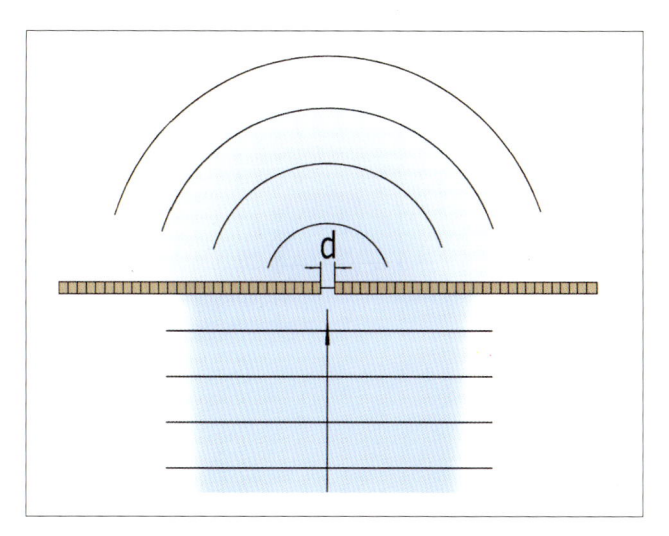

图3-5 小孔对前进波的影响

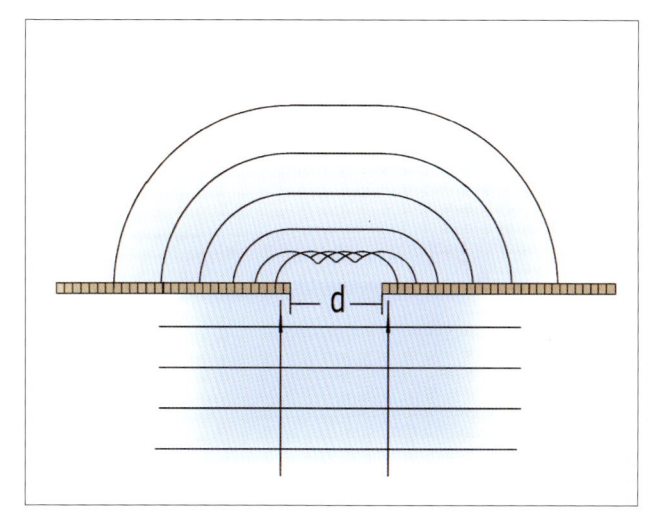

图3-6 大孔对前进波的影响

声音嘈杂，而其他区域听音条件变差，扩大了声场不均匀度，严重影响听众的听音条件，因此应该避开声聚焦这种缺陷。

4. 声波的绕射（衍射）

当声波在传播过程中遇到一块有小孔的障板时，并不会像几何光学的光线那样直线传播，而是绕到障板的背后继续传播，改变原来的传播方向，这种现象称为绕射。如果孔的尺度（直径d）与声波波长λ相比很小时（d≪λ），小孔处的空气质点可近似看做一个集中的新声源，产生新的球面波（图3-5）。当孔的尺度比波长大得很多时（d≫λ），新的波形则比较复杂（图3-6）。当声波遇到某一障碍板，声音绕过障碍板边缘而进入其背后的现象也是绕射的结果。例如，有人在教室里讲话，在室外的走廊虽看不见讲话者却能听见声音就是由于声波的绕射。声波的频率越低，波长越长，绕射的现象越明显。

5. 声波的透射与吸收

当声波入射到建筑材料或部件时，一部分声能被反射，一部分被吸收，还有一部分则透过建筑部件传递到了另一侧。其中反射声能E_r与入射声能E_0之比称为反射系数，记作r；透射声能与入射声能之比称为透射系数，记作τ。

但从入射波和反射波所在的空间考虑问题，常用下式来定义材料的吸声系数α：

$$\alpha = 1 - r = 1 - \frac{E_r}{E_0} = \frac{E_\alpha + E_r}{E_0}$$

我们可以把它们更为形象地表述：

透射：声音穿过表面进入到表面后的空间中，像光穿过一扇窗一样。

吸收：声波像水被海绵吸收一样被吸收了。

反射：声波入射到表面后像皮球撞到墙面后弹开般改变方向。

散射：声波入射到表面后像被保龄球击中的瓶子般向各个方向发散。

这些现象可能会同时发生，例如，当声波入射到一堵墙时，它在被反射的同时会有部分被吸收，因此，反射声不会像初始时那样响。一般的声音包含着各种不同的频率，而一些物体的表面对高频声的反射弱却对低频声的反射强，我们就常说该物体能够吸收高频声。因此在进行室内音质设计或噪声控制时，必须了解各种材料的隔声和吸声特性，从而合理地选用材料。

6. 几何声学

分析声波在室内传播的情况，可以用波动声学的理论进行，但这将涉及复杂的数学公式与推导。在工程实践中，主要采用"几何声学"的方法。几何声学适用的前提是：室内界面或障碍物的尺度以及声波传播的距离比声波波长大得多。除了低频段某些频率外，通常室内声学所考虑的问题，用几何声学来处理不致产生大的误差。在室内几何声学中，波的概念不太重要，而代之以声线的概念。声线具有明确的传播方向，且是直线传播的。它代表球面波的一部分，携带着声能以声速前进。由于在几何声学中用声线的概念来取代波的概念，因而通常不考虑衍射、干涉等现象。如果声场是几个分量的叠加，那么就是它们声强的简单相加，而不考虑它们之间的相位关系。

当声线碰到室内任一界面时它将被反射，反射角与入射角相等。我们利用几何声学的方法可以得到一个很直观的声音在室内传播的图形（图3-7）。从图中可以看到，对于一个听者，接收到的不仅有直达声，而且还有陆续到达的来自顶棚、地面以及墙面的反射声。它们有的经过一次反射，有的经过二次甚至多次反射。图3-7中A与B均为平面反射，所不同的是离声源近者（A），由于入射角变化较大，反射声线发散较大；离声源远者（B），各入射线近乎平行，反射声线的方向也接近一致。C与D是两种反射效果截然不同的曲面。凸曲面（C）使声线束扩散，凹曲面（D）则使声音集中于一个区域，形成声音的聚焦。对于一个曲面，只要确定了它们的圆心和曲率半径，就可以利用几何作图的方法进行声线分析。

据研究，在室内各接收点上，直达声以及反射声的分布情况对听音有很大的影响。利用几何作图方法可以将各个界面对声音的反射情况进行清楚的分析，但由于经过多次反射后，声音的反射情况已相当复杂，有的已接近无规分布。所以，通常只着重研究一、二次反射声，并控制它们的分布情况以改善室内音质。

二、声音的计量

（一）声音的计量

1. 声功率

声源辐射声波时对外做功。声功率是指声源在单位时间内向外辐射的声能，记作W，单位是瓦（W）或微瓦（μW）。声源声功率是指全部可听频率范围所辐射的功率，或指在某个有限频率范围所辐射的功率（通常称为频带声功率）。在建筑声学中，声源所辐射的声功率一般可看作是不随环境条件而改变的，它是属于声源本身的一种特性。表3-1中列出了几种声源的声功率。

声功率不应与声源的其他功率相混淆。例如扩声系统中所用的扩大器的电功率通常是数十瓦，但扬声器的效率一般只有千分之几，它辐射的声功率只有百分之几瓦。电功率是声源的输出功率，而声功率是声源的输出功率。室内声源的声功率一般是很微小的。人讲话时，声功率是10μW~50μW；40万人同时大声讲话时所产生的功率也只相当于一只40W灯泡的功率；独唱或一件乐器发出的声功率是几百至几千微瓦。如何充分合理利用有限的声功率，是室内声学设计应注意的中心问题之一。

2. 声强

声强是衡量声波在传播过程中声音强弱的物理量。声场中某一点的声强，即指单位时间内，在垂直于声波传播方向的单位面积上所通过的声能量，符号为I，单位是瓦每平方米（W/m²），由下式表示：

$$I = \frac{W}{S}$$

式中　W——声源声功率，单位W；
　　　S——声能所通过的面积，单位m²。

空间的点声源，声波向各方向扩散，为球面波。对于球面波而言，随着传播距离的增加，波阵面也随之扩大。在与声源相距r米处，球面的面积为$4\pi r^2$，则该处的声强为：

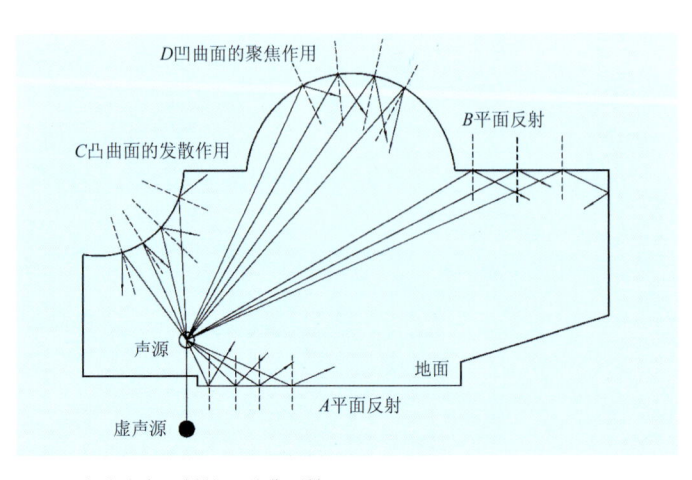

图3-7 室内声音反射的几种典型情况

表3-1　几种不同声源的声功率

声源种类	声功率
喷气飞机	10KW
汽锤	1W
汽车	0.1W
钢琴	2mw
女高音	1000μW~7200μW
对话	20μW

$$I = \frac{W}{4\pi r^2}$$

由此可知，对于球面波而言，其声强与点声源的声功率成正比，而与到声源的距离平方成反比。

3. 声压

介质质点由于声波作用而产生振动时所引起的大气压力的起伏称为声压，记作p，单位是帕斯卡，简称（Pa）。任何一点，声压都是随时间而变化的。

4. 声级

正常的人耳所能感知的声强和声压的范围是很大的。对于1000′Hz的纯音，人耳刚能听见的闻阈声强是10^{-12}′W/m²，相应的声压是2×10^{-5}Pa；而使人耳产生痛觉的痛阈声强是1W/m²，相应的声压为20Pa。可以看出，人耳可容许的声强范围相差10^{12}倍，即一万亿倍，其声压也相差一百万倍。因此，很难直接用声强或声压来计量。如果改用对数标度，就可以压缩量程范围。同时，人耳对声音大小的感觉也并非与声强、声压成正比，而是近似地与声强或声压的对数值成正比。所以，对声音的计量常采用对数标度，于是就引入了"级"的概念。在声学中，级表示一个量与同类基准量之比的对数。

5. 声压级L_p

压力的变化比较容易测量，所以常用它来计量。声压级是声压与基准声压之比的对数乘以20，记作L_p，单位也是分贝（dB），可表示为：

$$L_p = 20\lg\frac{P}{P_0}$$

式中　P——某点的声压，Pa；
　　　P_0——基准声压，2×10^{-5}Pa。

声压级是无量纲量，是相对比较的值，其数值大小与所规定的参考值有关。在级的分贝标度中，压缩了人耳感觉上下限范围量程的数量级，并接近人耳的感觉变化。表3-2列出了一些声源在一定距离处的声强值、声压值和他们所对应的声压级以及与其相应的声学环境。

（二）声级的计算

当几个声音在同一方向传播时，它们的总声压是各个声压平方和的平方根：

表3-2　声强、声压与对应的声强级、声压级以及相应的环境

声强（W/m²）	声压（N/m²）	声压级（dB）	相应的环境
10^2	200	140	离喷气机口3m处
1	20	120	疼痛阈
10^{-1}	$2\times\sqrt{10}$	110	风动铆钉机旁
10^{-2}	2	100	织布机旁
10^{-4}	2×10^{-1}	80	交通噪音
10^{-6}	2×10^{-2}	60	相距1m处交谈
10^{-8}	2×10^{-3}	40	办公室
10^{-10}	2×10^{-4}	20	专业录音室
10^{-12}	2×10^{-5}	0	人耳最低可闻阈

$$P=\sqrt{P_1^2+P_2^2+\cdots+P_n^2}$$

声压级叠加时，不能进行简单的算术相加，而是要按照"级"的加法规律进行，即要采用对数运算规则。对于几个声压均为p的声音，叠加后的声压级是：

$$L_p = 20\lg\frac{\sqrt{nP^2}}{P_0} = 20\lg\frac{\sqrt{n}P}{P_0} = 20\lg\frac{P}{P_0} + 10\lg n$$

从上式可以看出，几个声压相等的声音级叠加，它们的总声压级并不是$n\cdot20\lg\frac{P}{P_0}$，而是只增加了$10\lg n$。例如，两个功率相等的音响一起工作产生的声级，只比单个音响增加了3 dB，而不是增大一倍，而三个相同的声级叠加，只比单个声级增加4.8 dB。因此根据对数规则的声音级叠加运算，如果两个声压差超过15 dB，则附加值可以忽略不计，例如某发动机产生的噪音70 dB，在其旁边的电机噪音为50 dB，两者共同作用的噪音增量很小，仍可看做70 dB。目前在测量声音时使用的仪器为"声级计"，读数称为"声级"，单位是分贝。

（三）声音的频谱

在通常的建筑声学测量中，为了全面了解声源的特性，除了要知道声源在某一点产生的声能外，还需了解声能在整个频率范围划分成一系列连续的频带。研究精度要求高时，频带可以划得较窄，而要求不高时，则可

将频带放宽。通常采用倍频带和1/3倍频带两种划分。

例如，琴键的低音A的频率为220 Hz，中音A的频率是440 Hz，而高音A的频率为880 Hz，则可以说从低音A到高音A的频率相差两个倍频程。根据人耳的听觉特性，建筑中常测的频率有125 Hz、250 Hz、500 Hz、1000 Hz、2000 Hz、4000 Hz，它们也是倍频关系。

声音的频谱分为线状谱和连续谱。音乐的频谱是断续的线状谱，如图3-8所示的是单簧管的频谱。而噪声大多是连续谱，图3-9表示了几种噪声的频谱。

音乐声中往往包含有一系列的频率成分，其中的一个最低频率声音称为基音，人们据此来辨别音调，其频率称为基频；另一些则称为谐音，它们的频率都是基频的整数倍，称为谐频。这些声音组合在一起，就决定了音乐的音色或音质。

了解声源的频谱特性很重要。在噪声控制中，必须了解噪声是由哪些频率成分组成的，哪些频率成分比较突出，从而首先处理这些成分，以便有效地降低噪声。在音质设计中，则应尽量避免声音频谱发生畸变，以保证良好的音质。

声音的强弱、音调的高低和音色的好坏，是声音的基本性质，即所谓声音三要素。

声音的强弱可用声级表示，而音调主要决定于声音的频率，频率越高，音调越高；但它还和声压级及其组成成分有关。例如，有两个纯音，它们的频率相同，但如果它们的声压级不等，听起来也感到音调不同。复合声音调的高低，还随组成该复合声的频率成分的不同而不同。对于由两个频率很接近的纯音组成的复合声，人耳感觉到的是平均频率的音调的高度。对于两个频率相差较大的纯音所组成的复合声，人耳能辨别出每个成分的不同音调。如果许多频率成分中的某一频率成分非常强，复合声的音调高低就可能由该频率决定。乐器发出的复合声系由基音和泛音组成，所有频率都是基频的整数倍，这样的复合声即使基音成分很弱，某音调的高度也是由基音频率决定的。

不同的人所发出的嗓音，各种乐器所发出的乐音，即使它们具有相同的音调和相同的声压级，仍然可以把它们分辨出来，这是因为它们具有不同的"音色"。"音色"是反映复合声的一种特性，它主要是由复合声成分里各种纯音的频率及其强度（振幅）决定的，即由频谱决定的。虽然基音相同，但由于各种声源的性质不同，

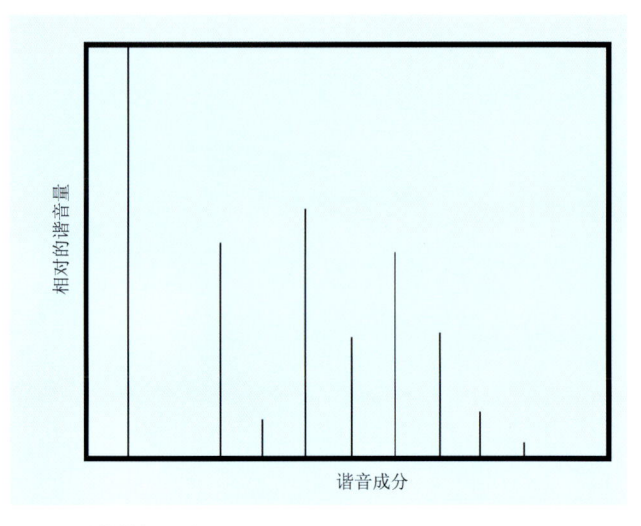

图3-8 单簧管的频谱

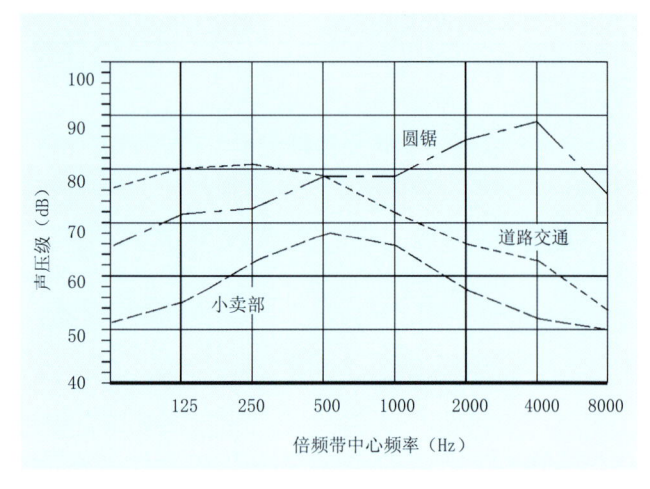

图3-9 噪声的频谱

其泛音成分也各不相同，因而组成的复合声也不相同，人们根据不同泛音的频率成分及其相对强弱来区分各种不同的音色。一般说来，泛音多，且低次泛音足够强，音乐就优美动听。在厅堂音质设计中和采用电声设备时，应保证语言——音乐的原有频谱不改变，不发生音色失真现象。

三、吸声材料特性

为了解决声学问题，吸声材料的研制、生产和运用日显重要。早些时候，吸声材料主要用于对音质要求较高的场所，如音乐厅、剧院、礼堂、播音室等。后来则用于一般建筑物内，如教室、车间、办公室、会议室等，为了控制室内噪声，而广泛使用吸声材料。有些本身并无多大吸声的材料或构件，经过打孔、开缝等简单的机械

加工和表面处理,形成吸声结构,也得到广泛的应用。吸声材料往往与隔声材料结合使用,以获得良好的声学特性。

所有建筑材料都有一定的吸声特性,工程上把吸声系数比较大的材料和结构(一般大于0.2)称为吸声材料或吸声结构。吸声材料和吸声结构的主要用途有:在音质设计中控制混响时间、消除回声、声聚焦等音质缺陷;在噪声控制中用于室内吸声降噪以及通风空调系统和动力设备排气管中的管道消声。

材料和结构的吸声能力用吸声系数表示。同一种材料和结构对于不同频率的声波有不同的吸声系数。通常采用125 Hz、250 Hz、500 Hz、1000 Hz、2000 Hz、4000Hz六个频率的吸声系数来表示材料和结构的吸声频率特性。有时也把250 Hz、500 Hz、1000 Hz、2000 Hz四个频率吸声系数的算术平均值称为"降噪系数"(NRC),用在吸声降噪时粗略地比较和选择吸声材料。

(一)材料和吸声结构分类

吸声材料和吸声结构的种类很多,依其吸声机理可分为三大类,即多孔吸声材料、共振型吸声结构和兼有两者特点的复合吸声结构,如矿棉板吊顶结构等。

根据材料的外观和构造特征,吸声材料大致可分多孔材料、板状材料、穿孔板、柔性材料等(表3-3)。材料外观和构造特征与吸声机理有密切的联系,同类材料和结构具有大致相似的吸声特性。

(二)多孔吸声材料

多孔材料是普遍运用到的吸声材料。最初是以麻、棉、毛等有机纤维材料为主,现在则大部分由玻璃棉、超细玻璃棉、岩棉、矿棉等无机纤维材料代替。除了棉状的以外,还可以用适当的粘黏着剂制成板材或毡片。

吸声机理及吸声特性:

多孔吸声材料的构造特点是具有大量内外连通的微小间隙和连续气泡,因而具有通气性,这是多孔吸声

表3-3 主要吸声材料的种类

名称	示意图	例子	主要吸声特性
多孔材料		矿棉、玻璃棉、泡沫塑料、毛毡	本身具有良好的中高频吸收,背后留有空气层时还能吸收低频
板状材料		胶合板、石棉水泥板、石膏板、硬质板	吸收低频比较有效(吸声系数0.2-0.5)
穿孔板		穿孔胶合板、穿孔石棉水泥板、穿孔石膏板、穿孔金属板	一般吸收中频,与多孔材料结合使用吸收中高频,背后留大空腔还能吸收低频
成型顶棚吸声板		矿棉吸声板、玻璃棉吸声板、软质纤维板	视板的质地而别,密实不透气的板吸声特性同硬质板状材料,透气的同多孔材料
膜状材料		塑料薄膜、帆布、人造革	视空气层的厚薄而吸收低中频
柔性材料		海绵、乳胶块	内部气泡不连通,与多孔材料不同,主要靠共振有选择地吸收中频

材料最基本的构造特征（图3-10）。当声波入射到多孔材料表面时，声波能顺着微孔进入材料内部，引起孔隙中的空气振动。由于空气的黏滞阻力，空气与孔壁的摩擦，使相当一部分声能转化成热能而被损耗。此外，当空气绝热压缩时，空气与孔壁之间不断发生热交换，由于热传导作用，也会使一部分声能转化为热能。

所以多孔材料吸声的先决条件是声波能很容易地进入微孔内，因此不仅材料内部，而且材料表面上均应有大量连续的微孔，如果微孔被灰尘污垢或抹灰油漆等封闭，其吸声性能会受到不利的影响。某些保温材料，如聚苯和部分聚氯乙烯泡沫塑料，内部也有大量气泡，但大部分为单个闭合，互不连通，因此，吸声效果不好。另外墙体表面粗糙，如水泥拉毛做法，并没有改善其水泥透气性，形成孔洞，因此并不能提高其吸声系数。

多孔吸声材料吸声频率特性是：中高频吸声系数较大，低频吸声系数较小。

多孔材料的吸声性不仅取决于材料本身的物理特性，还取决于安装条件。当多孔材料与刚性壁之间留有空腔时，与材料实贴在刚性壁上相比中低频吸声能力会有所提高，其吸声系数随空气层厚度的增加而增加，但增加到一定值后效果就不明显。

多孔吸声材料在使用时，往往需要加饰面层。由于面层可能影响其吸声特性，故必须谨慎从事。在多孔材料表面油漆或刷涂料，会降低材料表面的透气性，从而影响其吸声系数，使高中频吸声系数降低，尤以高频下降更为明显，低频吸声系数则稍有提高。为减少涂层对吸声特性的影响，可在施工中采用喷涂来代替涂刷。

多孔材料外加饰面可采用透气性好的阻燃织物，也可采用穿孔率在30%以上的穿孔金属板。饰面板穿孔率降低，中高频吸声系数就降低。

多孔材料受潮吸湿后水分堵塞材料内部微孔，降低孔隙率，从而降低高中频吸声系数。吸湿还会使材料变质，故多孔材料不宜在潮湿的环境中使用。

超细玻璃棉（图3-11）是以石英砂、长石、硅酸钠、硼酸等制造玻璃的原料为主，经过高温熔化制成小于2μm的纤维棉状，再添加热固型树脂黏合剂加压高温定型制造出各种形状规格的板、毡、管材制品。其表面还可以粘贴铝箔或PVC薄膜。该产品具有容重轻、导热系数小、吸声系数大、阻燃性能好等特点。可广泛用于

图3-10 多孔矿棉吊顶板

图3-11 超细玻璃棉

热力设备、空调恒温、冷热管道、烘箱烘房、冷藏保鲜及建筑物的保温、隔热、隔音等方面。

（三）空腔共振吸收结构

最简单的空腔共振吸声结构是亥姆霍兹共振器，它是一个封闭空腔通过一个开口与外部空间相联系的结构。各种穿孔板、狭缝板背后设置空气层形成吸声结构，根据他们的吸声机理，均属空腔共振吸声结构。这类结构取材方便，如可用穿孔的石棉水泥板、石膏板、硬质纤维板、胶合板以及钢板、铝板等。使用这些板材和一定的结构做法，可以很容易地根据要求来设计所需的吸声特性并在施工中达到设计要求，而且材料本身具有足够的强度，所以这种吸声结构在建筑中使用比较广泛（图3-12）。

亥姆霍兹共振器的吸声原理可由图3-13加以说明，图3-13（a）是亥姆霍兹共振器示意图。它由一个体积为V的空腔通过直径为d的小孔与外界相连通，小孔深度为t。当入射声波频率f和系统固有频率f_0相等时，将引起孔颈空气柱的剧烈振动，并由于克服孔壁摩擦阻力而消耗声能。图3-13中（b）所示的穿孔板吸声结构，

图3-12 某观演厅墙壁的穿孔板

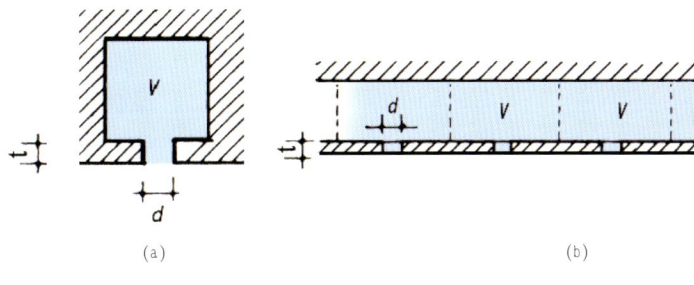

图3-13 穿孔板吸声结构

可以看做是多个亥姆霍兹共振器的组合。

穿孔板结构在共振频率附近吸声系数最大,另外由于空腔深度大,在低频范围将出现共振吸收,若在板后铺放多孔材料,还将使高频具有良好的吸声特性,中频范围呈过渡状态,吸收稍差些。因此这种吸声结构具有较宽的吸声特性。

穿孔板吸声结构空腔无吸声材料时,最大吸声系数为0.3~0.6。这时穿孔率不宜过大,以1%~5%比较合适。穿孔率大,则吸声系数峰值下降,且吸声带宽变窄。

在穿孔板吸声结构空腔内放置多孔吸声材料,可增大吸声系数,并扩宽有效吸声频带,尤其当多孔材料贴近穿孔板时吸声效果最好。

(四)薄膜与薄板吸声结构

皮革、人造革、塑料薄膜、不透气帆布等材料具有刚度小、不透气、受拉时具有弹性等特性。当膜后设置空气层时,膜和空气层形成共振系统。膜状结构的共振频率通常在200 Hz~1000 Hz之间,最大吸声系数为0.30~0.40。

当膜很薄时,膜加多孔吸声材料结构主要呈现多孔材料的吸声特性,这时膜成为多孔吸声材料的面层。

把胶合板、石膏板、石棉水泥板、金属薄板等板周边固定在龙骨上,板后留有一定深度的空气层,就构成薄板共振吸声结构。当声波入射到薄板结构时,薄板在声波交变压力激发下而振动,消耗一部分声能而起到吸声作用。

建筑中薄板吸声结构共振频率多在80 Hz~300 Hz

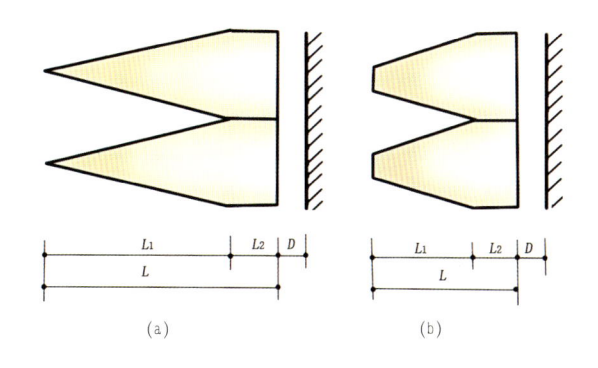

图3-14 尖劈结构示意图

之间,最大吸声系数为0.2~0.5。如果在空气层中填充多孔吸声材料,或在板内侧涂刷阻尼材料,可以提高吸声系数。

薄板吸声结构表面涂刷普通油漆或涂料,吸声性能不会改变。建筑中的架空木地板、大面积的抹灰吊顶、玻璃窗等也相当于薄板共振吸声结构,对低频声有较大的吸收。

(五)强吸声结构

在消声室等一些特殊声学环境中,要求在一定频率范围内,室内各表面都具有极高的吸声系数(如高达0.99以上)。这种场合往往使用吸声尖劈(图3-14)。

尖劈常用钢丝制成框架,在框架上固定玻璃丝布、塑料窗纱等面层材料,再往框内填装多孔吸声材料,也可将多孔材料制成毡状裁成尖劈形状后装入框内。多孔材料多采用超细玻璃棉及岩棉等。由于尖劈头部面积较小,它的声阻抗从接近空气阻抗逐渐增大到多孔材料的声阻抗。由于声阻抗是逐渐变化的,因此,声波入射时不会因阻抗突变而引起反射,使绝大部分声能进入材料内部而被高效吸收,图3-15为某消音室内部。

图3-15 某消音室

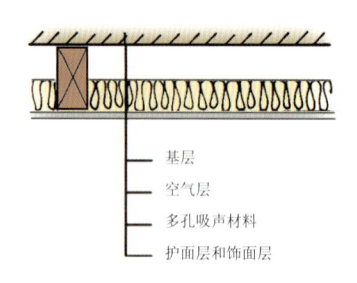

图3-16 吸声结构基本做法
- 基层
- 空气层
- 多孔吸声材料
- 护面层和饰面层

（六）综合考虑

在声环境控制中，选择何种吸声材料常需作多方面考虑。

从吸声性能考虑，超细玻璃棉、岩棉、阻燃麻绒、聚氨酯吸声泡沫塑料等都具有良好的中高频吸声特性，增加厚度或材料层背后留有空气层还能获得较大的低频吸声量，可作为首选的吸声材料。有时为了增加低频吸声，则选用穿孔板或薄板吸声结构。

除吸声性能外，还必须考虑防火要求，应选用不燃或阻燃材料。在一些重要场合，如电视演播室等必须使用不燃材料。随着建筑防火要求的提高，早期使用的可燃有机纤维吸声材料如刨花板、木丝板等早已不能使用。

由于多孔吸声材料吸湿后吸声性能降低，应在墙体干燥后再做吸声面层，并且不宜在潮湿的场合使用。对于洁净度要求特别高的房间，也不应选用多孔吸声材料。上述两种环境，要获得较强吸声效果，可选用微穿孔板吸声结构。

此外，选择吸声材料时，尚需考虑其力学强度、耐久性、化学性质、尺寸的稳定性、装饰效果以及是否便于施工安装等因素。

常用的多孔吸声材料，如超细玻璃棉等，使用时必须有护面层。为防止面层对其吸声性能的影响，面层材料应具有良好的透气性。为防止多孔吸声材料纤维逸出，可先用玻璃丝布覆盖或包裹，再用钢板网或铝板网等做护面层。在一些装饰要求较高的场所，可在钢板网外再加上一层阻燃织物。这样既美观、吸声又好。随着织物阻燃处理技术的发展，利用织物作为吸声材料的面层具有良好的应用前景。图3-16为吸声结构基本做法。

采用穿孔板作为多孔吸声材料面层时，穿孔率最好在20%以上。金属穿孔板穿孔率几乎不受限制，是理想的面层材料。由于受强度限制，石膏板的穿孔率较小，不宜选作面层。此外在穿孔面板表面油漆或刷涂料时应注意防止孔洞堵塞。

四、作业任务

建筑声环境调研分析

1. 目的：熟悉声学基本概念与知识。

2. 方法：以某室内或室外小空间为场景，分析不同的人在其中的活动范围或流线，思考环境声音对人的影响。场景如办公室、图书馆或者小餐厅。

3. 内容：环境特征分析：如背景声、干扰声的声音来源，音量大小，声音特点，分布规律等等；行为要点分析：如行为需求、行为对象等等；勾勒分析草图，形成概念设计。

4. 要求：场景要素完备，分析要点具体。

第二节 建筑隔声设计与噪声控制

现代工业文明在给人类带来极大方便的同时，也带来了前所未有的噪声干扰。当今世界，地上的汽车、空中的飞机、工厂中的机械设备、工地的施工机械、大街上拥挤的人群、住宅楼喧闹的邻居……无不发出令人厌烦的噪声。噪声已经和水污染、空气污染、垃圾污染并列为现代世界的四大公害。

所谓噪声，就是人们不需要的声音。它包括杂乱无章的、影响人们工作、休息、睡眠的各种不协调声音，甚至谈话声、脚步声、不需要的音乐声都是噪声。与人们接触时间最长、危害最广泛、治理最困难的噪声是生活和社会活动所产生的噪声。生活噪声虽然不会对人产生生理危害，但会使人烦躁、心神不定，干扰休息和工作。

噪声的危害是多方面的，主要有影响听闻、干扰人们的生活和工作等。当噪声强度较大时，还会损害听力及引起其他疾病。

任何一个噪声污染事件都是由三个要素构成的，即噪声源、传声途径和接收者，接收者是指在某种生活和工作活动状态下的人和场所。建筑设计中的噪声控制问题，首先要考虑接收者的问题，根据建筑功能要求，确定噪声允许水平；然后调查了解可能产生干扰的噪声源的空间与时间分布的噪声特性；进而分析噪声通过什么传声途径传到接收者处，在接收者处造成多大的影响。如果在接收者处产生噪声干扰，则应考虑采取管理上的和技术上的噪声控制措施来降低接收点处的噪声，以满足允许的要求。

一、评价指标

噪声评价是对各种环境条件下噪声作出对其接受者影响的评价，并用可测量和计算的评价指标来表示影响程度。噪声评价涉及因素很多，它与噪声的强度、频谱、持续时间、随时间的起伏变化以及出现时间等特性有关；也与人们的生活和工作性质内容和环境条件有关；同时与人的听觉特性和人对噪声的生理及心理反应有关；此外还与测量条件和方法，标准化和通用性考虑等因素有关。早在20世纪30年代，人们就开始了噪声评价研究。自那时以来，先后有上百种评价方法被提出，被国际上广泛采用的就有二十几种，图3-17为某厂房的工作噪音测量。

（一）常用噪声评价方法及其评价指标

1. A声级 L_A

这是目前全世界使用最广泛的评价方法，几乎所有的环境噪声标准均用A声级作为基本评价量。它是由声级计上的A计权网络直接读出，用 L_A 表示，单位是dB（A）。A声级反映了人耳对不同频率声音响度的计权。长期实践和广泛调查证明，不论噪声强度是高是低，A声级皆能较好地反映人的主观感觉，即A声级越高，感觉越吵。

2. 等效连续A声级（简称等效声级）L_{eq}

对于声级随时间变化的起伏噪声，其 L_A 是变化的，不能直接用一个 L_A 值来表示。因此，人们提出了等效声级的评价方法，也就是在一段时间内能量平均的方法。等效声级的概念相当于用一个稳定的连续噪声，其A声级值为 L_{eq} 来等效起伏噪声，两者在观察时间内具有相同的能量。

一般实际测量时，多半是间隔读数，即离散采样，然后通过能量平均的方法计算。建立在能量平均概念上的等效连续A声级被广泛应用于各种噪声环境的评价。但它对偶发的短时的高声级噪声的出现不敏感。例如在寂静的夜晚有为数不多的高速卡车驰过，尽管在卡车驰过时短时间内声级很高，并对路旁住宅居民的睡眠造成了很大干扰，但对整个夜间噪声能量平均得出的值却影响不大。

3. 昼夜等效声级 L_{dn}

一般噪声在晚上比白天更容易引起人们的烦恼。根据研究结果表明，夜间噪声对人的干扰约比

图3-17 某便携式声级计测量工作噪音

白天大10 dB。因此计算一天24小时的等效声级时，夜间的噪声要加上10 dB的计权，这样得到的等效声级称为昼夜等效声级。白天的等效声级L_d计时07：00～22：00；夜间的等效声级L_n计时为22：00～07：00。

4．累计分布声级L_n

实际的环境噪声并不都是稳态的，比如城市交通噪声是一种随时间起伏的随机噪声，对这种噪声的评价，除了用L_{eq}外，常常用统计方法。累计分布声级就是用声级出现的累计概率来表示这类噪声的大小。累计分布声级L_n是表示测量时间的百分之N的噪声所超过的声级。例如L_{10}=70 dB，是表示测量时间内有10%的时间超过70 dB，而其余的90%的时间的噪声级低于70 dB。换句话说，就是高于70 dB的噪声级占10%，低于70 dB的声级占90%。通常噪声评价中多用L_{10}、L_{50}、L_{90}。L_{10}表示起伏噪声的峰值，L_{50}表示中值，L_{90}表示背景噪声。英、美等国以L_{10}作为交通噪声的评价指标，而日本用L_{50}，我国目前采用L_{eq}。

5．噪声评价曲线NR

噪声评价曲线（NR曲线）是国际标准化组织（ISO）规定的一组评价曲线（图3-18）。图中每一条曲线有一个NR值表示，确定了31.5 Hz～8000 Hz共9个倍频带声压级值L_p。

用NR曲线作为噪声允许标准的评价指标，确定了某条NR曲线作为限值曲线，就要求现场实测的噪声的各个倍频带声压级值不得超过由该曲线所规定的声压级值。例如剧场的噪声限值定为NR-25，则在空场条件下测量背景噪声，其63 K、125 K、250 K、500 K、1 K、2 K、4 K和8 KHz等8个倍频带声压级分别不得超过55 dB、43 dB、35 dB、29 dB、25 dB、21 dB、19 dB和18 dB。

（二）控制标准

对于建筑环境与建筑物中的噪声允许到什么程度，即需要将有害噪声降低到什么程度，将涉及噪声的允许标准问题。确定噪声允许标准，应根据不同场合下的使用要求与经济及技术上的可能性，进行综合考虑。例如长年累月暴露在高噪声下作业的工人，听力会受到损害，大量的调查研究和统计分析得到：40年工龄的工人作业在噪声强度为80 dB的环境下，噪声性耳聋（只考虑受噪声影响引起的听力损害，排除年龄等其他因素）

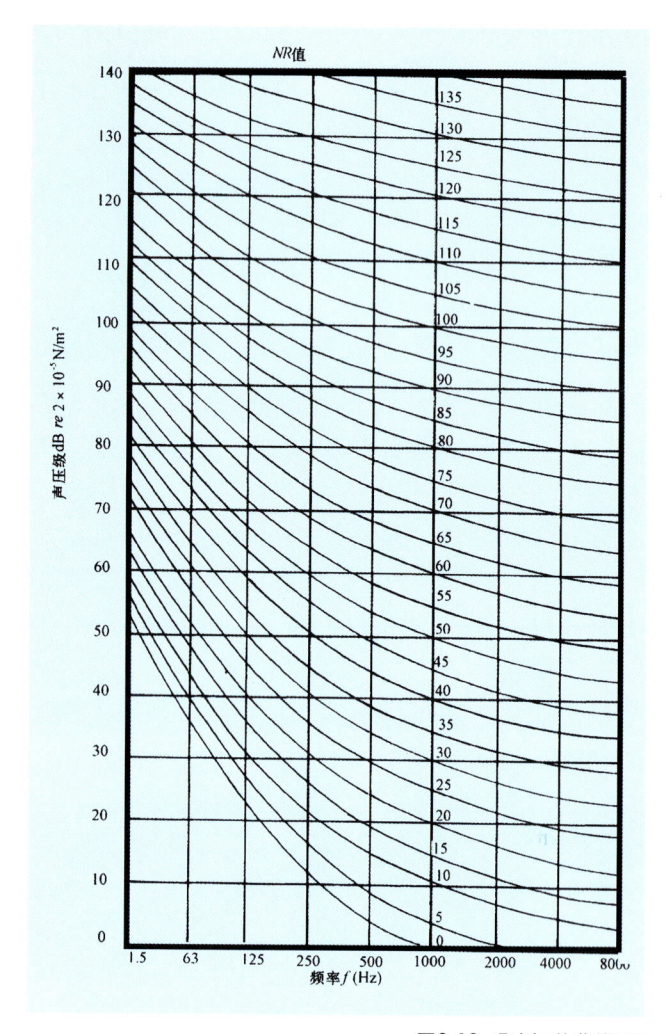

图3-18 噪声评价曲线NR

的发生率为0%；当噪声强度为85 dB时，发生率为10%；90 dB时，发生率为20%；95 dB时，发生率为30%。如果单纯从工人健康出发，工业企业噪声卫生标准的限值应定在80 dB。但就现在工业企业状况、技术条件和经济条件都不可能达到这个水平，因此世界上大多数国家都把噪声卫生标准限值定在90 dB，如果暴露时间减半，允许声级可提高3 dB，但任何条件下均不得超过115 dB。

噪声允许标准通常有由国家颁布的国家标准（GB）和由主管部门颁布的部颁标准及地方性标准。在以上三种标准未覆盖的场所，可以参考国内外有关专业性资料。

我国现已颁布和建筑声环境相关的主要噪声标准有：国家标准《声环境质量标准》（GB 3096-2008）、《民用建筑隔声设计规范》（GB J118-88）、《工业企业噪声控制设计规范》（GB J87-85）、《社会生活环境噪声排放标准》(GB 22337-2008)、《工业企业厂界环境噪声排放标准》(GB 12348-2008)、《建筑施工场界噪声限值》(GB 12523-90)、《铁路边界噪声限值及其测量方法》(GB 12525-90)、《机场周围飞机噪声环境标准》(GB 9660-85)和《工业企业噪声卫生标准(试行草案)》等,此外在各类建筑设计规范中,也有一些有关噪声限值的条文。

在《民用建筑设计规范》中规定了住宅、学校、医院和旅馆四类建筑的室内允许噪声级;在《工业企业噪声控制设计规范》中规定了工业企业厂区内各类用房的噪声标准;在《剧院建筑设计规范》中规定了观众席背景噪声宜≤NR30 dB(甲等、立体声影院)和≤NR35 dB(乙等、丙等);在《电影院建筑设计规范》中规定观众席噪声≤NR30 dB(A)(甲等、立体声影院)和≤NR45 dB(A)(乙等、丙等);在《办公建筑设计规范》中规定办公用房、会议用房、接待室的噪声≤NR55 dB(A),电话总机房、计算机房、阅览室噪声≤NR50 dB(A);以上建筑设计规范均颁布于80年代,标准并不太高。

大多数国家目前普遍采用国际标准化组织(ISO)的建议,我国的一些标准也是参考该组织的标准制定的,对于各类噪声标准可查阅有关资料。

(三) 噪声来源

在噪声的概念中,我们常常提到宽带噪声、窄带噪声和白噪声。这些都是运用在听力检测设备中进行掩蔽时用的专用噪声。而建筑室内噪声主要来自如下几个方面:

1. 室外环境噪声

与我们生活密切相关的是环境噪声的污染,来源较广。现代城市中环境噪声有四种主要来源:

(1) 交通噪声:主要指的是机动车辆、飞机、火车和轮船等交通工具在运行时发出的噪声。这些噪声的噪声源是流动的,干扰范围大(图3-19)。

(2) 工业噪声:主要指工业生产劳动中产生的噪声。主要来自机器和高速运转设备(图3-20)。

(3) 建筑施工噪声:主要指建筑施工现场产生的噪声。在施工中要大量使用各种动力机械,要进行挖掘、打洞、搅拌,要频繁地运输材料和构件,从而产生大量噪声(图3-21)。

(4) 社会生活噪声:主要指人们在商业交易、体育

图3-19 交通噪声

图3-20 工业噪声

图3-21 建筑施工噪声

比赛、游行集会、娱乐场所等各种社会活动中产生的喧闹声，以及收录机、电视机、洗衣机等各种家电的嘈杂声，这类噪声一般在80 dB以下。

2. 建筑内部噪声

在建筑物内噪声级比较高、容易对其他房间产生噪声干扰的房间有风机房、泵房、制冷机房等各种设备用房；道具制作等加工、制作用房以及娱乐用房，如歌舞厅、卡拉OK厅等。它们自身要求不被噪声干扰，同时又要防止对其他房间产生噪声干扰。此外，各种家电、卫生设备、打字机、电话及各种生产设备也会产生噪声。

3. 房间围护结构撞击噪声

室内撞击声（也称固体声）主要有人员活动产生的楼板撞击声，设备、管道安装不当产生的固体传声等（图3-22）。

（四）噪声控制原则

前面介绍了城市噪声的来源及危害，我们知道城市噪声问题涉及面十分广泛，如果这些噪声问题都能解决，当然能使得城市噪声水平降低。

当噪声源发出噪声后，经过一定的传播路径到达接收者或使用房间。因此，噪声控制最有效的方法是尽可能控制噪声源的声功率，即采用低噪声设备。在传播路径上采取隔声、消声措施，也可控制噪声的影响。这是建筑中噪声控制的主要内容。

针对不同的噪声，控制的方法也有所不同。对外部环境噪声及建筑中其他房间的噪声，可采取远离噪声源及提高房间围护结构隔声量的方法；对于固体声传声，主要是通过设备、管道的减振及提高楼板撞击声隔声性能来解决；房间内部首先应采用低噪声设备，其次是通过使用隔声屏、隔声罩来隔声；空调、通风系统噪声主要是通过管道消声来降低。

解决噪声污染问题的一般程序是首先进行现场噪声调查，测量现场的噪声级和噪声频谱，然后根据有关的环境标准确定现场容许的噪声级，并根据现场实测的数值和容许的噪声级之差确定降噪量，进而制定技术上可行、经济上合理的控制方案。

我国的噪声控制管理，根据噪声的来源主要有如下几方面：

1. 交通噪声管理

城市中使用的车辆，必须符合国家颁布的《机动车辆允许噪声标准》，并对市区道路由普通混凝土路面改造为沥青路面，降低交通噪声。

市区行驶车辆限制随意鸣笛，禁止夜间鸣笛，对需要安静的地方限制车速，并禁止卡车驶入。

对火车进入市区应禁止使用汽笛，合理使用风笛，并应满

图3-22 室内撞击声

足《铁路边界噪声限值及其测量方法》（GB 12525-90）规定的控制值。新建铁路不许穿过市区。对市区内的火车、高架、轻轨等交通设施应建设隔声屏障等防护措施。限制飞机在市区上空飞行。

2. 工业噪声管理

工厂设备噪声，不得超过设备噪声标准。车间内噪声不得超过《工业企业噪声控制设计规范》（GB J87-85）的要求，并应满足《工业企业厂界环境噪声排放标准》（GB 12348-2008）的要求。

3. 建筑施工噪声的管理

建筑施工设备，应符合《建筑施工场界噪声限值》（GB 12523-90）的噪声标准，必要时还要采取有效的防噪措施。

在居民区施工时，夜间禁止使用噪声大的施工机械设备。施工噪声不得超过所在地区的环境噪声标准。

4. 生活噪声

除特殊规定的扩声系统外，户外禁止使用扬声器。

家庭使用的电器和机械设备,其噪声影响不得超过所在地区的环境噪声标准,即应满足《声环境质量标准》(GB 3096-2008)的规定值。针对营业性文化娱乐场所和商业经营活动中可能产生环境噪声污染的设备、设施,应按《社会生活环境噪声排放标准》规定的边界噪声排放限值进行相应的降噪控制。

二、隔绝空气传声

(一)透射系数及隔声量

声音在传播过程中,遇到构件时,声能的一部分将被反射,另一部分被吸收,最后一部分透过构件传到另一空间中去。如果入射声波的总声能为E_0,透过构件到另一空间的声能为E_τ,则构件的透射系数$\tau = \dfrac{E_\tau}{E_0}$。如果某一隔墙透过的声能是入射总声能的千分之一时,则其透射系数$\tau=0.001$。但在工程上,常用隔声量R来表示构件对空气声的隔绝能力,它与构件透射系数有如下关系:

$$R = 10\lg \frac{1}{\tau}$$

由此得出上述具有透射系数为0.001的构件隔声量R为:

$$R = 10\lg \frac{1}{0.001} = 10\lg 10^3 = 30 dB$$

可以看出,与透射系数相反,隔声量越大,构件隔声性能越好。由于同一结构对不同频率的隔声性能不同,在实际工程中常以中心频率为125 Hz、250 Hz、500 Hz、1000 Hz、2000 Hz、4000 Hz的六个倍频带的隔声量来表示某一构件的隔声性能。有时为了简化,常用单一数值表示某一构件的隔声性能。某材料的隔声量R一般是在标准隔声实验室内测试得出的。

(二)空气声隔声标准

为了保证居住者有一个必要的安静环境,隔声标准对不同部位上围护结构的隔声性能作出了具体的规定,以便设计时直接采用。我国现已颁布了《民用建筑隔声设计规范》(GB J118-88),其中包括住宅建筑(表3-4)、学校建筑(表3-5)、医院建筑以及旅馆建筑的隔声标准。

(三)单层均质密实墙的空气声隔绝

单层匀质密实墙的隔声性能和入射声波的频率有关,还取决于墙本身的面密度、刚度、材料的内阻尼,以及墙的边界条件等因素。墙的单位面积质量越大,则隔声效果就越好。一般情况下,单位面积质量每增加一倍,隔声量可增加6 dB,这一规律称为"质量定律"。

薄、轻、柔的墙板受声波激发产生共振的频率在声频(100 Hz~2500 Hz)范围内时,其隔声性能将大大降低。

表3-4 住宅建筑空气声隔声标准

围护结构部位	计权隔声量 (dB)		
	一级	二级	三级
分户墙及楼板	≥50	≥45	≥40

表3-5 学校建筑空气声隔声标准

围护结构部位	计权隔声量 (dB)		
	一级	二级	三级
有特殊安静要求的房间与一般教室的隔墙与楼板	≥50	—	—
一般教室与各种产生噪声的活动室间的隔墙与楼板	—	≥45	—
一般教室与教室之间的隔墙与楼板	—	—	≥40

表3-6 不同构造的纸面石膏板（厚1.2cm）轻质隔声墙的比较表

墙板间的填充材料	板的层数	隔声量 (dB) 铜龙骨	隔声量 (dB) 木龙骨
空气层	1层+龙骨+1层	36	37
	1层+龙骨+2层	42	40
	2层+龙骨+2层	48	43
玻璃棉	1层+龙骨+1层	44	39
	1层+龙骨+2层	50	43
	2层+龙骨+1层	53	46
矿棉板	1层+龙骨+1层	44	42
	1层+龙骨+2层	48	45
	2层+龙骨+2层	52	47

（四）双层匀质密实墙的空气声隔绝

双层墙由两层墙板和中间的空气层组成。从质量定律可知，单层墙的面密度增加一倍，即厚度增加一倍，隔声量只增加6 dB，例如240 mm砖墙M_0=480 kg/m²，R=52.6 dB，而490 mm砖墙M_0=960 kg/m²，R=58 dB。显然，单靠增加墙的厚度来提高隔声量是不经济的，而且增加结构的自重也是不合理的。但如果把单层墙一分为二，做成留有空气层的双层墙，则在总重量不变的情况下，隔声量会有显著提高。

双层墙提高隔声能力的主要原因是：空气层可以看成是与两层墙板相连的"弹簧"，声波入射到第一层墙时，使墙板发生振动，该振动通过空气层传到第二层墙时，由于空气层有减振作用，振动已大为减弱，从而提高了墙体总隔声量。

此外，若在双层墙的空气间层中填充多孔材料，如玻璃棉毡之类，可以提高全频带上的隔声量，并且减少共振时隔声量的下降。

三层以上多层墙的隔声能力比双层墙有所提高，但每增加一层空气层，其附加隔声量将有所减少。一般来说，双层结构已能够满足较高的隔声要求。只有在有特殊需要的工程中才考虑采用三层以上的多层墙结构。

（五）轻质墙的空气隔绝

当前，建筑工业化程度越来越高，提倡采用轻质墙来代替厚重的隔墙，以减轻建筑的自重。目前，国内主要采用纸面石膏板、加气混凝土板等。这些板材的面密度较小，按照质量定律，它们的隔声性能很差，很难满足隔声的要求，如过去的住宅采用的分户墙大多为240 mm厚的砖墙，其平均隔声量约为53 dB，使用者一般是满意的。而现有的轻型墙其平均隔声量只有30 dB，邻室讲话清晰可闻，所以必须采取某些措施，来提高轻质墙的隔声效果。这些措施是：

（1）将多层密实材料用多孔材料隔开，做成复合墙板，使其隔声量比同重量的单层墙显著提高。

（2）采用双层或多层薄板的叠合构造，与同重量的单层厚板相比，可避免板材的吻合临界频率落在主要声频范围内（100 Hz～2500 Hz）。例如，25 mm厚的纸面石膏板的临界频率f_c约为1250 Hz，若分成两层12 mm厚的板叠合起来，f_c约为2600 Hz。另一方面，多层板错缝叠置可以避免缝隙处理不好而引起的漏声，还可因为叠合层之间的摩擦使隔声能力有所提高。

（3）为避免吻合效应引起的隔声量下降，应使各层材料的重量不等。最好是使各层材料的面密度不同，而其厚度相同。

（4）当空气层的厚度增加到7.5 cm以上时，对于大多数频带，隔声量可以增加8 dB～10 dB。

（5）用松软的材料填充轻质墙板之间的空气层，可以使隔声量增加2 dB～8 dB。从表3-6列出的数据可以看出这一点。

（6）轻型板材常常固定在龙骨上，如果板材和龙骨间垫有弹性垫层，如弹性金属片等，比板材直接钉在龙骨上有较大的隔声量。

总之，提高轻质墙隔声能力的措施，主要有多层复合、双墙分立、薄板叠合、弹性连接、加填吸声材料等等。通过采取适当的构造措施，可以使一些轻质墙的隔声量达到240 mm砖墙的水平。

（六）门窗的隔声

门窗是隔声的薄弱环节。一般门窗的结构轻薄，而且存在着较多的缝隙，因此，门窗的隔声能力往往比墙体低得多。

1．门的隔声

门是墙体中隔声较差的部位。它的重量比墙体轻，且普通门周边的缝隙也是传声的途径。一般来说，普通可开启的门，其隔声量大致为20 dB；质量较差的木门，隔声量甚至可能低于15 dB。如果希望门的隔声量提高到40 dB，就需要作专门的设计。

要提高门的隔声能力，一方面要做好周边的密封处理，另一方面应避免采用轻、薄、单的门扇。门扇的做法有两种：一是采用厚而重的门扇，如钢筋混凝土门；另一种是采用多层复合结构，即用性质相差较大的材料叠合而成。门扇边缘的密封，可采用橡胶、泡沫塑料条及毛毡等，以及手动或自动调节的门碰头及垫圈，图3-23为隔声门构造大样。

对于需要经常开启的门，门扇重量不宜过大，门缝也常常难以封闭。这时，可设置双层门来提高其隔声效果（图3-24）。因为双层门之间的空气层可带来较大的附加隔声量。如果加大两道门之间的空间，构成门斗，并且在门斗内表面布置强吸声材料，可进一步提高隔声效果。这种门斗又称为"声闸"（图3-25）。

2．窗的隔声

窗是外墙和围护结构隔声最薄弱的环节。可开启的窗往往很难有较高的隔声量。欲使窗有良好的隔声性能，应注意以下几点：

（1）采用较厚的玻璃，或用双层或三层玻璃。后者比用一层特别厚的玻璃隔声性能更好。为了避免吻合效应，各层玻璃的厚度不宜相同，图3-26是隔声窗的示意图。

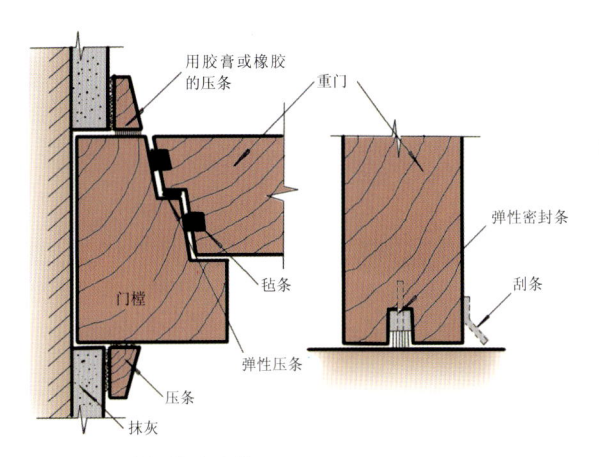

图3-23 隔声门构造大样

图3-24 某双层隔音门

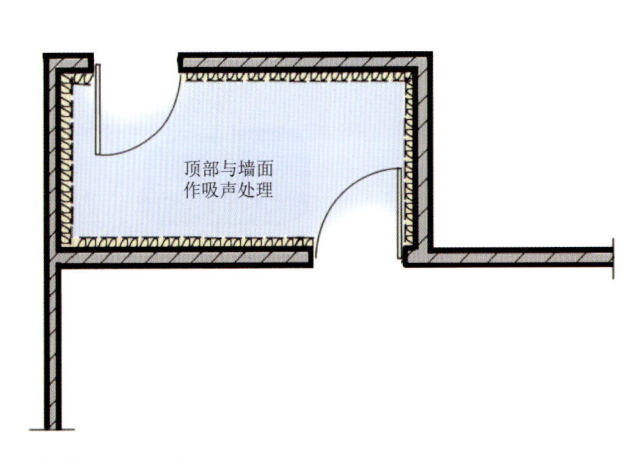

图3-25 声闸示意图

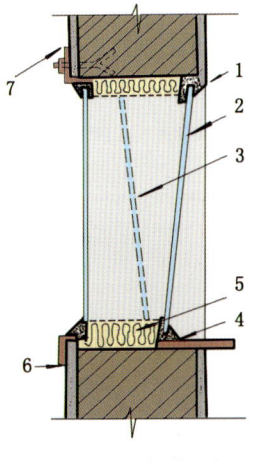

图3-26 隔声窗构造示意

1—油灰； 2—6mm玻璃；
3—附加玻璃；4—角钢；
5—吸声材料；6—合页
7—燕尾螺栓

(2) 双层玻璃之间宜留有较大的间距。若有可能，两层玻璃不要平行放置，以免引起共振和吻合效应，影响隔声效果。

(3) 在两层玻璃之间沿周边填放吸声材料，把玻璃安放在弹性材料上，如软木、呢绒、海绵、橡胶条等，可进一步提高隔声量。

(4) 保证玻璃与窗框、窗框与墙壁之间的密封，还需考虑便于保持玻璃的清洁。

三、隔绝固体传声

（一）固体声的产生与传播

建筑中的固体声是由振动物体直接撞击结构，如楼板、墙等，使之产生振动，并沿着结构传播开去而产生的噪声。它包括：①由物体的撞击而产生的噪声，如物体落地、敲打、拖动桌椅、撞击门窗，以及走路跑跳等；②由机械设备振动而产生的噪声；③由卫生设备及管道使用时产生的噪声等。

固体声的传播可经历以下两个途径：一是由物体的撞击，使结构产生振动，直接向另一侧的房间辐射声能；二是由于受撞击而振动的结构与其他建筑构件连接，使振动沿着结构物传到相邻或更远的空间。一般来说，由于撞击而产生的声音能量较大，且声音在固体结构中的传播时衰减量很小，故固体声能够沿着连续的结构物传播得很远，引起严重的干扰，且干扰面较广。

对撞击声隔绝性能的表示方法与空气隔声完全不同。它不是测量建筑构件两侧的声压级差，而是采用一个由国际标准化组织规定的标准打击器，在被测楼板面上撞击发声，在楼下房间测量所传递到的撞击噪声声压级L_i，并根据接收房间的吸声量计算得出。标准撞击声级越高，则说明楼板的隔声性能愈差；反之，标准撞击声级越低，则隔声性能愈好。这和空气隔声量刚好相反。

（二）撞击声隔声标准

我国《民用建筑隔声设计规范》(GB J118-88)中，分别对住宅建筑（表3-7）、学校建筑（表3-8）、医院建筑及旅馆建筑的撞击声隔声标准作了规定。

表3-7 住宅建筑撞击声隔声标准

楼板部位	计权标准化撞击声压级 (dB)		
	一级	二级	三级
分户层间楼板	≤65	≤75	≤75

表3-8 学校建筑撞击声隔绝声标准

楼板部位	计权标准化撞击声压级 (dB)		
	一级	二级	三级
有特殊安静要求的房间与一般教室之间	≤65	—	—
一般教室与产生噪声的活动室之间	—	≤65	—
一般教室与教室之间	—	—	≤75

（三）楼板撞击声的隔绝

楼板要承受各种荷载，按照结构强度的要求，它自身必须要有一定的厚度与重量。根据隔声的质量定律，楼板必然具有一定的隔绝空气声的能力。但是由于楼板与四周墙体的刚性连接，将使振动能量沿着建筑结构传播。因此，隔绝撞击声的矛盾就更为突出。

撞击声的隔绝主要有三条途径：一是使振动源撞击楼板引起的振动减弱，这可以通过振动源治理和采取减振措施来达到，也可在楼板表面铺设弹性面层来改善；二是阻减振动在楼层结构中的传播，通常可在楼板面层和承重结构之间设置弹性垫层，称"浮筑楼板"；三是隔阻振动结构向接收空间辐射的空气声，这可通过在楼板下做隔声吊顶来解决。

以上三种措施都有一定效果，但由于其各自的作用不同，而且受到材料、施工和造价的限制，它们的现实性也不同。下面分别针对这三种改善措施加以讨论。

1. 弹性面层处理

通过在楼板表面铺设弹性面层（如地毯、塑料橡胶布、橡胶板、软木地面等）以减弱撞击声的措施，对降低中高频撞击声效果较为显著，但对降低低频声的效果则要差些。不过，如果材料厚度大，且柔顺性好，如铺设厚地毯，对减弱低频撞击声也会有较好的效果（图3-27）。

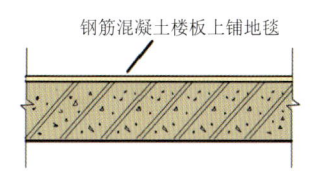

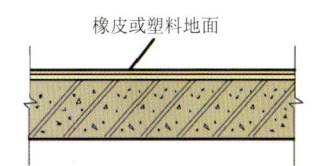

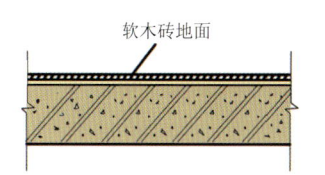

图3-27 楼板面层处理几种做法

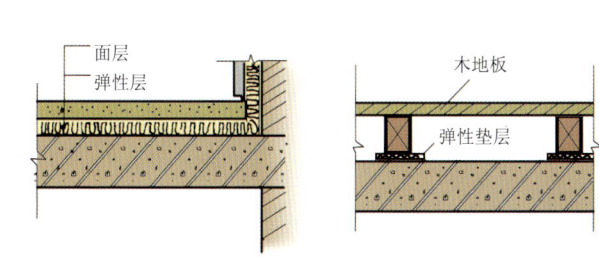

图3-28 两种浮筑式楼板的构造方案

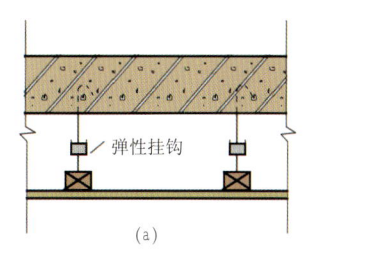

图3-29 隔声吊顶的构造方案以及弹性吊钩

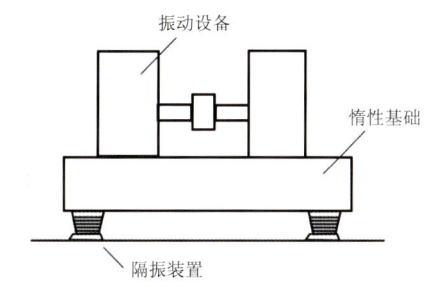

图3-30 设备减振基本构造

图3-31 某震动设备下部用减振装置与地面连接

3. 楼板吊顶处理

在楼板下做隔声吊顶以减弱楼板向接收空间辐射空气声，也可以取得一定的隔声效果（图3-29）。但在设计与施工时注意下列事项：

（1）吊顶的重量不应小于25 Kg/m²。如果在顶棚的空气层内铺放吸声材料，如矿棉、玻璃棉等，则其重量可适当减轻；

（2）宜采用实心的不透气材料，以免噪声透过顶棚辐射，吊顶也不宜采用很硬的材料；

（3）吊顶和周围墙体之间的缝隙应当妥善密封；

（4）从结构楼板悬吊顶棚的悬吊点数目应尽量减少，并宜采用弹性连接，如用弹性吊钩等；

（5）吊顶内若铺上多孔吸声材料，会使隔声量有所提高。

（四）设备减振运用举例

建筑中的各种设备（如水泵、风机）如直接安装在楼、地面上，则当其运行时，除了向空中辐射噪声外，还会把振动传给建筑结构。这种振动可激发固体声，在建筑结构中传播很远，并通过其他结构的振动向房间辐射噪声。结构振动本身也会影响建筑物的使用。因此，在工程上要对建筑设备进行减振。通常把设备包括电机安装在混凝土基座上，基座与楼、地面之间加弹性支撑（图3-30）。这种弹性支撑可以是钢弹簧、橡胶、软木和中粗玻璃纤维板等，也可以是专门制造的各种减振器。这样，设备（包括基座）传给建筑主体结构的振动能量会大为减少（图3-31）。

2. 弹性垫层处理

在楼板面层和承重结构层之间设置的弹性垫层，可以是片状、条状或块状的。通常将其放在面层或复合楼板的龙骨下面。常用的材料有矿棉毡（板）、玻璃棉毡、橡胶板等等。

此外，还应注意在楼板面层和墙体的交接处采取相应的弹性隔离措施，以防止引起墙体的振动（图3-28）。

减振设计一定要防止设备驱动频率与系统固有频率之间发生共振,一般要求设备驱动频率与振动系统固有频率之比大于2。

风管与风机、水管与水泵之间应有柔性连接(图3-32)。风管、水管固定时应加弹性垫层(图3-33)。

四、声环境设计

我国各工业企业的噪声现状是很严重的。对国内各类工业企业的车间噪声调查结果如下：钢铁工业80 dB～110 dB,石油工业为80 dB～100 dB(A)、机械工业为80 dB～110 dB(A)、建筑工业为80 dB～115 dB(A)、纺织工业为80 dB～105 dB(A)、铁路交通为80 dB～115 dB(A)、电子工业为70 dB～95 dB(A)、印刷工业为70 dB～95 dB(A)等。而这些工业企业的各类设备噪声大于115 dB的有鼓风机、空压机、铆接、风铲和锯等。90 dB～115 dB(A)的有鼓风机站、抽风机和轮转印刷机等。因此在声环境设计时,应考虑把生活区、办公区和工厂区分开；可以使噪声随距离的增加而产生一定的自然衰减,并且应有绿化以降低噪声传播,还应该利用一些对噪声没有要求的建筑作为屏障,使得噪声能有大幅度降低。

图3-34为某学校建筑设计方案深化中周边交通噪声环境分析图,白色为建筑,其受到的噪声影响随距离或遮挡而变化。

五、作业任务

建筑声环境调研分析

1.目的：熟悉声学基本概念与知识。

2.方法：以某室外空间为场景,使用测量设备分析噪声的强弱。场景如临街的学校、居住区或办公楼。

3.内容：环境特征分析：噪声来源种类,音量大小,声音特点,分布规律等等,并与规范进行比对；画平、剖面图,并标明测量点,指出噪声分布是否符合要求,提出改进方案,例如绿化遮挡、调整规划布局、建筑构造措施。

4.要求：正确使用测量设备,改进方案合理可行。

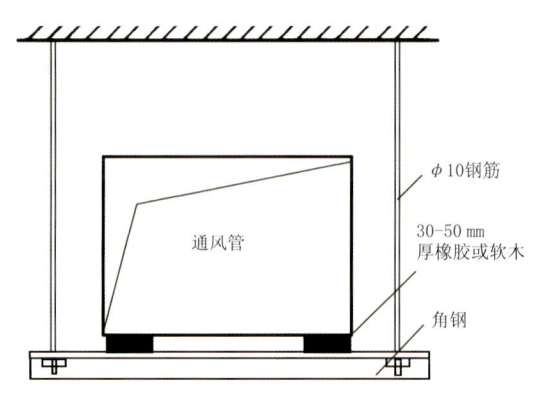

图3-32 风管减振固定

图3-33 风管水管安装

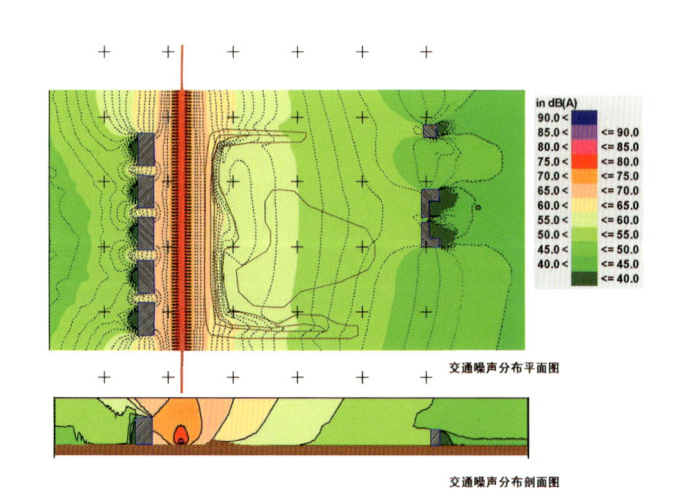

图3-34 交通噪声环境分析图

第三节 建筑音质设计

一、背景声控制

（一）声掩蔽

某一个声音，虽然在安静的房间中可以被听到，但如果在听这个声音时存在着另一个声音，则人耳的听闻效果就会受到影响。这时，若要听清该声音，就变得比较困难。人耳对一个声音的听觉灵敏度因为另一个声音的存在而降低的现象，称为掩蔽效应。一个声音被另一个声音所掩蔽的量，取决于这两个声音的频谱、两者的声压级差和两者到达听者的时间和相位关系。通常，掩蔽量有以下特点：

(1) 当被掩蔽的声音和掩蔽声频谱接近时，掩蔽量较大，即频率接近的声音掩蔽效果明显；

(2) 掩蔽声的声压级越高，掩蔽量就越大；

(3) 低频声对高频声会产生相当大的掩蔽效应，特别是在低频声声压很大的情况下，其掩蔽效应就更大，而高频声对低频声的掩蔽效应则相对较小。

上述这些规律可以用来解释我们日常的经验。例如，会议室台下听众的交谈声，由于频谱和台上讲话人的频谱有较大的一致性，交谈声所起的掩蔽作用也就很大，所以台下的交谈声会对台上的讲话声形成很大的干扰，从而分散听众注意力。

（二）背景声

在很多开放式办公室进行工作的员工，很容易被身旁的交谈声吸引，分散注意力，甚至放下手头工作，加入到谈话中去。这在一定程度上降低了办公室的工作效率。另外在一些场所，例如咖啡厅，交谈者则希望交谈的内容不被其他人听到，保证谈话的私密性。为此，我们常增加背景声，利用声掩蔽来达到目的。

声掩蔽系统通常是将背景音乐增加到环境中，并注意选择舒缓的节奏和调节音量，使之既起到掩蔽的作用，又不至于太过吵闹。掩蔽声可以将人们讲话的语音进行适当的掩盖，帮助人们缓解因为其他声音干扰导致注意力分散的状况，使工作环境更加舒适，员工工作效率更高，并创造出一个语音私密的环境。

声掩蔽系统可以用在任何对语言私密性有需要的场所，以及任何希望减少注意力分散、提高工作效率的工作场所。最通常的安装场所就是开放型办公室、商场、餐厅以及其他公共空间等。

二、厅堂的音质设计

室内音质设计是建筑声学设计的一项重要组成部分。在以听闻功能为主或有声学要求的建筑中，如音乐厅、剧场、电影院、会议厅、报告厅、多功能厅、体育馆以及录音室、演播室等建筑，其音质设计的好坏往往是评价建筑设计优劣的决定性因素之一。室内最终是否具有良好的音质，不仅取决于声源本身和电声系统的性能，还取决于室内良好的建筑声学环境。

房间的室内音质设计最终体现在室内的容积（或每座容积）、体型、尺寸、材料选择及其构造设计上，并与建筑的各种功能要求和建筑艺术处理有密切关系。因此，室内音质设计应在建筑方案设计初期就同时进行，而且要贯穿在整个建筑施工图设计、室内装修设计和施工的全过程中，直至工程竣工前经过必要的测试鉴定和主观评价，进行适当的调整、修改，才能达到预期的效果。

（一）混响时间

当一声源在室内发声时，声波由声源到各接收点形成复杂的声场。由任一点所接收到的声音可看成三个部分组成：直达声、早期反射声及混响声。

1. 直达声：声源直接到达接收点的声音。这部分声音不受室内界面的影响，其能量的传播与距离平方成反比。

2. 早期反射声：一般是指直达声到达后，相对延迟时间为50 ms（对于音乐可放宽至80 ms）内到达的反射声。这些反射声主要是经过室内界面一次、二次及少量三次反射后到达接收点的声音，故也称为近次反射声。这些反射声会对直达声起到加强的作用。

3. 混响声：在早期反射后陆续到达的，经过多次反射后的声音统称为混响声。有的场合，当不必特别区分早期反射声时，也可把早期反射声包括在混响声里面，即除了直达声外，余下的反射声统称为混响声。

声源在室内发声后，由于反射与吸收的作用，使室内声场能量有一个逐渐增长的过程。同样，当声源停止发声以后，声音也不会立刻消失，而是要经历一个逐渐衰变的过程，或称为混响过程。混响时间长，将增加音质的丰满感，但如果这一过程过长，则会影响到听音的清晰度；混响过程短，有利于清晰度，但如果过短，又会使声音显得干涩，强度变弱，进而造成听音吃力。因此，在进行室内音质设计时，根据使用要求，利用材料的吸声或反射性能，来适当地控制混响过程是非常重要的。

在室内音质设计时，常用混响时间作为控制混响过程长短的定量指标。混响时间是当室内声场达到稳态后，停止声源发声，自此刻起至其声压级衰变60 dB所经历的时间，记作T_{60}，单位是秒（图3-35）。

评价中的因素密切相关。为了保证声源的音质不失真，各个频率的混响时间应当尽量接近。为了提高声音的浑厚（温暖）感，则需适当加长低频混响时间；而适当加长高频混响时间可以有助于语音的明亮度，并加强辅音的能量。

4. 时差效应与回声感觉： 声音对人听觉器官的作用效果并不随着声音的消失而立即消失，而是会暂留一段时间。如果到达人耳的两个声音的时间间隔小于50 ms，那么人耳就不会觉得这两个声音是断续的。但是，当两者的时差超过50 ms，也就是相当于声程差超过17m时，人耳就能辨别出它们是来自不同的方向的两个独立的

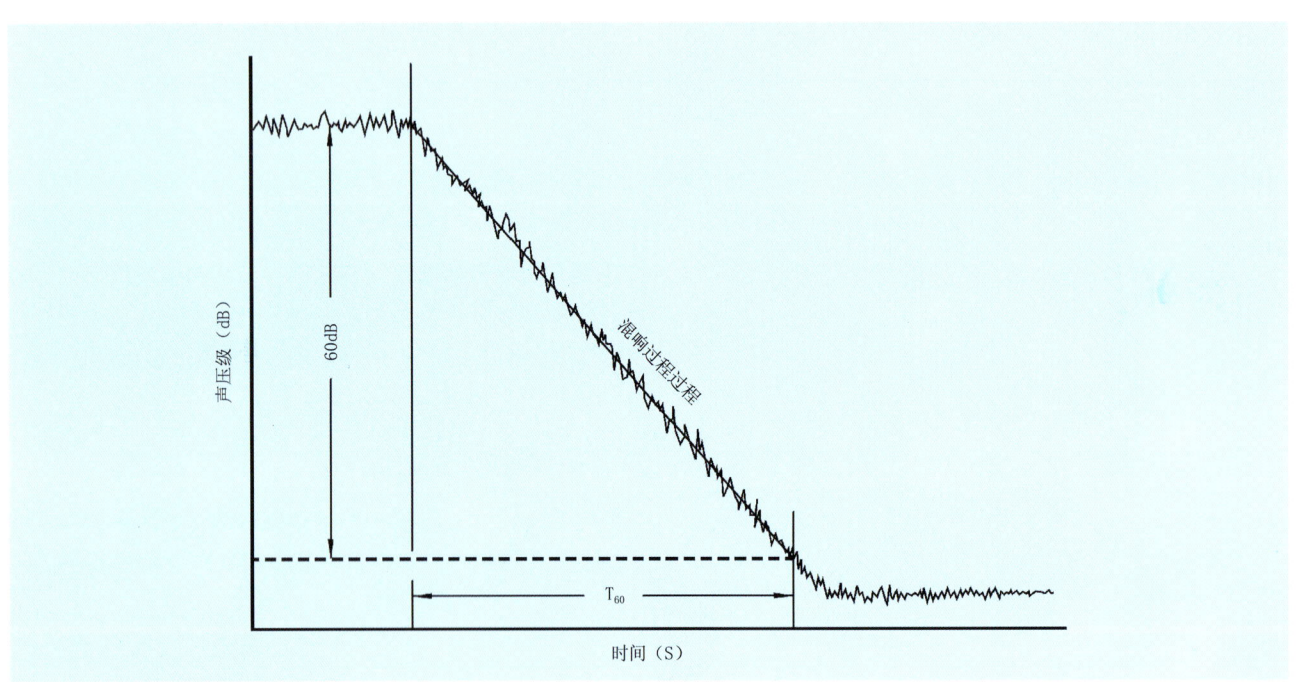

图3-35 混响时间T60

混响时间是用来评价室内音质中发现最早、应用最广、较为稳定的一项客观指标。混响时间的长短，频率特性是否平直，是衡量厅堂音质的最基本、重要的参数，也是设计阶段准确控制的指标之一。混响时间与声音的清晰度和丰满度有对应关系。当混响时间较短时，语音的清晰度较高；当混响时间较长时，音乐的明晰度较低而丰满度较高，有余音悠扬之感。同时，混响时间的频率特性（各个不同频率的混响时间构成）也与主观

声音。在室内，当声源发出一个声音后，人们首先听到的是直达声，然后陆续听到经过各界面的反射声。一般认为，在直达声后约50 ms以内到达的反射声，可以加强直达声；而在50 ms以后到达的反射声，则不会加强直达声。如果反射声到达的时间间隔较长，且其强度又比较突出，则会形成回声的感觉。回声感觉会妨碍语言和音乐的良好听闻，因而需要加以控制。人耳对回声感觉的规律，最早是由哈斯发现的，故又称哈斯（Hass）效应。

（二）厅堂设计

1. 厅堂容积

为达到合适的混响时间，厅堂总容积V与室内总吸声量A之间要有适当的比值。在总吸声量中，观众（或沙发座椅）的吸声量较大，如在剧院观众厅中观众的吸声量可占总吸声量的1/2~2/3。因此在方案设计中，控制了厅堂容积V和观众人数n之间的比例，也就在一定程度上控制了混响时间。

在实际工程与设计规范中，常用每座容积V/n这一指标，单位为m³/座。如果每座容积选择适当，就可以在不用或少用吸声处理的情况下得到适当的混响时间。通过对已判定为音质良好厅堂的大量统计分析结果，对于不同功能的厅堂，为了取得合适的混响时间，其每座容积可采用表3-9的建议值，也可以查找相关建筑设计规范中的建议值。

表3-9　各类厅堂每座容积建议值

厅堂主要使用性质	每座容积（m³）
音乐用	6~8
语言用	3.5~4.5
多功能	4.5~5.5

由于厅堂容积是指室内相互连续的内表面所围合成的空间体积值，所以它的确定与设计方法是灵活多变的。如在同一结构空间内，利用整体吊顶或间断式的"浮云"吊顶，或用一些机械设备控制某些可活动的隔墙、舞台反射板等，调控容积的大小，从而达到调节室内混响时间的目的。

由此可见，可以在方案设计中先按每座容积建议值确定厅堂空间，在建筑施工图设计和室内装修设计过程中再按具体混响时间与吸声量大小来调控其最终值，以达到较为理想的声学效果。

2. 厅堂体型

厅堂的体型设计直接关系到直达声的分布、反射声的空间和时间构成以及是否有声缺陷，是音质设计中较为重要的环节。厅堂的体型设计包括合理选择大厅平、剖面的形式、尺寸和比例以及各部分表面（如顶棚、墙面）的具体尺寸、倾角和形式等一系列内容。

同时，体型设计又与厅堂的室内艺术构成，厅堂的各种功能如电声系统的布置、照明、通风、观众的疏散和各种开口的位置密切相关。在设计中应当把声学设计与其他设计融为一体。实践证明，成功的体型设计主要在于了解一些在体型上影响音质的基本规律，掌握具体处理的主要原则和方法。厅堂的体型设计方法和基本原则包括以下几个方面：

（1）充分利用直达声

在声音传播过程中，直达声不受室内反射界面的影响，其声压级随着与声源距离的增加而衰减。因此，为了充分利用直达声，在平面设计中应使观众席尽量靠近声源。在剧场设计中，对于戏剧和室内音乐的观众厅其长度应≤30 m，对于大容量的观众厅，可以采用楼座挑台的方式缩短后部观众与声源的距离。此外，在面积相同的情况下，短而宽的厅堂平面较长而窄的平面更为有利。

但应注意到，由于声源在高频时有明显的指向性，表演者侧面和后方的效果明显差于前方，同时在正前方的观众视觉效果更好，因此，为了避免产生过多的偏座，应尽可能将大部分观众席布置在声源正前方140°夹角范围内。如果采用伸出式舞台，观众席环绕舞台布置时，上述问题将更为突出。国外的情况是，除了演员凭经验在发声的方向上进行自我调节外，主要靠电声源或设置在靠近声源的反射面向观众提供短延时反射声来解决。

当厅堂地面沿纵向无升起或升起坡度较小时，声源发出的直达声很容易被观众遮挡，或在掠射过观众头部时被大量吸收。实验发现，在地面无升起的情况下，对于离声源30 m远处，由于观众的掠射吸收，可比无观众时多衰减10 dB，因此造成后部观众的听音响度不足。

一般情况下，要防止前面的观众对后面观众有遮挡，在小型厅堂中采用设置讲台以抬高声源的办法。在大型厅堂中经常将地面从前往后逐渐升高，同时也设置舞台将声源抬高（图3-36）。另外，地面升起的目的不仅是为了充分利用直达声，也是为了满足观众视线的要求。因此，在实际工程中，地面的升起坡度一般以满足视线要求为标准，通过视线设计确定的地面升起坡度

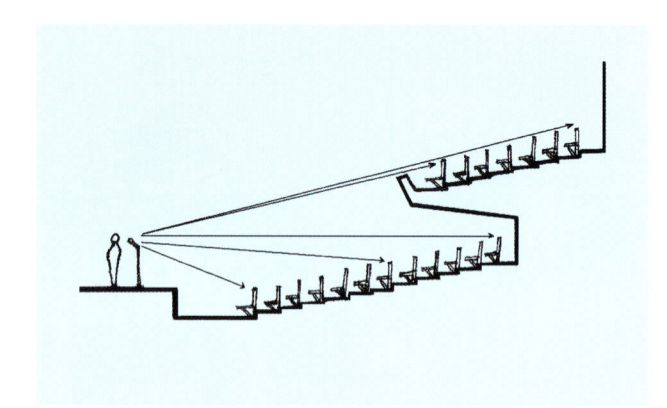

图3-36 观众厅地面的升起图

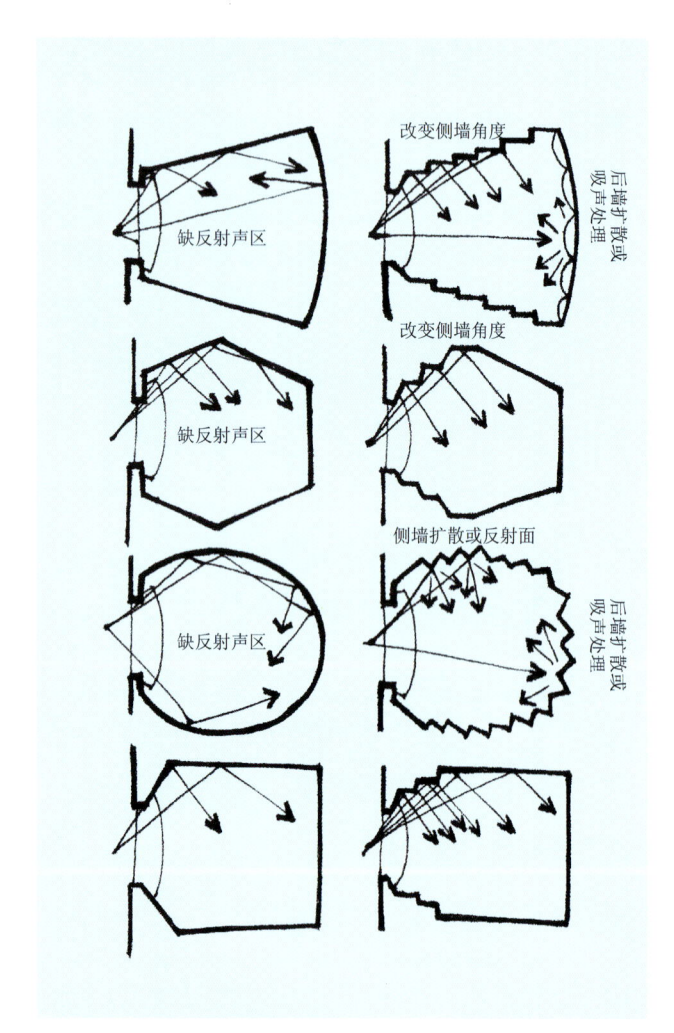

图3-37 厅堂平面形式及处理方法

也基本满足避免直达声遮挡和吸收的要求。

观众厅视线升高值不宜小于每排0.12 m。若受条件限制时，可取隔排0.12 m，但此时座席中区须错位排列。

(2) 争取和控制早期反射声

如前所述，早期反射声主要是指直达声后50 ms（对于音乐演出，可放至80 ms）内到达的反射声，如以声音传播的距离计，约相当于17 m（对于音乐演出为27 m）内的行程（以声速为340 m/s计）。

这些反射声主要是由靠近声源的界面形成，并且被反射的次数较小。经计算可以知道：在小型厅堂中，对于规模不大的厅堂，例如高度在10 m左右，宽度在20 m左右的厅堂，即使体型不作特殊设计，在绝大多数听众席上都能接收到较为理想的早期反射声；而对于高度大于13 m，宽度大于26 m的大型厅堂中，为了争取延时在50 ms以内的早期反射声，其体型设计就应作特殊设计。下面以大型厅堂的平剖面设计为例来分析如何控制早期反射声的分布。

a．厅堂的平面形状

最近声学研究表明，大厅的早期侧向反射声，有利于加强空间感。因此，在音质设计中应注意使观众席获得尽可能多的早期侧向反射声，选择良好的厅堂平面形状（图3-37）。

扇形平面，具有这种平面的厅堂前区相当大部分座席缺乏来自侧墙的一次反射声，而来自后墙的反射则很多。但弧形后墙往往会形成声聚焦，对音质不利。因此，对扇形平面，应利用顶棚给大多数观众席提供一次反射声，侧墙则做成折线形，以调整侧向反射声方向并改善声扩散，后墙应做扩散或吸声处理。

六边形平面，此类平面中，反射声易沿墙反射产生回声，改进的措施同扇形平面，两侧墙面可做成折线形，以便于反射声分布均匀。

椭圆形（圆形）平面，此类平面厅堂的中前部缺乏一次侧向反射声，弧形墙面还容易形成声聚焦。改进措施有把侧墙做成锯齿状，使反射声到达中前部，后墙做扩散或吸声处理等。

窄长形平面，这种平面当厅堂规模不大时，由于平面较窄，侧墙一次反射声可以较均匀地分布于大部分观众席。如能充分利用台口附近的侧墙面，则可使整个大厅观众席都有一次侧向反射声。当厅堂规模较大时，大厅会变得过长或过宽，导致其他不利影响。

从上述分析可知，一个简单几何形平面，当不作特殊处理时往往出现视线条件最好的中前区缺乏一次侧向反射声。因此，在进行厅堂平面形状设计中，需要考虑早期反射声及声场均匀度的影响，对于特殊形状应做相应的处理。如扇形平面的墙面与中轴夹角不应大于8°~10°（图3-38）。

b. 厅堂的剖面设计

剖面设计主要对象是顶棚，其次是侧墙、楼座、挑台等。

顶棚

图3-39所示是几种可以使一次反射声均匀分布于观众席上的顶棚形式。从顶棚来的一次反射声可以无遮挡的到达观众席，在传播的过程中不受观众席的掠射吸声，效果最优，对增加声音强度与提高清晰度十分有益。因此，必须充分利用，尤其是舞台前部的顶棚，对声源所张的立体角大，反射声分布广，对增加反射声作用最佳。对有乐池的剧场和环绕式音乐厅，需利用这部分顶棚把乐队的声音反射到观众席。因此，该部分顶棚通常是设计成强反射面。当顶棚过高时，可以设计悬吊的反射板阵列。例如柏林爱乐音乐厅不规则的形体和悬吊的反射板（图3-40）。

侧墙

对于厅堂的侧墙，一般情况下都是垂直的。如果不做处理，它能提供一次反射声较少，如果能使侧墙内表面略向内倾斜，则可大幅度提高侧墙提供一次反射声的能力。图3-41把侧墙设计成倾斜状或在侧墙安装斜向反射板，可使更多的一次反射声到达观众席。

挑台

在设有挑台的大厅内，挑台下部的听闻条件往往欠佳。若处理不当，挑台下面还会出现较大的声影区或局部混响时间短的现象。为了避免这些现象，挑台的下部空间进深不能太大，一般剧场和多功能厅进深不应大于挑台下空间开口高度的2倍。对于音乐厅，进深不应大于挑台下空间开口的高度（图3-42）。

同时，挑台下部的顶棚应尽可能做成向后倾斜的，使其反射声落到挑台下的观众席上。挑台前沿的栏板也有可能将声音反射回厅堂的前部形成回声。因此，应将其外侧立面的形状做成扩散体或使其反射方向朝向附近的观众席，有时也可设计成吸声面。

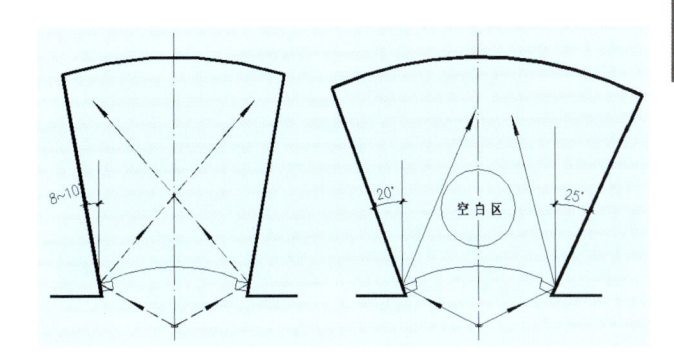

图3-38 扇形平面侧墙倾斜角对声反射的影响

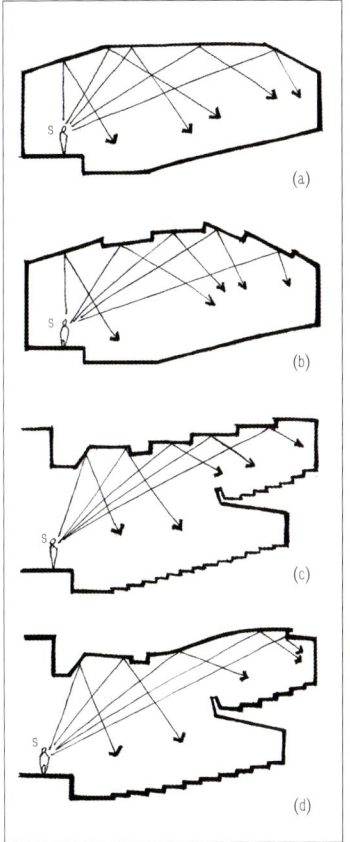

图3-40 柏林爱乐音乐厅

图3-39 反射声均匀分布的顶棚形式

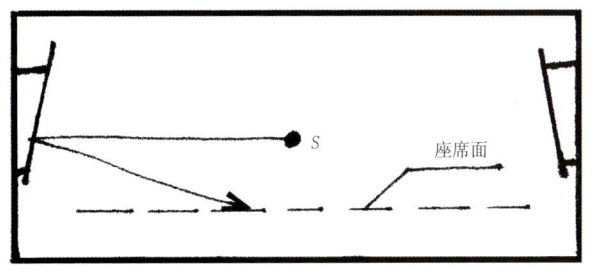

图3-41 侧墙斜向反射板获取反射声

（3）适当的声扩散处理

厅堂的声场要求具有一定的扩散性。若厅堂内表面的材料光洁而坚实，吸声系数较小，构件的尺寸起伏变化在声波波长的范围内，则对声波起扩散反射的作用。这种作用能使声场分布均匀，使声能比较均匀地增长和衰减，并可使观众听到的声音来自各个方向，增加听音的立体感，从而改善室内音质效果。

在欧洲一些著名的早期剧院或音乐厅中，往往有设计精美的壁柱、雕刻、多层包厢、凹凸变化的藻井顶以及大型的花式吊灯等建筑和装修构件，这些都对声音有良好的扩散作用。在近现代的剧场和音乐厅设计中，在顶棚和墙面上经常安装一些专门设计制作的几何扩散构件，以提高音质效果。图3-42中的德国柏林爱乐音乐厅的反射和扩散处理，就是实际工程中的成功范例。

扩散体可以采用砖砌筑、预制水泥或石膏几何体，如角锥、棱柱、半圆柱等多种形式。扩散体的几何尺寸应与其扩散反射声波的波长相接近。因此声音的频率越低，声波的波长越大，扩散体的尺寸愈大。下面介绍另一个实例——中国国家大剧院：

中国国家大剧院内设歌剧院、音乐厅和戏剧场，其中戏剧场观众厅和部分音乐厅墙面采用了MLS设计的声扩散墙面（图3-43），看上去像凹凸起伏的、不规则排列的竖条，犹如站立起来的钢琴键，其目的是扩散、反射声音，可保证室内声场的均匀性，使声音更美妙动听，其混响时间1.2秒。MLS称为最大长度序列，是一种数论算法，其扩散声音的原理是，声波到达墙面的某个凹凸槽后，一部分入射到深槽内产生反射，另一部分在槽表面产生反射，两者接触界面的时间有先后，反射声会出现相位不同，叠加在一起成为局部非定向反射，大量不规则排列的凹凸槽整体上形成了声音的扩散反射。MLS扩散墙面的凹凸的尺寸和形状是按照数论精确计算得出的。

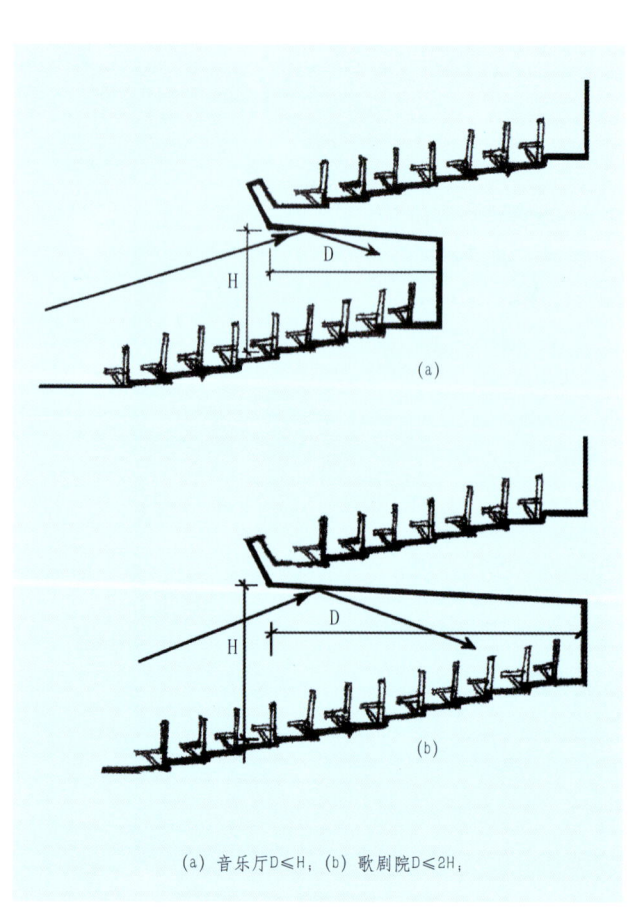

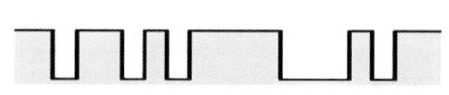

(a) MLS扩散墙面单元

(b) 戏剧场的MLS扩散墙 　　(c) 音乐厅的MLS扩散墙

图3-43 中国国家大剧院MLS扩散墙面单元

(a) 音乐厅 　　(b) 音乐厅浮雕顶

图3-44 中国国家大剧院音乐厅浮雕顶

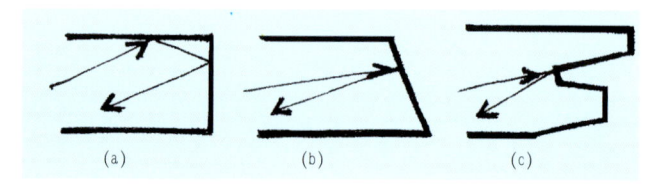

(a) 音乐厅D≤H，(b) 歌剧院D≤2H，

图3-42 推荐挑台进深与开口高度之关系

图3-45 回声产生示意

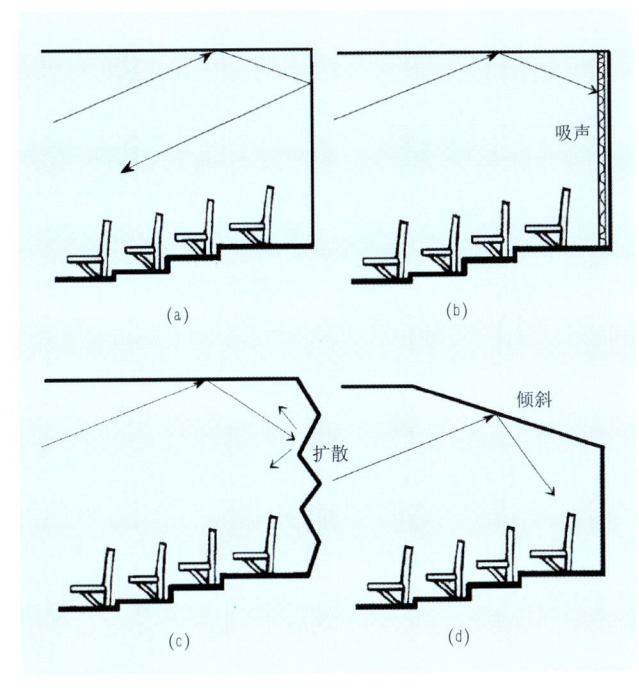

图3-46 回声的消除方法

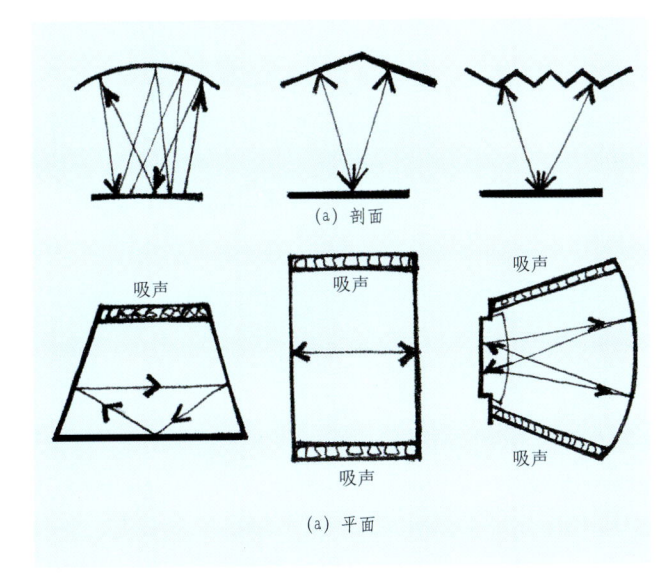

图3-47 易产生多重回声的情形

音乐厅的顶棚和墙面采用了平均厚度达到4 cm的GRG（增强纤维石膏成型板）。顶棚上的GRG装饰顶为形状不规则的白色浮雕，像一片起伏的沙丘，又似海浪冲刷的海滩，看似凌乱的沟槽实则有利于声音的扩散（图3-44）。侧墙GRG为起伏的表面，目的在于扩散反射声音，其混响时间2.2秒。

(4) 防止和消除声缺陷

在厅堂体型设计中，还要注意防止产生回声、颤动回声、声聚焦、声影等音质缺陷。

a. 回声与多重回声

当反射声延迟时间过长，一般是直达声过后50 ms，强度又很大，这时就可能形成回声。利用几何声线作图法检查厅堂未经处理的内表面反射声与直达声的声程差是否大于17 m，即延时是否大于50 ms，来确定有无产生回声的可能。声源的位置和接收点的位置都应据实逐一考虑。如有电声系统，还应检查扬声器作为声源的情况。

观众厅中最容易产生回声的部位是后墙（包括挑台上后墙）、与后墙相接的顶棚，以及挑台栏板等（图3-45）。如果这些部位有凹曲面，则更容易由于反射声的聚焦而加剧回声的强度。

消除回声的具体措施有：1) 采用吸声材料布置于易产生回声的部位，减弱其反射能力；2) 采用扩散处理的方法，但必须与大厅的混响设计同时考虑，在吸声量已满足要求后采用扩散反射体；3) 适当改变反射性墙面或与后墙相接顶棚的倾斜角度，使反射声落入附近的观众席（图3-46）。

多重（颤动）回声是由于声波在厅堂内特定界面之间发生多次反复反射产生的。在体育馆、演播室等厅堂中，地面与顶棚之间则易产生多重回声。即使在较小的厅堂中，由于形状设计或吸声处理不当，也有可能产生多重回声（图3-47）。在设计中必须避免出现此类现象，一旦出现需采用消除回声的措施加以消除。

b. 声聚焦

当采用弧形（凹曲面）顶棚或平面时，易产生声聚焦现象，使反射声分布很不均匀，应当避免采用。对已有或必须采用的凹面顶棚和墙面需要采取相应措施，避免声聚焦的方法有：1) 在凹面上做全频带强吸声，通过减弱反射声强度来避免声聚焦引起的声场分布不均；2) 选择具有比较大曲率半径的弧形表面，使声反射不会

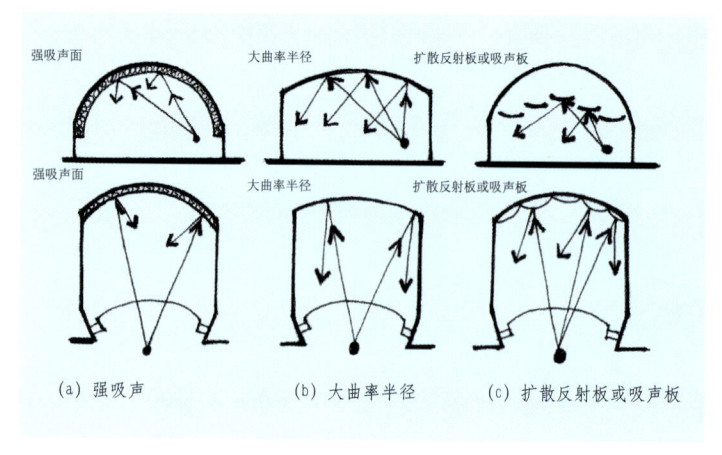

图3-48 避免弧面声聚焦的改善措施

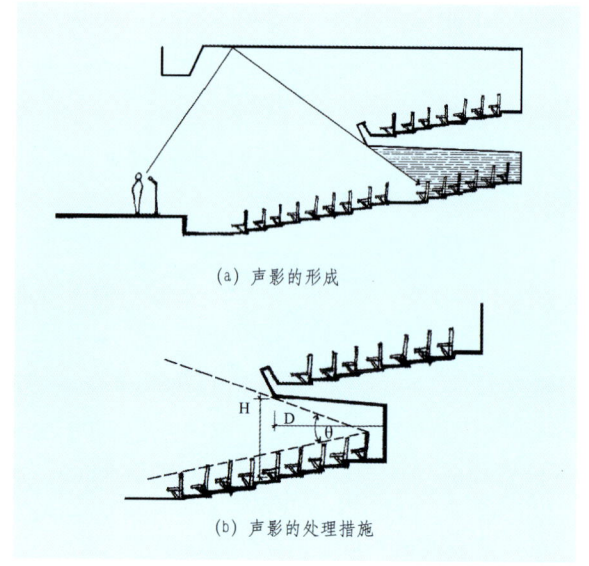

图3-49 声影的形成和处理措施

在观众席区域形成过分集中；3）凹面上设置悬挂扩散反射板或扩散吸声板，改变反射声的方向（图3-48）。

c. 声影

观众席较多的大厅，一般要设楼座挑台，以改善大厅后部观众席的视觉条件。如果挑台下空间过深，则易遮挡来自顶棚的反射声，在该区域形成声影区。为避免声影区的产生，对于多功能厅，挑台下空间的进深不应大于其开口高度的2倍，张角θ应大于25°；对于音乐厅，进深不应大于开口高度，张角θ应大于45°。同时，挑台下顶棚应尽可能向后倾斜，使反射声落到挑台下座席上（图3-49）。

（三）厅堂的电声系统设计

随着电子工业日新月异的发展，电声系统逐渐成为建筑中满足听闻功能要求的重要设备，在大型厅堂中的应用越来越广泛。电声系统改变了在自然声状态下室内音质完全依赖于建筑声学处理的状况，出现了由设备系统与建声环境共同协调作用来创理想的音质效果。因此，电声系统已经成为建筑声学设计中的一个重要内容，建筑设计人员有必要对其有一定的了解，以便更好地与相关专业技术人员协作设计。

1. 电声系统的作用与组成

室内电声系统的主要作用是通过扩大自然声，以提高室内声音的响度。其次是用设备模拟实现厅堂不同的听音效果。如环绕立体声效果，用设备模拟由良好的

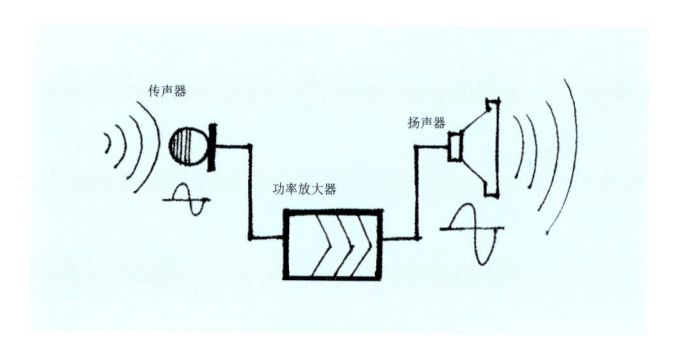

图3-50 电声系统的组成与声音的放大过程

早期反射声所提供的空间感；人工混响效果，用人工混响器延时扩放声音，创造理想的混响效果；超重低音效果，将易被厅堂吸收的低频声加倍扩放来烘托音质。此外，还可以借助调音器在扩放过程中美化声源的音质或弥补室内音质中的欠缺，最终使得室内的听闻更加舒适。

最基本的电声系统主要包括传声器、带前置放大和电压的功率放大器（功放）和扬声器三个部分（图3-50）。传声器把自然声的声压转变为交流电的电压，然后输送至功放将电压增大，再由扬声器将已增大的电压转换成声压，使原来的声音响度提高。扬声器是按播放声音的频率范围制作的，所以有高、中、低音不同形式、不同大小的扬声器，如高音号筒式，中音纸盆式等。数种扬声器的多只组合，形成了组合音箱。

2. 电声系统的设计要求

在选用电声系统时，对设备系统本身有以下两个要求：

（1）有足够的功率输出：一般应保证室内的平均语言声压级达到70 dB~80 dB；

（2）有较宽而平直的频率响应范围：语言用电声系统要求300 Hz~8000 Hz的声音都能均匀的放大；音乐用电声系统要求的频率响应范围更宽，为40 Hz~10000 Hz。

在布置电声系统时，主要有以下两方面要求：

（1）保证室内声场均匀：室内各点的声压级差不宜大于6 dB~8 dB，这主要取决于扬声器的布置；

（2）控制和避免反馈现象：反馈现象是指传声器接受的声音被功放放大后由扬声器发出，而这一声音又被传声器接受，再经功放放大后由扬声器发出……如此反复形成循环，声音不断被放大，直至扬声器发出刺耳的啸叫声，使系统不能正常工作。反馈现象主要是由于传声器和扬声器的相对位置不恰当，以及它们指向性不强所造成的。

3. 扬声器的布置形式

对于建筑设计人员来说，掌握电声系统布置方面的知识比对电声设备本身性能更为重要。尤其是扬声器的布置，它是电声系统设计的重要内容，并与室内建声环境的设计和处理有着密切的关系。合理的扬声器布置能使声压分布均匀，即室内各点的声压级差≤6 dB~8 dB；能具有良好的声源方向感，即听众听到扬声器的声音方位与讲演者或影像在方向上保持一致；能控制声反馈，避免声干扰，弥补建声设计中的不足。

扬声器的布置形式一般分为集中式、分散式和混合式三种。

（1）集中式布置

在观众席的前方或前上方（一般是在台口上部或两侧）布置有适当指向性的扬声器组合，将组合扬声器的主轴指向观众席的中后部。其优点是声源的方向感好，观众的听觉与视觉一致；射向顶棚、墙面的声能少，直达声强，清晰度高，是剧场、礼堂、体育馆等常采用的布置方式，适合于容积不大、体型比较简单的厅堂（图3-51）。

（2）分散式布置

当厅堂面积较大、平面较长、顶棚较低时，采用集中式布置就不能满足声场分布均匀的要求。因此，就需

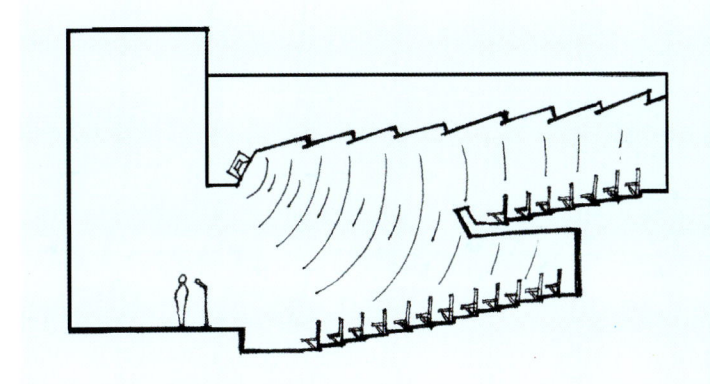

图3-51 扬声器集中布置示意

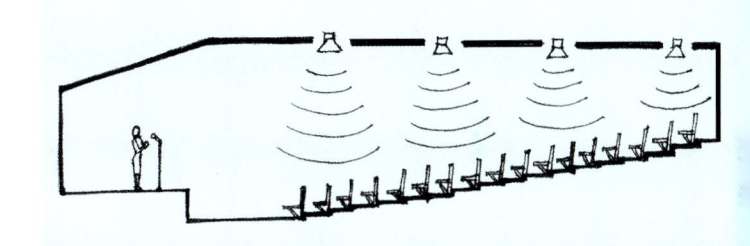

图3-52 扬声器分散式布置示意

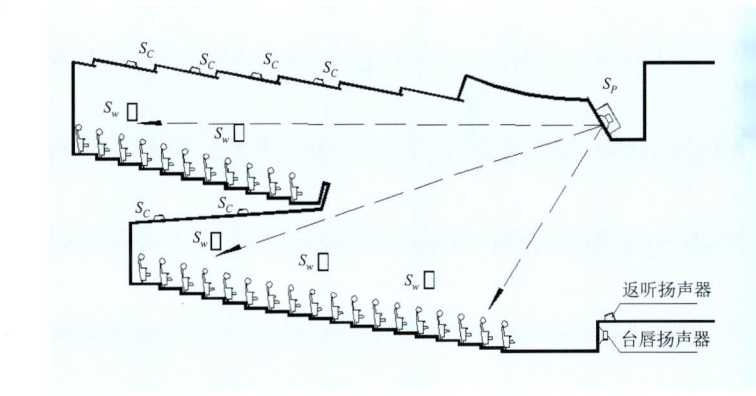

图3-53 扬声器混合式布置的大型观众厅

要将扬声器分散布置。如图3-52所示，将多个单体扬声器分散布置在顶棚上，每个扬声器负责向一个小的区域辐射声能。虽然这种方式使室内声压均匀分布，但听众首先听到的是距自己最近的扬声器发出的声音，所以方向感欠佳。如果使用延时器，方向感虽有明显改善，但声音的清晰度会有所降低。因此，这种方式适用于面积较大、顶棚较低、对听闻方向感要求不高的厅堂内。

(3) 混合式布置

当厅堂的规模较大或有较大进深挑台、听闻方向感要求较高时，只单独采用集中式或分散式布置很难同时满足声场均匀度和声像一致的要求。因此，常需要采用混合式布置方式来满足音质要求。图3-53所示的为采用混合布置方式的某多功能厅堂扬声器布置图。其中，分散布置扬声器的主要作用是弥补观众席后部及挑台下部声影区内声压的不足；而集中布置在台口附近的扬声器作为主要声源方向，结合分散布置扬声器的延时处理，改善观众席的听闻方向感。

图3-53中S_p是集中方式的主扬声器（组合），布置在舞台口上部；S_c是分布在顶棚和挑台下部天棚上的扬声器，与对称分布在侧墙面的扬声器S_w共同创造音响效果；此外，还有舞台前沿起拉声像作用的台唇扬声器，以及舞台上演奏人员的返听扬声器等。

4. 厅堂的建筑处理

有电声系统参与下的"厅堂音质"应该是电声设备的扩声效果与厅堂固有音质共同作用的结果，它有别于自然声场中的厅堂音质。当有电声系统介入时，厅堂音质的设计也应随之而有所改变。因此，在这种厅堂声学设计中需要注意以下几点：

(1) 混响时间宜取低值。混响时间取较低值，可以给加入人工混响留有余地，便于电声系统调整。

(2) 宜采用指向性较强的扬声器。一方面有利于提高局部区域的清晰度；另一方面有利于防止出现电声反馈现象。

(3) 适当增加厅堂的吸声处理。一方面保证有较短的混响时间；另一方面则是防止回声和电声反馈等声缺陷，从而使电声设备的效果得到充分体现。

除此之外，还需要了解扬声器在室内的安装与布置要求，并根据电声专业人员的具体要求，为他们设计声控室、调音台等所需的空间。

（四）设计内容

室内装修材料和构造的选择，应注意低频、中频、高频各种吸声材料和结构的合理搭配，保证音色的平衡，同时兼顾室内建筑艺术处理的整体要求加以确定。所用的吸声系数值，应注意它的测定条件与大厅的实际安装条件是否相符。即使是同样的吸声材料，安装条件有变化时，如背后空气层的有无、薄厚、大小等，吸声系数都会有一定的差异。

一般而言，舞台周围的墙面、顶棚、侧墙下部应当布置反射性能好的材料，以便向观众席提供早期反射声。厅堂的后墙宜布置吸声材料或做成吸声的结构，以消除回声干扰。如所需吸声量较多时，可在大厅中后部顶棚、侧墙上部再布置吸声材料。

室内音质设计中，并不是吸声材料布置的越多越好。有时为了获得较长的混响时间，必须控制吸声总量，特别对音乐厅和歌舞剧场更是如此。这时除建筑装修中应减少吸声外，还需对座椅的吸声量加以控制。

音质设计是整个建筑设计的一部分，涉及建筑设计的各个方面。音质设计的内容包括以下几个方面：

(1) 选址、建筑总图设计和各种房间的合理配置，目的是防止外界噪声和附属房间对主要听音房间的噪声干扰。

(2) 在满足使用要求的前提下，确定经济合理的房间容积和每座容积。

(3) 通过体型设计，充分利用有效声能，使反射声在时间和空间上合理分布，并防止出现声学缺陷。

(4) 根据使用要求，确定合适的混响时间及其频率特性，计算大厅吸声量，选择吸声材料与结构，确定其构造做法。

(5) 根据房间情况及声源声功率大小计算室内声压级大小，并决定是否采用电声系统（对于音乐厅，演出交响乐时尽量采用自然声，在需要电视转播时采用电声）。

(6) 确定室内允许噪声标准，计算室内背景声压级，确定采用哪些噪声控制措施。

(7) 在大厅主体结构完工之后、室内装修进行之前，进行声学测试，如有问题进行设计调整。

(8) 在施工中期进行声学测量及调整，工程完工后并进行音质测量和评价。

(9) 对于重要的厅堂，必要时需采用计算机仿真及缩尺模型技术配合进行音质设计。

音质设计一般都是针对自然声进行的，但是大型的观演建筑大厅往往都配有扩声系统，因此，有时还必须配合电声工程师进行扩声设计。对自然声有利的建声条件对于扩声系统也同样有利。

三、设计案例分析与实践——英国的Lou和他的音乐室（Lou's Studio）

英国的Lou是一名音乐人，因创作的需要，他希望将自己的车库改建为音乐室。

初始录音室方案设计为房间左边是乐队录音室，中间作控制室，右侧为演唱录音室，双层外墙，房间为不规则形状，以避免声学缺陷。但进入控制室需从乐队录音室穿过，仅靠滑动推拉门并不能达到理想的隔音效果。

修改后的录音室方案，控制室的进出流线不与录音室交叉，避免了干扰。考虑到乐队的声响较大，为不影响到录音控制室，方案采用了双层墙加三层吸音材料的布置。

由于车库面积不够，于是他和他的朋友们拆掉车库门，将前面一部分面积包括进来，建起了自己的音乐室。地面为浮筑地板，整块地面铺设在弹性垫层上，四周与墙壁断开，也用弹性材料嵌缝，这样可以将绝大多数室外震动干扰过滤掉。

墙体施工也应按录音室的隔震要求进行，主要构造措施是采用双层墙，墙体之间填充矿棉等吸声材料（图3-54~图3-59）。

(a) 初始方案布置图

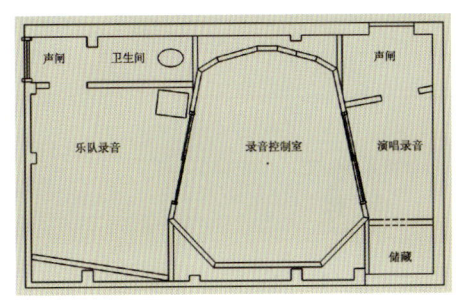

(b) 初始方案平面图

图3-54 录音室设计初始方案

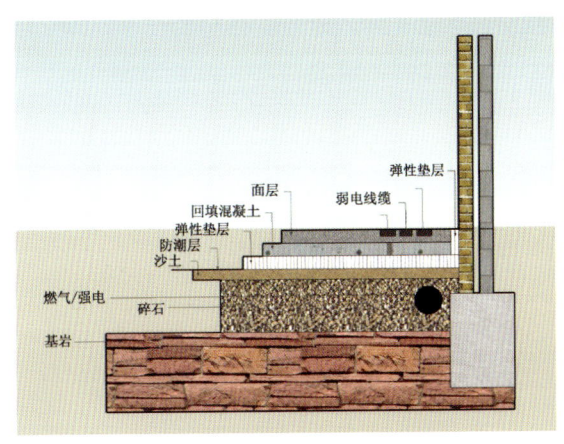

(a) 墙角剖面

(b) 录音控制室方案效果图，四周与顶部均为不规则形状

图3-55 录音室设计确定方案

(a) 垫层 　　　　　　　　(b) 沙土夯实 　　　　　　　(c) 防潮层上铺弹性垫层 　　　(d) 预埋管线与钢筋(Lou本人)

(e) 管线盒四周回填垫层 　　(f) 垫层厚度接近管线盒上沿 　(g) 板材铺地，可以看到墙角非直角 　(h) 弹性面层，两层隔音门之间的地面

图3-56 录音室地面

(a) 双层墙之间填充吸音材料 　(b) 找平 　　　　　　　　(c) 底板 　　　　　　　　　(d) 吸音材料固定栓

(e) 固定吸音棉 　　　　　　(f) 墙壁吸音棉铺满后与构造柱平齐 　(g) 内部分隔 　　　　　(h) 内部分隔设置在弹性垫层上，竖向密封胶勾缝

图3-57 录音室墙体

(a) 吊挂在阁楼的空间吸音体(Lou本人) 　(b) 吊顶上铺吸音棉 　(c) 控制室屋顶 　　　　(d) 控制室屋顶铺吸音棉

(e) 罩布 　　　　　　　　(f) 通风与照明孔洞 　　　　(g) 控制室屋顶 　　　　　　(h) 设有橡胶圈的隔音门

图3-58 控制室屋顶

(a) 控制室四周不规则形　　(b) 木架里铺吸音棉　　(c) 罩布　　(d) 观察窗，倾斜安置

(e) 控制室工作台　　(f) 设备　　(g) 乐队录音室　　(h) 演唱录音示意

图3-59 细部与设备安装完毕，投入使用

四、作业任务

建筑声环境调研分析

1. 目的：掌握室内声学基本概念与知识。

2. 方法：以某室内空间为场景，使用测量设备分析音质的好坏。场景如教室、报告厅等。

3. 内容：环境特征分析：空间平、剖面图，房间墙壁构造措施、顶棚构造、扬声器位置；混响时间测量，指出空间设计、构造设计是否有进一步改进的必要，如果改进，可配合节能、照明、装饰等环节，做出方案设计。

4. 要求：正确使用测量设备；分析原方案具体详尽；改进方案合理。

主要参考文献：

杨维菊主编. 夏热冬冷地区生态建筑与节能技术. 北京：中国建筑工业出版社，2007

王宗昌编著. 建筑及节能保温实用技术. 北京：中国电力出版社，2008

陈飞著. 建筑风环境夏热冬冷气候区风环境研究与建筑节能设计. 北京：中国建筑工业出版社，2009

李峥嵘、赵群、展磊编著. 建筑遮阳与节能. 北京：中国建筑工业出版社，2009

JR 柯顿，AM 马斯登主编. 陈大华，刘九昌，徐庆辉，刘动译. 光源与照明（第四版）. 上海：复旦大学出版社，2000.1

[美]罗伯特·莱希纳著. 张利，周玉鹏，汤羽扬，李德英，余知衡译. 建筑师技术设计指南——采暖 降温 照明（原著第二版）. 北京：中国建筑工业出版社，2004.8

李文华编著. 室内照明设计. 北京：中国水利水电出版社，2007.9

周太明，黄浦炳炎，周莉，姚梦明，朱克勤编著. 电气照明设计. 上海：复旦大学出版社，2001.11

[英]沙伦·麦克法兰编著，张海峰译. 照明设计与空间效果. 贵阳：百通集团 贵族科技出版社，2005.7

[美]Lisa Skolnik著. 薛彦波，赵继龙译. 室内的灯光. 济南：山东科学技术出版社，2003

[德]克内里亚·杜里斯著，姜峰译. Interior Design室内设计. 沈阳：辽宁科学技术出版社，2006

瞿东晓/深圳市创福美图文化发展有限公司编著. 14届亚太室内设计大赛-入围作品集. 大连：大连理工大学出版社，2007

北京照明学会照明设计专业委员会编. 照明设计手册（第二版）. 北京：中国电力出版社，2006

《照明设计》杂志

项端祈，王峥，陈金京，项昆著. 演绎建筑声学装修设计. 北京：机械工业出版社，2004

王峥，陈金京编著. 建筑声学与音响工程——现代建筑中的声学设计. 北京：机械工业出版社，2007

吴硕贤主编. 建筑声学设计原理. 北京：中国建筑工业出版社2006

[日]安藤四一著. 吴硕贤，赵越译. 建筑声学：声源、声场与听众之融合. 天津：天津大学出版社，2006

[德]格鲁内森著. 毕锋译. 建筑声效空间设计——原理 方法 实例. 北京：中国电力出版社，2007

陈仲林，唐鸣放. 建筑物理（图解版）. 北京：中国建筑工业出版社，2009

参考网站：

Brett Moss的设计 (bmossdesign.com)
建筑论坛 (www.abbs.com.cn)
38度灯光论坛 (www.dengguang.cn)
阿拉丁照明论坛 (bbs.alighting.cn)
照明工程师社区 (www.5izm.net)
德国erco照明设计公司网站 (www.erco.com)
飞利浦公司网站 (www.lighting.philips.com)
LBM公司网站 (lbm-efo.com)
德国lichtkunstlicht照明设计公司网站 (www.lichtkunstlicht.de)
约翰塞耶斯录音室设计论坛 (www.johnlsayers.com)